わかりやすい
電気機器

天野 耀鴻・乾 成里 著
Yoko Amano　Shigeri Inui

共立出版

［商　標］
MATLAB/Simulink は米国 The MathWorks 社の登録商標です．
Windows は米国 Microsoft 社の登録商標です．
TeX は American Mathematical Society の商標です．
そのほか記載された製品名などは各社の商標または登録商標です．

まえがき

　電気機器（発電機，電動機，変圧器等）は，我々の暮らしや産業に欠かすことができない．扇風機や換気扇といった電動機の使われていることが直感的にわかりやすい製品ばかりではなく，電動機が直接は見えない携帯電話，冷蔵庫，電車，産業用の生産機械などでも広く使われている．発電された電力エネルギーの多くは，結局のところ電動機で消費されている．したがって，電気機器を知ることは，電気エネルギーの発生，輸送と消費の重要な要素を知ることになる．

　20世紀末から21世紀の初頭をまたぐ時代は，多くの新しい技術が生まれ，技術革新が達成されている．その一つはパワーエレクトロニクスの進歩に伴って，電気機器の直流駆動から交流駆動への移行である．このような技術の急速な発展に従って，新しい時代に対応した電気機器の教科書が必要になっている．

　一方，電気機器は電気エネルギーと機械エネルギーの相互変換機器と電圧，波形，周波数などを変換する変換機器と変換回路の総称である．すなわち，磁気工学，電気回路，解析数学などの基礎知識がよくわからないと，折角できた新技術，優れたデバイスがあっても，これらを電気機器にうまく取り込んで電気機器の高性能化・高効率化を実行することが難しいのではないかと考えられる．

　電気機器は電気系の必修科目，電気主任技術者の認定科目であり，多くの大学，高専で開講されている．古くから名著と呼ばれる教科書も多数存在する．一方，コンピュータ技術の発展により，大学生だけでなく，高専学生も一人一台ノートパソコンを持っているが，電気機器の勉強に役立つ使い方がわかる人はあまり多くはないのが現状である．

　特に，電気機器を初めて勉強する学生・現場技術者にとって，電気機器の基礎知識は理解しにくいことが多い．このような初学者に対してわかりやすく，なおかつ

適当な計算ツールを活かして計算結果をグラフ化することにより，電気機器に興味を抱きながら，理論の理解も深まることができる入門書はないだろうかという声を学生からよく聞かされていた．

本書はその要望に応え，著者の一人が長年電機メーカーで電気機器の設計・開発の経験によって得た電気機器の基礎知識を肉付けてまとめたものを吟味して書き下ろした講義原稿，もう一人が電気機器の教育を10年以上担当しており，その講義原稿を詳細に選別した内容についてお互いに意見交換・検討を重ねて実行しながら，統合したものである．なお，天野が第1～4章，乾が第5,6章および全書文脈・表記の統一を担当しており，何しろ，浅学非才のいたすところ文章の不備，不足のところ独善的で独りよがりのところが数々あると思う．そこで，読者諸賢の忌憚のないご批判とご意見を頂ければ幸甚に思う．執筆に際しては「電気機器」を基礎から学ぶ人にわかりやすいように下記のことに留意した．

1. 本書では，例題や演習問題等を解くために活用したフリーソフトウェアがScilab[1]，FreeMat[2]，Octave[3]，商用ソフトウェアMATLAB/Simulink[4]と一般的なExcelソフトウェアとなり，それらのソフトウェアは簡単に入手でき，使いやすいものである．本書で使っているプログラムは共立出版のホームページから無料でダウンロードが可能となる．
2. 多くの例題と章末の演習問題を掲載して，これにより例題を通して理解を深めながら無理なく先に進むことができ，独学できる参考書として使いやすいように努めた．また，演習問題の解答集は共立出版のホームページから無料でダウンロードできるように用意している．
3. できるだけ直感的に「電気機器」を理解してもらうため，なるべくたくさんの図やシミュレーション結果を用いることで，数式による説明をビジュアルに理解できるようにした．
4. 本書は，主に授業の教科書として使われるだけでなく，興味を引き出す読み物とも考え，この分野の最新動向（リニア・多自由度・球面モータなど）について，いくつかの例を挙げて授業のきっかけになるような記述をした．
5. 本書は，他の書籍を参照しなくても理解できるように基礎知識も含めて読み進

---

[1] Scilab http://www.scilab.org/

[2] FreeMat http://freemat.sourceforge.net/

[3] Octave http://www.gnu.org/software/octave/

[4] MATLAB/Simulink http://www.mathworks.co.jp/products/matlab/

めるように，基礎から始めて現代までの技術をわかりやすく説明し，さらに将来にも目を向けられるように配慮した．

現状では，カリキュラムの見直しなどにより電気機器の単位数が削減され，その内容もある程度制限される学校もあるが，著者は，教科書と独学者の良い参考書との両方のバランスが取れるように苦慮したうえで書いたが，最後は読者皆様にご判断をお任せする．本書で身近な電気機器を知り，親しみを感じて頂きたい．

本書の執筆にあたり，多くの著書や論文を参考にさせていただいた，それらの著者，諸先輩に心から感謝する．本書の出版にあたっては，多くの方々にお世話になった．（株）啓文堂の宮川憲欣氏から LaTeX 原稿作成の貴重なアドバイスをいただき，共立出版株式会社編集部の横田穂波氏，営業開発室潤賀浩明氏から多大なご尽力をいただいた．この場を借りて心からお礼申し上げる．

2013 年夏，吉日

著者

目　次

第1章　電気機器の基礎　　1
1.1　エネルギー変換の電気機器 ･････････････････････････　1
1.2　電磁エネルギーの基礎 ･･･････････････････････････　3
　　1.2.1　電磁誘導の法則 ･････････････････････････　3
　　1.2.2　電磁力の法則 ･･･････････････････････････　7
　　1.2.3　ファラデーの電磁誘導法則 ････････････････　8
　　1.2.4　電流の作る磁界 ･････････････････････････　11
　　1.2.5　マックスウェルの応力 ････････････････････　12
　　1.2.6　電力と機械力の転換 ･････････････････････　12
1.3　電気機器用の磁性材料 ･･･････････････････････････　13
　　1.3.1　磁心構成と磁化特性 ･････････････････････　13
　　1.3.2　磁心の損失 ････････････････････････････　15
　　1.3.3　SI単位 ･････････････････････････････････　16

第2章　直流機　　19
2.1　直流機の原理 ･･･････････････････････････････････　20
　　2.1.1　直流発電機 ････････････････････････････　20
　　2.1.2　直流電動機 ････････････････････････････　22
　　2.1.3　直流のエネルギー変換 ････････････････････　23
　　2.1.4　直流機の損失 ･･･････････････････････････　24
　　2.1.5　直流機の効率 ･･･････････････････････････　24
　　2.1.6　直流機の無負荷損と負荷損 ･･･････････････　25
　　2.1.7　直流機の等価回路と基本式 ･･･････････････　27

- 2.2 電機子反作用 ・・・・・・・・・・・・・・・・・・・・・・・・・・・・・・・ 28
  - 2.2.1 主磁束 ・・・・・・・・・・・・・・・・・・・・・・・・・・・・・・・ 28
  - 2.2.2 交さ起磁力 ・・・・・・・・・・・・・・・・・・・・・・・・・・・・ 29
  - 2.2.3 偏磁作用 ・・・・・・・・・・・・・・・・・・・・・・・・・・・・・ 30
  - 2.2.4 補償巻線 ・・・・・・・・・・・・・・・・・・・・・・・・・・・・・ 30
- 2.3 直流機の起電力とトルク ・・・・・・・・・・・・・・・・・・・・・・ 31
  - 2.3.1 起電力の計算 ・・・・・・・・・・・・・・・・・・・・・・・・・・ 31
  - 2.3.2 トルクの計算 ・・・・・・・・・・・・・・・・・・・・・・・・・・ 33
  - 2.3.3 直流機の電気的出力と機械的出力 ・・・・・・・・・・・ 35
- 2.4 直流機の励磁方式 ・・・・・・・・・・・・・・・・・・・・・・・・・・ 38
  - 2.4.1 永久磁石直流機 ・・・・・・・・・・・・・・・・・・・・・・・・ 38
  - 2.4.2 他励直流機 ・・・・・・・・・・・・・・・・・・・・・・・・・・・・ 39
  - 2.4.3 分巻直流機 ・・・・・・・・・・・・・・・・・・・・・・・・・・・・ 39
  - 2.4.4 直巻直流機 ・・・・・・・・・・・・・・・・・・・・・・・・・・・・ 39
  - 2.4.5 和動複巻直流機 ・・・・・・・・・・・・・・・・・・・・・・・・ 40
  - 2.4.6 差動複巻直流機 ・・・・・・・・・・・・・・・・・・・・・・・・ 40
- 2.5 直流発電機 ・・・・・・・・・・・・・・・・・・・・・・・・・・・・・・・・ 41
  - 2.5.1 直流発電機の基本式 ・・・・・・・・・・・・・・・・・・・・ 41
  - 2.5.2 直流分巻発電機の特性 ・・・・・・・・・・・・・・・・・・ 41
  - 2.5.3 直流他励発電機の特性 ・・・・・・・・・・・・・・・・・・ 45
  - 2.5.4 電圧変動率 ・・・・・・・・・・・・・・・・・・・・・・・・・・・・ 47
- 2.6 直流発電機の運転 ・・・・・・・・・・・・・・・・・・・・・・・・・・ 48
  - 2.6.1 直流発電機の電圧調整 ・・・・・・・・・・・・・・・・・・ 48
  - 2.6.2 直流発電機の並行運転 ・・・・・・・・・・・・・・・・・・ 48
- 2.7 直流電動機 ・・・・・・・・・・・・・・・・・・・・・・・・・・・・・・・・ 51
  - 2.7.1 直流電動機の基本式 ・・・・・・・・・・・・・・・・・・・・ 51
  - 2.7.2 直流電動機の特性 ・・・・・・・・・・・・・・・・・・・・・・ 52
  - 2.7.3 直流他励電動機と分巻電動機の特性 ・・・・・・・・ 53
  - 2.7.4 直流直巻電動機の特性 ・・・・・・・・・・・・・・・・・・ 55
  - 2.7.5 和動複巻電動機の特性 ・・・・・・・・・・・・・・・・・・ 58
- 2.8 直流電動機の運転 ・・・・・・・・・・・・・・・・・・・・・・・・・・ 58
  - 2.8.1 直流電動機の渦渡動作 ・・・・・・・・・・・・・・・・・・ 58
  - 2.8.2 直流電動機の始動制御 ・・・・・・・・・・・・・・・・・・ 59

		2.8.3 直流電動機の速度制御 ・・・・・・・・・・・・・・・・・・・・・	63

| | | 2.8.4 直流電動機の制動 ・・・・・・・・・・・・・・・・・・・・・・・・ | 67 |

第3章　同期発電機　　71

3.1 同期発電機の原理と構造 ・・・・・・・・・・・・・・・・・・・・・・・ 72
 3.1.1 同期発電機の原理 ・・・・・・・・・・・・・・・・・・・・・・・ 72
 3.1.2 原動機を含めた三相同期発電機の基本構成 ・・・・・・・・ 74
3.2 同期発電機の誘導起電力 ・・・・・・・・・・・・・・・・・・・・・・・ 74
 3.2.1 集中巻の誘導起電力 ・・・・・・・・・・・・・・・・・・・・・ 74
 3.2.2 分布巻の誘導起電力 ・・・・・・・・・・・・・・・・・・・・・ 76
 3.2.3 短節巻の誘導起電力 ・・・・・・・・・・・・・・・・・・・・・ 78
3.3 同期発電機の電機子反作用 ・・・・・・・・・・・・・・・・・・・・・ 80
 3.3.1 電機子電流による磁界 ・・・・・・・・・・・・・・・・・・・・ 80
 3.3.2 電機子反作用 ・・・・・・・・・・・・・・・・・・・・・・・・・ 82
3.4 同期発電機の等価回路とベクトル図 ・・・・・・・・・・・・・・・・ 83
 3.4.1 非突極機の等価回路とベクトル図 ・・・・・・・・・・・・・ 84
 3.4.2 突極機の等価回路とベクトル図 ・・・・・・・・・・・・・・・ 85
3.5 同期発電機の出力と負荷角 ・・・・・・・・・・・・・・・・・・・・・ 87
 3.5.1 非突極形の出力と負荷角 ・・・・・・・・・・・・・・・・・・ 87
 3.5.2 突極形の出力と負荷角 ・・・・・・・・・・・・・・・・・・・・ 88
3.6 同期発電機の特性曲線 ・・・・・・・・・・・・・・・・・・・・・・・・ 89
 3.6.1 同期発電機の無負荷飽和曲線 ・・・・・・・・・・・・・・・ 90
 3.6.2 同期機の三相短絡特性曲線 ・・・・・・・・・・・・・・・・ 91
 3.6.3 同期機の負荷飽和曲線 ・・・・・・・・・・・・・・・・・・・ 94
 3.6.4 同期機の外部特性曲線と電圧変動率 ・・・・・・・・・・・ 94
 3.6.5 起磁力法による全負荷飽和曲線 ・・・・・・・・・・・・・・ 96
3.7 同期発電機の並行運転 ・・・・・・・・・・・・・・・・・・・・・・・・ 97
 3.7.1 並行運転 ・・・・・・・・・・・・・・・・・・・・・・・・・・・・ 97
 3.7.2 負荷の分担 ・・・・・・・・・・・・・・・・・・・・・・・・・・ 98

第4章　同期電動機　　103

4.1 同期電動機の原理と構造 ・・・・・・・・・・・・・・・・・・・・・・・104
 4.1.1 同期電動機の回転磁界 ・・・・・・・・・・・・・・・・・・・・104

		4.1.2	同期電動機の原理 ・・・・・・・・・・・・・・・・・・・・・・・・・・・・・・106

	4.1.3	同期電動機の等価回路とベクトル図 ・・・・・・・・・・・・108

- 4.2 同期電動機の電機子反作用 ・・・・・・・・・・・・・・・・・・・・・・・・・・・・・・・109
  - 4.2.1 非突極形同期電動機の電機子反作用 ・・・・・・・・・・・・・109
  - 4.2.2 突極形同期電動機の電機子反作用 ・・・・・・・・・・・・・・・111
- 4.3 同期電動機の機械出力とトルク ・・・・・・・・・・・・・・・・・・・・・・・・・・112
  - 4.3.1 非突極形同期電動機 ・・・・・・・・・・・・・・・・・・・・・・・・・・・・112
  - 4.3.2 突極形同期電動機 ・・・・・・・・・・・・・・・・・・・・・・・・・・・・・・113
  - 4.3.3 同期電動機の最大トルクと同期はずれ ・・・・・・・・・・・113
- 4.4 同期電動機の特性 ・・・・・・・・・・・・・・・・・・・・・・・・・・・・・・・・・・・・・・・114
  - 4.4.1 同期電動機の位相特性 ・・・・・・・・・・・・・・・・・・・・・・・・・・116
  - 4.4.2 同期電動機の負荷特性 ・・・・・・・・・・・・・・・・・・・・・・・・・・119
- 4.5 同期電動機の始動 ・・・・・・・・・・・・・・・・・・・・・・・・・・・・・・・・・・・・・・・121
  - 4.5.1 自己始動法 ・・・・・・・・・・・・・・・・・・・・・・・・・・・・・・・・・・・・・121
  - 4.5.2 始動用電動機による方法 ・・・・・・・・・・・・・・・・・・・・・・・・121
  - 4.5.3 低周波始動法 ・・・・・・・・・・・・・・・・・・・・・・・・・・・・・・・・・・・121
- 4.6 永久磁石同期電動機 ・・・・・・・・・・・・・・・・・・・・・・・・・・・・・・・・・・・・・122
  - 4.6.1 永久磁石同期電動機の原理 ・・・・・・・・・・・・・・・・・・・・・・122
  - 4.6.2 永久磁石同期電動機のトルク ・・・・・・・・・・・・・・・・・・・・123
- 4.7 同期リラクタンス電動機 ・・・・・・・・・・・・・・・・・・・・・・・・・・・・・・・・・125
  - 4.7.1 同期リラクタンス電動機 ・・・・・・・・・・・・・・・・・・・・・・・・125
  - 4.7.2 スイッチトリラクタンス電動機 ・・・・・・・・・・・・・・・・・・127

第5章 変圧器　　131

- 5.1 変圧器の動作原理 ・・・・・・・・・・・・・・・・・・・・・・・・・・・・・・・・・・・・・・・131
  - 5.1.1 電流と磁束 ・・・・・・・・・・・・・・・・・・・・・・・・・・・・・・・・・・・・・131
  - 5.1.2 変圧器の原理 ・・・・・・・・・・・・・・・・・・・・・・・・・・・・・・・・・・・134
- 5.2 現実の変圧器 ・・・139
  - 5.2.1 変圧器における損失 ・・・・・・・・・・・・・・・・・・・・・・・・・・・・139
  - 5.2.2 変圧器の等価回路 ・・・・・・・・・・・・・・・・・・・・・・・・・・・・・・141
  - 5.2.3 変圧器の特性 ・・・・・・・・・・・・・・・・・・・・・・・・・・・・・・・・・・・145
  - 5.2.4 等価回路定数の算出 ・・・・・・・・・・・・・・・・・・・・・・・・・・・・150
  - 5.2.5 等価回路を用いた特性の算定 ・・・・・・・・・・・・・・・・・・・・152

5.3	変圧器の構造	153
	5.3.1 主な構成要素	153
	5.3.2 その他の構成要素	156
5.4	変圧器の三相結線	158
	5.4.1 三相交流の利点	158
	5.4.2 線間電圧と線電流，相電圧と相電流	159
	5.4.3 三相結線	160
	5.4.4 各結線の特徴	162
5.5	変圧器の並行運転	164
	5.5.1 並行運転とは	164
	5.5.2 変圧器の極性	164
	5.5.3 単相変圧器の並行運転	165
	5.5.4 三相変圧器の並行運転	165
5.6	各種変圧器	166
	5.6.1 三相変圧器	166
	5.6.2 負荷時タップ切換変圧器	166
	5.6.3 単巻変圧器	166
	5.6.4 計器用変成器	167
	5.6.5 試験用変圧器	168

第6章　誘導電動機　　171

6.1	誘導電動機の位置付け	171
6.2	誘導電動機の構造	172
	6.2.1 電機子	172
	6.2.2 回転子	173
6.3	力の発生原理	174
	6.3.1 関連する法則	174
	6.3.2 回転磁界の発生	176
	6.3.3 力の発生	180
	6.3.4 2次側が回転する変圧器	182
	6.3.5 誘導電動機の電流	184
	6.3.6 発生力の分布	185
6.4	誘導電動機の等価回路	189

	6.4.1	1次側を表す電気回路 ······190
	6.4.2	2次側が回転している変圧器 ······190
	6.4.3	磁気回路の等価回路化 ······191
	6.4.4	T形等価回路の構成 ······192
	6.4.5	等価回路の簡単化 ······194
	6.4.6	エネルギー，損失，回転力 ······196
6.5	誘導電動機の基本特性 ······199	
	6.5.1	回転速度に対する特性 ······199
	6.5.2	負荷変化に対する特性 ······200
	6.5.3	電源周波数に対する特性 ······201
6.6	特性の算定 ······202	
	6.6.1	等価回路定数の算出 ······202
	6.6.2	等価回路による特性の算定 ······205
6.7	誘導電動機の運転 ······206	
	6.7.1	始動法 ······206
	6.7.2	可変速運転 ······208
	6.7.3	電気制動と誘導発電機 ······210
	6.7.4	制御 ······212
6.8	特性の改善 ······212	
6.9	単相誘導電動機 ······213	
	6.9.1	単相交流による振動磁界の発生 ······213
	6.9.2	単相誘導電動機のトルク特性 ······215
	6.9.3	単相誘導電動機の始動方法 ······215
6.10	リニア誘導モータ（リニア誘導電動機）······217	
	6.10.1	リニア誘導モータの構造と動作原理 ······217
	6.10.2	リニアモータの特長 ······218
	6.10.3	リニアモータの応用例 ······218

参考文献 225

索　引 227

第1章

電気機器の基礎

現代社会に欠かせない電気エネルギーを作り出す発電機，または電気エネルギーを使って機械や物を動かして仕事をする電動機は電磁エネルギー変換の電気機器である．また，図 1.1 のように太陽光・風力だけの自然エネルギーを電気エネルギーに変換しながら，自由自在に複雑運動ができる飛行体は一つの電気機器といえる．今後，科学技術の著しい発展によって電気機器はますます幅広く展開していくと思われる．本章では，電気機器の基礎知識についてわかりやすく説明する．

図 1.1　NASA 開発の太陽光・風力だけで自由自在に飛翔できる飛行体

1.1　エネルギー変換の電気機器

一般に，現代社会を支える三つの要素として「物，エネルギー，情報」などが挙げられる．我々のよく利用しているエネルギーは「熱エネルギー，運動（力学，機械，位置など）エネルギー，化学エネルギー，光（放射）エネルギー，電気エネルギー」の五つに大別される．その中で，電気エネルギーは他のエネルギー形態への変換や伝送が容易なので，現代社会の主役を果たしている．

図 1.2 のように電気エネルギーを発生させるため，原動機を通して発電機がさまざまなエネルギー形態を電気エネルギーに変換できる．

これから説明していく**電気機器** (electical machine) とは，電気エネルギーを変換

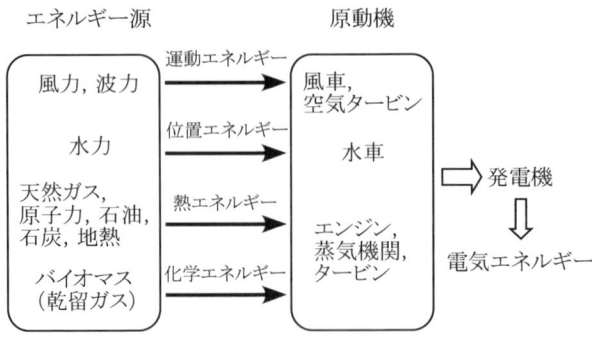

図 1.2　エネルギー源から電気エネルギー変換へのプロセス

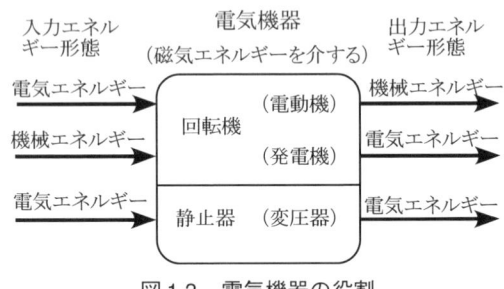

図 1.3　電気機器の役割

するために回転機（発電機，電動機など）や直動機（リニアモータなど）のような動く機器と，静止器（変圧器，整流器など）のような静止形の**電力変換器の総称**であり，それらの電気機器の役割が図 1.3 である．

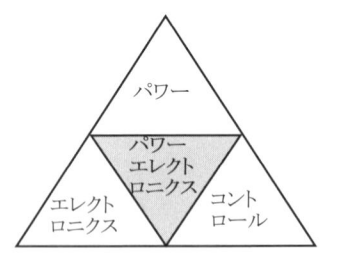

図 1.4　パワーエレクトロニクスの構成

また，パワーエレクトロニクス (power electronics) は図 1.4 のようにパワー，コントロール，エレクトロニクスという三つの基本技術を総合し，電気エネルギーの形態変換を制御する装置である．電気機器とパワーエレクトロニクスを組み合わせることによってエネルギー変換が制御可能となる．

実際には，多くの電気機器が単なる電磁エネルギー変換だけでなく，パワーエレクトロニクスを組み合わせたエネルギーの制御機器である．

ここで，一つの実用例として図 1.5 に自動車搭載の電動機を示す．普通の乗用車には約 200 台の電動機が搭載されるといわれている．今後は，時代の発展に従って高効率・省エネルギーの電気機器の新たな展開，研究開発，実用化が一層広がっていくと考えられている．

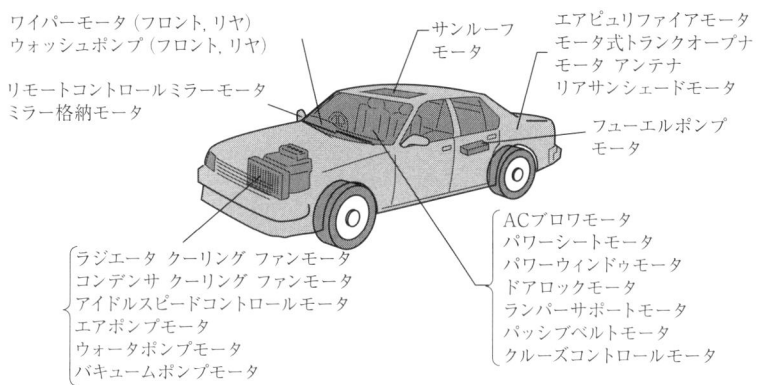

図 1.5 自動車に搭載される代表的な電動機

1.2 電磁エネルギーの基礎

電気機器は電磁気現象を利用してエネルギー変換を行う．**電磁エネルギー** (electromagnetic energy) の基礎を下記のようにまとめて述べる．

1.2.1 電磁誘導の法則

図 1.6(a) のように，磁束密度 B [T] の磁界中を長さ l [m] の導体が磁束を直角に切る方向に v [m/s] の速さで運動するとき，導体に誘導される起電力 e [V] は式 (1.1) に表される．

$$e = vBl \text{ [V]} \tag{1.1}$$

この**誘導起電力** (induced electromotive force) の方向は図 1.6(b) に示す**フレミングの右手法則** (right-hand rule of Fleming) により，右手の中指・人差し指・親指をお互いに直角になるように開いて，親指を導体の運動 v の方向，人差し指を磁界

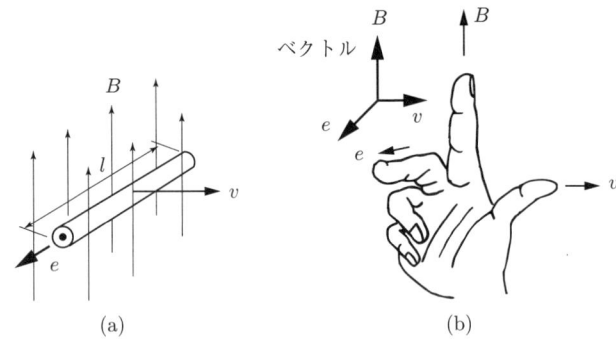

図1.6 磁界中で運動する直線導体に発生する起電力(a), および, フレミングの右手法則(b)

B の方向にすると，中指の方向が起電力 e の方向となる．このように運動によって誘導される起電力は運動の速度に比例するため，**速度起電力** (speed electromotive force) ともいわれる．発電機は機械エネルギーを電気エネルギーに変換する電気機器であり，この**電磁誘導法則** (law of electromagnetic induction) を応用したものである．

例 1.1 図 1.7 において，磁束密度が 0.3 [T] の磁界中に長さ 1 [m] の導体を磁界の方向と垂直に置いて磁界と 60° の方向に 10 [m/s] の速度で運動したとき，直線導体に誘導される起電力を求めよ．

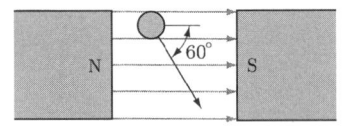

図1.7 磁界中における導体の運動

解答　導体の運動による起電力を求める場合，フレミングの右手法則によりすべて直交しているため，運動方向が磁界と直角ではない場合は，磁界と直交する速度成分のみ起電力を発生する．磁界の直交成分は $B \cdot \sin\theta$ となるので，式 (1.1) を用いて起電力は次式で計算される．

$$e = v \cdot B \sin\theta \cdot l = 10 \times 0.3 \times \sin 60° \times 1 = 2.6 \text{ [V]}$$

1.2 電磁エネルギーの基礎

例1.2 図1.7のように，下記の条件に基づいて直線導体に誘導される起電力の変化波形を求めよ．

1) 磁束密度が0.3 [T]の磁界中に長さ1 [m]の導体を磁界の方向と垂直に置いて磁界と60°の方向に1[m/s]から1[m/s]ずつ増えて10[m/s]までの速度で運動した場合．
2) 磁束密度が0.3 [T]の磁界中に長さ1 [m]の導体を磁界の方向と垂直に置いて磁界とのなす角度θが0[rad]から$\pi/81$[rad]ずつ増えてπ[rad]までの方向に10[m/s]の速度で運動した場合．

解答 例1.1のように，導体の運動による起電力を求める場合，フレミングの右手法則によりすべて直交しているため，運動方向が磁界と直角ではないので，磁界と直交する速度成分のみ起電力を発生する．直交する磁界成分は$B \cdot \sin\theta$となるので，式(1.1)を用いて起電力の計算は$e = v \cdot B \sin\theta \cdot l$ [V]となる．

1) 導体運動速度は1[m/s]から1[m/s]ずつ増えて10[m/s]まで変化するため，起電力は次式で計算される．

$$e = v \times 0.3 \times \sin 60° \times 1 \text{ [V]}$$

下記のMATLABのコマンドを用いて起電力の変化波形図1.8が求められる．

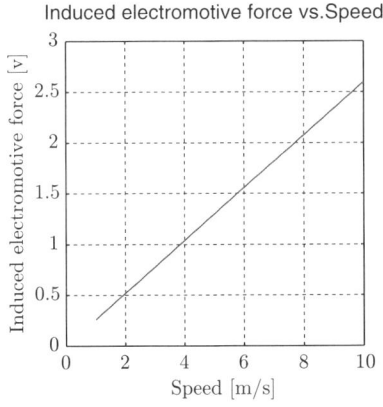

図1.8 導体運動速度の変化によって発生する誘導起電力の波形

```
bm=0.3; length=1; theta=pi*60/180;
(磁束密度0.3[T]，長さ1[m]，磁界の方向と垂直に置いて磁界と60°)
v=[1: 1: 10];
```

```
(導体運動速度は 1[m/s] から 1[m/s] ずつ増えて 10[m/s] までの変化)
e=v*bm*sin(theta)*length; (誘導起電力の計算)
plot(v,e);(誘導起電力の波形をプロットする)
title('Induced electromotive force, vs.Speed', 'fontsize', 18);
xlabel('Speed [m/s]','fontsize', 12);
xlabel('Speed [m/s]','fontname', 'times','fontsize', 12);
ylabel('Induced electromotive, force [v]','fontsize', 12);
axis square; grid on;
```

2) 導体を磁界の方向と垂直に置いて磁界とのなす角度 θ が，0[rad] から $\pi/81$[rad] ずつ増えて π[rad] まで変化するため，起電力は次式で計算される．

$$e = 10 \times 0.3 \times \sin\theta \times 1 \text{ [V]}$$

下記の MATLAB のコマンドを用いて起電力の変化波形図 1.9 が求められる．

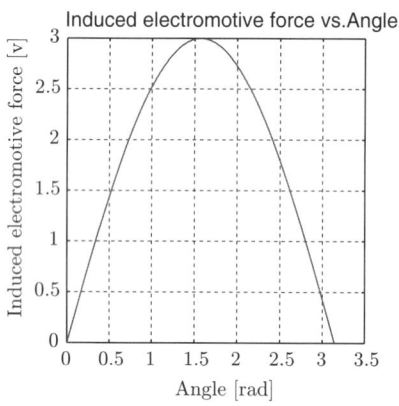

図 1.9 導体を磁界の方向と垂直に置いて磁界と角度の変化によって発生する誘導起電力の波形

```
bm=0.3; length=1; v=10;
(磁束密度 0.3[T]，長さ 1[m]，導体運動速度 10[m/s])
theta=[0: pi/81: pi];
(導体を磁界の方向と垂直に置いて磁界と角度の変化)
e=v*bm*sin(theta)*length; (誘導起電力の計算)
plot(theta,e); (誘導起電力の波形をプロットする)
title('Induced electromotive force vs., Angle', 'fontsize', 18);
```

```
xlabel('Angle [rad]','fontname', 'times','fontsize', 12);
ylabel('Induced electromotive force, [v]','fontname','times',
'fontsize', 12);
axis square;
grid on;
```

1.2.2 電磁力の法則

磁界中の電流に働く力を**電磁力** (electromagnetic force) という．磁界中の導体に電流を流すとき，導体に電磁力が働くことになる．図1.10(a) のように，磁束密度 B [T] の磁界に直交する長さ l [m] の導体に電流 i [A] が流れると，導体に働く電磁力 f [N] は式 (1.2) で表される．

$$f = iBl \ [N] \tag{1.2}$$

この電磁力の方向は図1.10(b) のように**フレミングの左手法則** (left-hand rule of Fleming) によって，左手の親指・人差し指・中指をお互いに直角になるように開くと，人差し指を磁界の方向，中指を電流の方向に向けたとき，親指の方向が発生する電磁力の方向を示す．電動機は電気のエネルギーを機械エネルギーに変換する電気機器であり，この電磁力の法則を応用したものである．

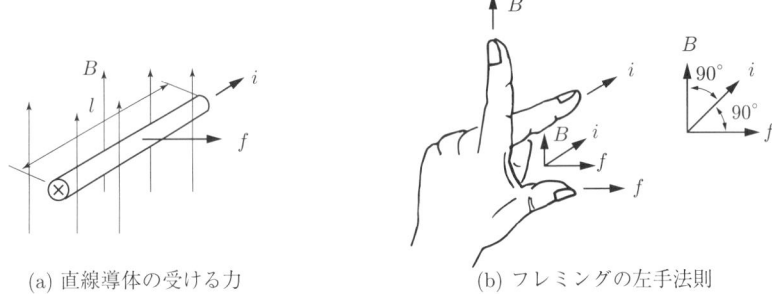

(a) 直線導体の受ける力　　(b) フレミングの左手法則

図1.10　電流を流す導体に働く電磁力 (a), フレミングの左手法則 (b)

例1.3　図1.11において，磁束密度が 0.4 [T] の磁界中に長さ 10 [cm] の導体を磁界の方向と 45° に置いて 10 [A] の電流を流したとき，この導体に働く電磁力を求めよ．

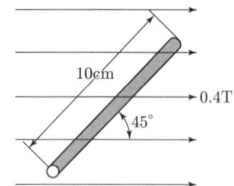

図1.11　磁界中に電流が流れる導体

解答　フレミングの左手法則によって電流の方向が磁界と直交するため，磁界と直交する電流成分は $i \cdot \sin 45°$ となる．式 (1.2) によって電磁力は次式になる．

$$f = i \cdot \sin 45° \cdot B \cdot l = 10 \times (\sqrt{2}/2) \times 0.4 \times 10 \times 10^{-2} = 0.283 \text{ [N]}$$

1.2.3　ファラデーの電磁誘導法則

図 1.12 のように，コイルと磁束が鎖のように交じって交差した鎖交状態になるとき，磁束の大きさが変化すればコイルに起電力が生じる現象を**電磁誘導** (electromagnetic induction) という．

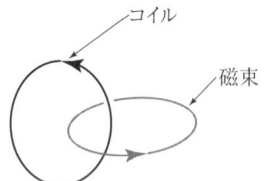

図1.12　コイルと磁界の鎖交

電磁誘導によってコイルに生じる**誘導起電力** (induced electromotive force) の大きさは磁束の時間的に変化する割合に比例することが**ファラデーの法則** (Faraday's law) である．巻数 N のコイルと鎖交する磁束 Ψ [Wb] が時間 t とともに変化するとき，誘導起電力 e は式 (1.3) のように表される．

$$e = -\frac{d\Psi}{dt} = -\frac{d(N\phi)}{dt} = -N\frac{d\phi}{dt} \text{ [V]} \tag{1.3}$$

ただし，N はコイルの巻数，ϕ は 1 本のコイルに鎖交する磁束，負の符号は誘導起電力が磁束の変化を妨げるような電流を流す方向に発生することを表している．

変圧器は交流電力の電圧および電流を異なる電圧および電流に変換する電気機器であり，ファラデーの電磁誘導法則を応用したものである．

例 1.4　磁路の断面積 S が 0.6 [m^2]，最大磁束密度 B_m が 0.75 [T]，周波数 f が 60

[Hz] の電気回路において巻数 N が 25 のコイルに誘導される起電力の実効値 E を求めよ．

解答　磁路の磁束は $\phi = B \cdot S = B_m \cos(\omega t) \cdot S = B \cdot S = B_m \cos(2\pi ft) \cdot S$ であり，式 (1.3) の誘導起電力 e は次のように表される．

$$e = -N\frac{d\phi}{dt} = 2\pi f \cdot N \cdot B_m S \sin(2\pi ft) \ [\text{V}]$$

誘導起電力の実効値 E は次式となる．

$$E = \frac{2\pi}{\sqrt{2}} \cdot f \cdot N \cdot B_m \cdot S = \frac{2\pi}{\sqrt{2}} \cdot 60 \cdot 25 \cdot 0.75 \cdot 0.6 = 2997 \ [\text{V}]$$

例 1.5　図 1.13 のように，磁束密度 $B = B_0 \sin(\omega t)$ [T] で変化する磁界中，コイルの一つの辺 C が速度 v [m/s] で右方向に動くときの回路電圧 e [V] および波形を求めよ．ただし，磁束密度の振幅 $B_0 = 1$[T]，角速度 $\omega = 60$[rad]，長さ $l = 1$[m] であり，時間 t は零から 0.1 秒ずつ増えて 10 秒まで，速度 v は零から 0.2 [m/s] ずつ増えて 20 [m/s] まで変わる．

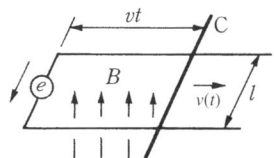

図 1.13　変化の磁界中に誘導起電力

解答　図 1.13 のように，閉回路の面積 S は $S = l \cdot vt [\text{m}^2]$ であり，磁束 ϕ は $\phi = l \cdot v \cdot t \cdot \omega t [\text{Wb}]$ である．よって，誘導起電力 e は次のように表される．

$$\begin{aligned} e &= -\frac{d\phi}{dt} \\ &= -l \cdot v \cdot B_0 \sin(\omega t) - l \cdot v \cdot t \cdot B_0 \cos(\omega t) \ [\text{V}] \end{aligned} \tag{1.4}$$

ここで，右側の第 1 項は 1.2.1 項の速度起電力，第 2 項は変圧器起電力に相当する．

また，下記の MATLAB のコマンドを用いて回路電圧の 2 次元波形図と 3 次元波形図 1.14，および図 1.15 が得られる．

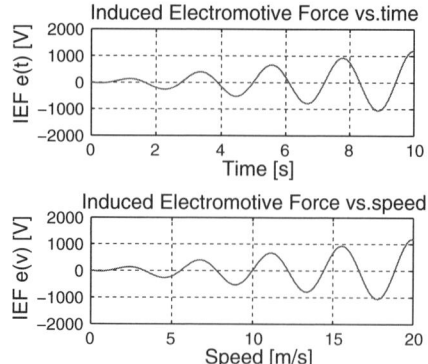

図1.14　変化する磁界中の変速運動導体による回路電圧波形

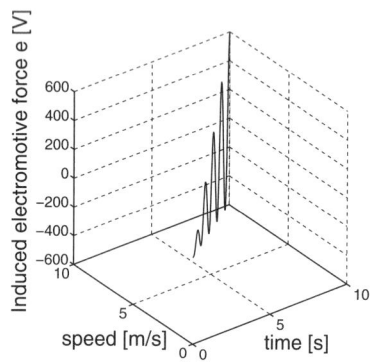

図1.15　変化する磁界中の変速運動導体による回路電圧の3次元波形

```
bo=1; w=60; t=[0: 0.1: 10]; l=1; (磁束密度の振幅，角速度，長さ)
t=[0: 0.1: 10]; v=[0: 0.2: 20]; (時間変化と速度変化の範囲および時系列)
e1=-bo*l.*v; e3=sin(w.*t);
e4=e1.*e3; (第1項)
e5=-l*w*bo.*v; e6=cos(w.*t);
e7=e5.*e6; (第2項)
e=e4+e7; (回路電圧の計算)
figure(1);subplot 211;plot(t,e); (回路電圧e(t)の波形をプロットする)
title('Induced Electromotive Force vs., time');
ylabel('IEF e(t) [V]');xlabel('Time [s]');
grid on
```

```
subplot 212;plot(v,e);  (回路電圧e(v)の波形をプロットする)
title('Induced Electromotive Force vs., speed');
ylabel('IEF e(v) [V]');
xlabel('Speed [m/s]');
grid on
figure(2);plot3(t,v,e);  (3次元の回路電圧e(t,v)の波形をプロットする)
title('Three dimension of Induced, electromotive force');
xlabel('Time [s]');ylabel('Speed [m/s]');
zlabel('IEF e [V]');grid on;axis square
```

1.2.4 電流の作る磁界

1.2.1項と1.2.2項で述べたように，電気機器は磁界中に置かれた導体に電流を流して導体に発生する力を利用する電動機，あるいは磁界中に置いた導体を移動させるとき，誘導される電流を利用する発電機がその代表である．

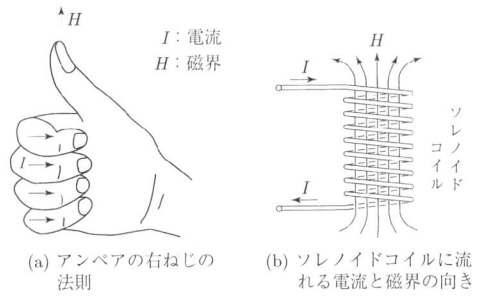

(a) アンペアの右ねじの法則　　(b) ソレノイドコイルに流れる電流と磁界の向き

図1.16　電流の作る磁界

磁界としては永久磁石を使用することもあるが，多くの場合，電流によって作られる磁界を利用している．電流の作る磁界の方向は図1.16(a)のように**アンペアの右ねじ法則**(Ampare's right hand screw rule) によって右ねじを電流の方向にねじ込んだとき，磁界の方向はねじる方向に一致する．一つの例としてソレノイドコイルの場合は図1.16(b)のようになっている．電流の流れている導体とその周りの磁界にはアンペアの周回法則が成立する．**起磁力**(magnetomotive force) H が1 [A/m]の磁界中に単位磁極を置いたとき，力1 [N]を発生する磁極を1 [Wb]の**磁極** (magenetic pole) という．

1.2.5 マックスウェルの応力

マックスウェルの応力(Maxwell stress)は磁束の分布によって発生する電磁力である．図 1.17(a) に外部から与えられる磁界が一様（同じ）のとき直線で示される．また，電流により発生する磁界は同心円状に発生する．二組の磁力線は電流の左側ではお互いに逆向きで打ち消しあい，右側では同じ向きなので強めあう．よって，図 1.17(b) のように右側へ膨らんで密になるので，これを**合成磁界** (resultant magnetic field) という．

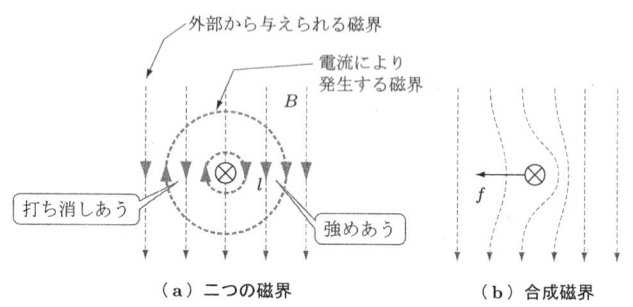

図 1.17　磁界中で電流により発生の磁界 (a), および合成磁界 (b)

このような状態になると磁力線はゴムのように働くため，曲がっている磁力線は張力でまっすぐになろうとする力を発生する．その結果，導体には左向きの力が発生する．

電気機器では，導体を磁性体の内部に配置することが多く，マックスウェルの応力により磁性体に力が働く．この力は磁性体リラクタンストルクと呼ばれる．

1.2.6　電力と機械力の転換

発電機は誘導起電力を発生し，電動機は電磁力を発生するわけであるが，式 (1.1)，(1.2) によって，この二つの電磁現象は常に同時に行われている．両者の関係は式 (1.5) のように表される．ただし，P_e は電力，P_m は機械力（動力），式 (1.5) は直線運動をするときの関係式である．

$$P_e = ei = vBl\frac{f}{Bl} = vf = P_m \quad [\text{W}] \tag{1.5}$$

回転の円運動をするとき，導体が半径 r [m] に拘束されていれば，力 f の代わりにトルク τ [N·m]，速度 v の代わりに角速度 ω [rad/s] とすると式 (1.6) になるから，機械力 P_m は式 (1.7) のように表される．

$$\tau = fr \ [\text{N} \cdot \text{m}], \quad \omega = v/r \ [\text{rad/s}] \tag{1.6}$$

$$P_m = v \cdot f = \omega \cdot \tau \ [\text{W}] \tag{1.7}$$

例 1.6 図 1.18 のように,長さ l の導体を磁束密度 B 中に置き,外部に抵抗 R が接続される場合,これに外力 f_1 を加えて速度 v で動かしたとき,起電力 e_i,電流 i,および外力 f_1 を求めよ.

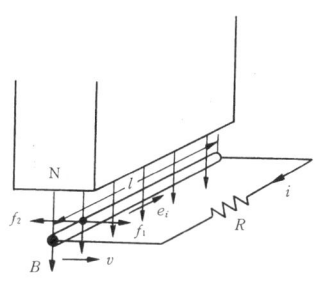

図 1.18 発電機の原理図

解答 電磁誘導法則より,起電力 e_i は $e_i = vBl$,電流 i は $i = e_i/R$ となる.

電磁力法則より,$f_2 = iBl$ が外力 f_1 とは逆向に発生するので,速度 v で動かし続けるには外力 f_1 が $f_1 = f_2$ となる.また,外部から加えられた動力 $f_1 v$ [W] はこの発電機が発生している電力 $e_i i$ [W] にエネルギー変換され,さらにエネルギー保存則によってそれは抵抗で Ri^2 [W] として消費されると考える.

1.3 電気機器用の磁性材料

近年,電気機器の効率は大きく注目されており,高効率にかかわる研究開発が急速に進んでいる.電気機器の使用磁性材料が異なる場合,電気機器の効率は大きく変わる.そのために本節では,電気機器用の磁性材料に対して効率に関連するポイントを絞って簡潔に述べる.

1.3.1 磁心構成と磁化特性

図 1.19 のように,磁性材料で構成された磁気回路部分を**磁心** (magnetic core) または鉄が用いられる場合には**鉄心** (iron core) という.これに巻線を設けて電流を流し,磁界の強さ H [A/m] を変化させたとき,磁束密度 B [T] の変化は図 1.20(a)

のようになる．$H=0$ の 0 点から磁界の強さ H を増加すると，H が小さいところでは，磁束密度 B はほぼ比例して増加し $\overline{0-a}$ のようになる．磁束密度 B が大きくなりつつ a 点を超えると，B の増加の割合は減少して $\overline{a-b}$ のようになり，これを**磁気飽和現象** (magnetic saturation) という．b 点から磁界の強さ H を減少させると，磁束密度 B の変化は図 1.20(b) の $\overline{b-c}$ のようになり，はじめの $\overline{0-b}$ の変化とは異なったものになる．

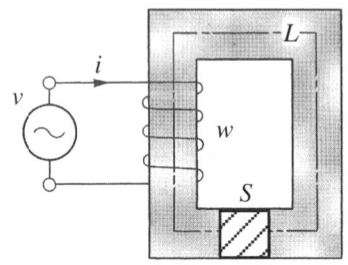

図 1.19 磁心の構成

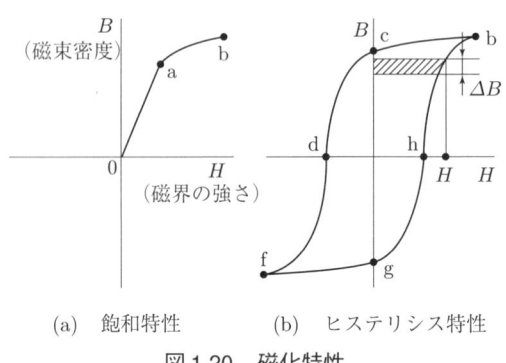

(a) 飽和特性　　(b) ヒステリシス特性

図 1.20 磁化特性

そして，電流の方向を逆にして増加させると，$\overline{c-d-f}$ のように変化し，ここから電流の大きさを減少させると，$\overline{f-g}$ のようになり，再び電流の方向を逆に増加させると，b 点に戻る．このように，磁界の強さ H の増加時と減少時では，磁束密度 B の値は異なった変化を示す現象を**ヒステリシス現象** (hysteresis) といい，H と B の関係を**磁化特性** (magnetization characteristic)，H と B の関係を表す曲線をヒステリシス曲線または $B-H$ ループという．

1.3.2 磁心の損失

電源が交流の場合には電圧を $v(t)$, 電流を $i(t)$, 周波数を f, 周期 $T = 1/f$ とすると, 電源から供給される平均電力は次式のように表される.

$$P = \frac{1}{T} \int_0^T v(t)i(t)dt \tag{1.8}$$

ここで, 磁気回路の平均の長さを L, 巻線の巻数を w とすると, 電流 $i(t)$ と磁界の強さ H の間には $i(t) = HL/w$ の関係式があり, また, 断面積を S とすると, 電圧 $v(t)$ と磁束密度 B の間には $v(t) = wS \cdot (dB/dt)$ の関係式があるから, これらの関係式を式 (1.8) に代入すると, 式 (1.9) が得られる.

$$P = \frac{1}{T} \int_0^T wS \frac{dB}{dt} \frac{HL}{w} dt = \frac{LS}{T} \int_0^T H dB \tag{1.9}$$

式 (1.9) は $B - H$ ループの面積が単位体積あたりの磁心内で消費される電力に相当することを示し, 熱に変換される. これは**ヒステリシス損失** (hysteresis loss) と呼ばれる.

磁束密度の最大値 B_m が大きくなると, 図 1.21 のように $B - H$ ループの面積は増加してほぼその自乗に比例する. また, 電源の 1 周期ごとに $B - H$ ループの面積に相当する電力が消費されるから, 単位重量あたりのヒステリシス損 P_h は周波数に比例して次式となる.

$$P_h = \delta_h f B_m^2 \text{ [W/kg]} \tag{1.10}$$

だたし, δ_h は磁性材料の種類で決まる定数である.

また, 磁心内の磁束が変化すると, 図 1.22 のように巻線だけでなく磁心内にも起電力を生じる. 磁心が導体の場合, 電流が流れて熱に変換されることを**渦電流損**

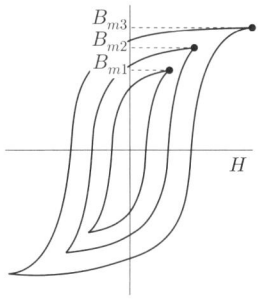

図 1.21　磁界特性の比較

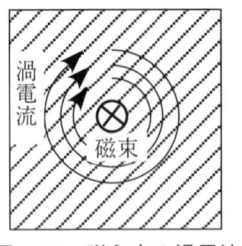

図1.22 磁心内の渦電流

(eddy current loss) という．この起電力は磁束の変化の割合に比例するから，単位重量あたりの渦電流損 P_e は式 (1.11) のように表される．ここで，δ_e は磁性材料の種類で決まる定数である．

$$P_e = \delta_e (fB_m)^2 \tag{1.11}$$

磁心内の磁束が変化する場合，ヒステリシス損と渦電流損を生ずることになり，二つの損を合わせて**鉄損** (iron loss) という．

上述のように，磁束が変化しないところに使用する磁性材料としては透磁率が大きいこと，飽和状態となる磁束密度（**飽和磁束密度**）が大きいことが必要とされるために炭素鋼などが使用されている．そして，磁束が変化するところでは，さらに鉄損が少ないことが必要であり，ヒステリシスループの面積が小さく，電気抵抗が大きくて渦電流の少ない材料が必要とされる．一般に，鉄に数％程度以下のけい素を加えた**けい素鋼板** (silicon steel plate) が広く使用されている．

1.3.3　SI 単位

本書では，現在国際的な標準単位系である **SI 単位** (The International System of Units) を使用する．SI 単位は，長さ，質量，時間，電流，および絶対温度を基本単位として表すものであり，電気工学で用いられる電圧，磁束，抵抗などはこれらの組合せによって表される．通常では，それぞれ固有の名称を与えて用いている．表 1.1 に電気機器で使用する物理量およびその SI 単位を示す．また，使用記号は各著書や資料によって統一されていないが，使用記号をあらかじめ定義すれば，理解には支障が生じない．

1.3 電気機器用の磁性材料

表1.1 SI単位 (The International System of Units)

物理量	単位	物理量	単位
長さ	m（メートル）	電流	A（アンペア）
角度	rad（ラジアン）	電流密度	A/m^2
質量	kg（キロ）	皮相電力	VA
時間	s（秒）	有効電力	W（ワット）
速度	m/s	無効電力	var（バール）
回転速度	min^{-1}	抵抗	Ω（オーム）
力	N（ニュートン）	リアクタンス	Ω（オーム）
エネルギー	J（ジュール）	インダクタンス	H（ヘンリー）
動力	W（ワット）	静電容量	F（ファラド）
トルク	N·m	磁界の強さ	A/m
温度	K（ケルビン）	磁束密度	T（テスラ）
周波数	Hz（ヘルツ）	磁束	Wb（ウェーバ）
角周波数	rad/s	起磁力	A（アンペア）
電圧	V（ボルト）	抵抗率	Ω·m
誘導起電力	V（ボルト）	透電率	F/m
電界の強さ	V/m	透磁率	H/m

******* 演習問題 *******

問題 1.1 静止している 7 [kg] の物に 3 [N] の力を与えたときの加速度を求めよ．ただし，物体と置かれている面との間の摩擦は無視する．

問題 1.2 電動機の出力が3.7 [kW]，回転数が1710 [rps] のとき，電動機の発生トルクを求めよ．

問題 1.3 磁束密度 $B = 0.8$[T] の磁界中に置かれた長さ $L = 1$[m]，自身の抵抗 $r = 0.2$[Ω] の導体に対して次のような回答を求めよ．

1. 図 1.23(a) のように，導体を速度 v で磁界と直角方向に運動させ，導体の両端に接続した $R = 4$[Ω] の抵抗に $P = 100$ [W] の電力を供給するとき，導体の速度 v および加えられる力 F を求めよ．
2. 図 1.23(b) のように，導体の両端に $E = 18$ [V] の電圧を加えて導体に下向きに $F = 8$ [N] の力を加えた場合，導体に流れる電流の大きさ I，速度 v を求めよ．

(a) 発電機動作　　　(b) 発動機動作

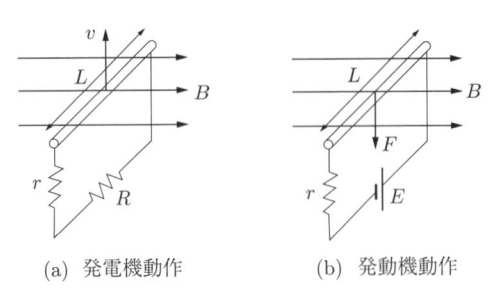

図1.23　磁界中に置かれた導体

第 2 章

直流機

直流機 (DC machine) とは，機械的動力を受けて直流電力を発生する回転機，および直流電力を受けて機械的動力を発生する回転機であり，前者を**直流発電機** (DC generator)，後者を**直流電動機** (DC motor) という．原理的には両者は同じ構造でどちらにも適用できる．

電力会社からの電力はほとんど交流電力であるが，直流に変換して使用する用途が多く，たとえば，電気化学工業，製紙工業，製鉄工業，電気鉄道などに広く使われている．E5系新幹線は最先端の技術を集結して走行性能と信頼性・環境性能・快適性のすべてを高いレベルで融合させた新世代の乗り物である（図 2.1）．2013年3月16日より「はやぶさ」として当時の国内営業最高速度320km/hで初めて運行された．

交流を直流に変換する直流発電機は直流電源装置として非常に重要なものであるとともに，直流電動機は優れた速度制御性という大きな特徴をもっており，乾電池駆動の小型電動機から電車や製鉄所の圧延機用の大型電動機まで広範囲に使われている．特に，小容量分野では，自動車用の各種小型電動機，携帯電話のバイブレーション，電動歯ブラシ，DVDのトレーや掃除機などに幅広く活用されていまだに生産数量も多く，今後も一層広く使用されるものと思われる．本章では，各種産業，または日常で用いられている直流機について具体的に学習する．

図 2.1　最先端の技術を集結した新世代を代表する E5 系新幹線

2.1 直流機の原理

2.1.1 直流発電機

図 2.2(a) のように，**永久磁石** (permanent magnet) の磁極 N，S の間にコイルを置いて $x-x'$ を軸として ω_m で反時計方向に回転させると，二つのコイル辺（導体）に**フレミングの右手法則**によって起電力 e_1，$-e_2$ が誘導される．それぞれのコイル辺に誘導される起電力は半回転ごとにコイル辺の磁束を切る向きが変わるので，図 2.2(b) に点線で示すような交流となる．

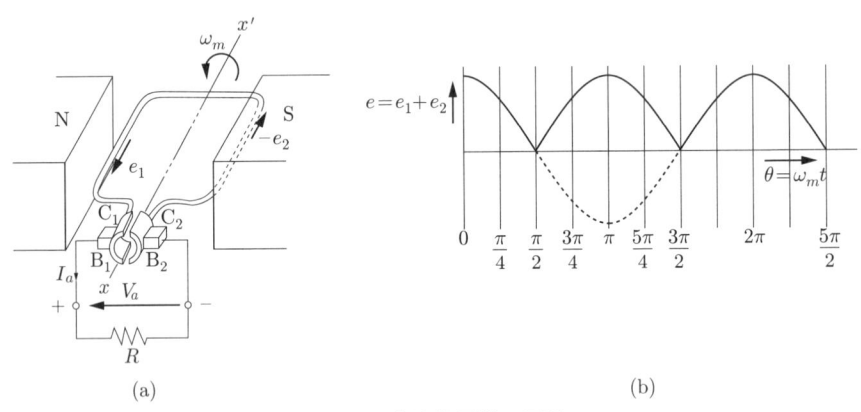

図 2.2 直流発電機の原理

しかし，図 2.3 のようにコイルの両端をお互いに絶縁した半円形の二つの**整流子**（commutator，金属片）C_1，C_2 に接続し，これに**ブラシ** (brush) B_1，B_2 を接続させて回転させるとき，コイルが電気角 $\pi/2$ に回転したところで整流子 C_1，C_2 とブラシ B_1，B_2 の接触が同時に入れ代わるので，電流は常にブラシ B_1 より流れ出してブラシ B_2 へ返り，図 2.2(b) に実線で示すような直流が得られる．

発電機の磁極間の磁界を強くするため，図 2.4(a) のように円筒形鉄心の表面に多くの**スロット** (slot) を設けてスロットにコイル辺を納める．コイルをコイル数と同じ数の整流子に接続して整流すれば，直列に接続された円筒鉄心上に分布しているコイルの電圧がかかり脈動を軽減した直流電圧を得ることができる．

図 2.4(a) においてコイル W_1 に誘導される直流電力を e_1，コイル W_2 に誘導される直流電力を e_2 とすれば，ブラシ B_1，B_2 の間に現れる電圧 e は $e = e_1 + e_2$ となり，図 2.4(b) のような脈動の小さな直流電圧となる．つまり，スロット数とコイル

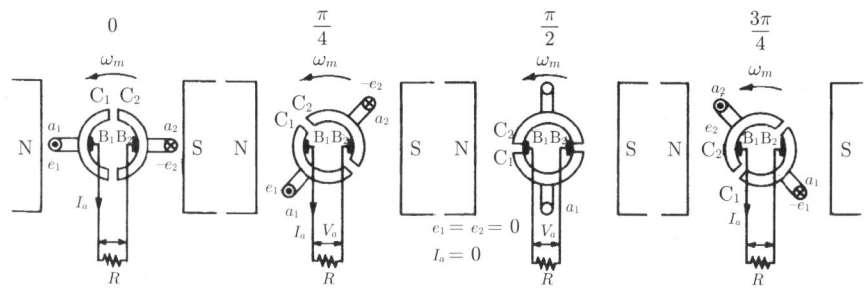

図2.3 整流の原理

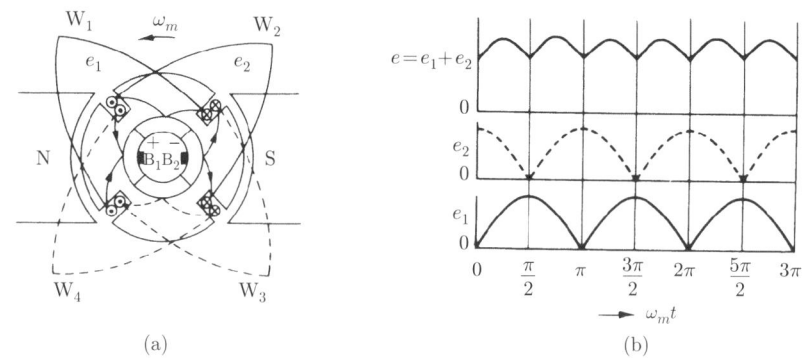

図2.4 多数電機子巻線(a), 合成起電力(b)

数を多くすると，さらに小さな脈動の直流電圧が得られる．ここで，整流子，円筒鉄心とコイルで構成される全体を**電機子**(armature)，鉄心を**電機子鉄心**(armature core)，コイルを**電機子巻線**(armature winding) という．このような**回転電気機械**(rotational electric machine) において回転部分を**回転子**(rotor)，静止部分を**固定子**(stator) という．

図 2.2(a) のような直流発電機では，電機子電流 I_a は次のように表される．

$$I_a = E_a/(R+r_a) \quad [\text{A}] \cdots\cdots（発電機） \tag{2.1}$$

- 電機子巻線抵抗 [Ω]
- 外部負荷抵抗 [Ω]
- 誘導起電力 [V]
- 電機子電流 [A]

2.1.2 直流電動機

図 2.5(a) のように,図 2.2(a) の負荷抵抗 R の代わりに直流電源を接続すれば直流電動機になる.永久磁石の磁極 N,S の間に $x - x'$ を軸とするコイルを置いて,コイルに矢印で示す方向に電流 I_a が流れると,**フレミングの左手法則**により二つのコイル辺(導体)に**電磁力** f が働いて回転力を生じる結果,コイルが矢印方向に角速度 ω_m で回転する.

コイル辺が図 2.5(b) に示す位置より角度 $\pi/2$ 回転したところで整流子 C_1,C_2 とブラシ B_1,B_2 の接触が入れ代わるので,極 N 側のコイル辺に常に図 2.5(a) に示す方向の電流が流れて上向きの力を生じ,極 S 側のコイル辺には下向きの力を生ずるために時計向きの ω_m での回転力を常に生じて回転し続ける.この回転力は回転体の接線方向の力 f [N] と回転半径 r [m] の積で与えられるトルク τ [N·m] で表される.これが直流電動機の原理である.

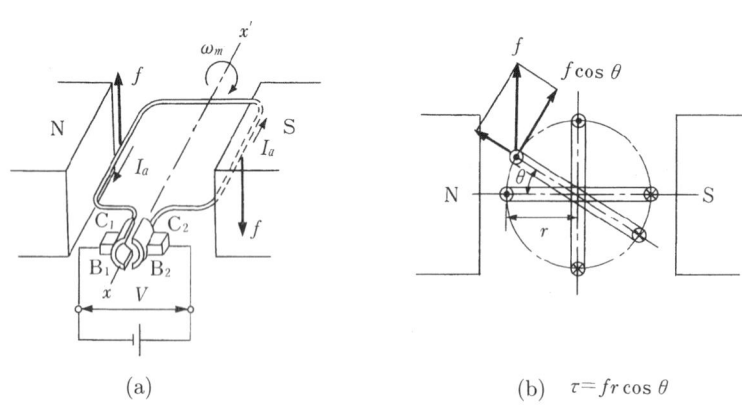

(a)　　　　　　　　　　　(b)　$\tau = fr\cos\theta$

図2.5　直流電動機の原理

コイル辺は**フレミングの左手法則**により,磁界に直角方向に電磁力 f [N] を生じるから,角度 θ [rad] 回転した位置のコイルに生ずるトルクは整流を考慮に入れて式 (2.2) のように表される.ただし,1 個のコイルのトルクは脈動するので,多数のコイルを電機子鉄心上に分布して巻けば,各コイルのトルクが合成された脈動の小さなトルクを得ることができる.

$$f\tau = 2 \cdot |f \cdot r \cos\theta| \ [\text{N·m}] \tag{2.2}$$

直流電動機では,ブラシ間に外部の直流電源電圧 V [V] を加えると,電機子巻線に電機子電流 I_a [A] が流れ,**フレミングの左手法則**により回転トルクを生じて角

速度 ω_m [rad/s] で時計方向に回転するとともに，電機子巻線は磁極 N，S 間にあって回転するので，フレミングの右手法則により I_a とは逆向きの**逆起電力** (counter emf) E_a [V] も生じる．したがって，電動機として ω_m の方向に回転し続けるためには，I_a が電機子巻線に流れ続けるために，逆起電力 E_a [V] に打ち勝つだけの電圧 V [V] を加える必要があり，電機子電流 I_a が式 (2.3) のように表される．

$$I_a = (V - E_a)/r_a \text{ [A]} \cdots\cdots (\text{電動機}) \tag{2.3}$$

2.1.3 直流のエネルギー変換

発電機式 (2.1) を端子電圧 $V = RI_a$ [V] に書き換えると，発電機は次式で表される．

$$E_a = RI_a + r_a I_a = V + r_a I_a \text{ [V]} \cdots\cdots (\text{発電機}) \tag{2.4}$$

電動機の式 (2.3) を書き換えると，逆起電力 E_a は次式のように表される．

$$E_a = V - r_a I_a \text{ [V]} \cdots\cdots (\text{電動機}) \tag{2.5}$$

発電機では，

$$\begin{aligned} E_a I_a (\text{発生電力}) &= V I_a (\text{電気的出力}) + r_a I_a^2 (\text{電機子抵抗損}) \\ &= \text{機械的入力} \end{aligned} \tag{2.6}$$

電動機では，

$$\begin{aligned} E_a I_a (\text{電気的出力}) &= V I_a (\text{電気的入力}) - r_a I_a^2 (\text{電機子抵抗損}) \\ &= \text{機械的出力} \end{aligned} \tag{2.7}$$

となる．すなわち，式 (2.6) では，電機子内の電力 $E_a I_a$ によってエネルギー変換が実行され，外部から $E_a I_a$ [W] の機械エネルギーを加えれば，電機子抵抗損として失われるエネルギーの残りの $E_a I_a - r_a I_a^2 = V I_a$ [W] が電気的出力となった電気エネルギーとして利用される．逆に，式 (2.7) では，$E_a I_a$ [W] の電機子電力と電機子抵抗損をまかなうだけの電力 $E_a I_a + r_a I_a^2 = V I_a$ [W] を外部から供給すると，電機子抵抗損として失われたエネルギーの残りの $E_a I_a$ [W] の電力が機械的動力となり，機械的エネルギーに変換される．図 2.6 にこれらの関係を直流機のエネルギー変換のプロセスで示す．

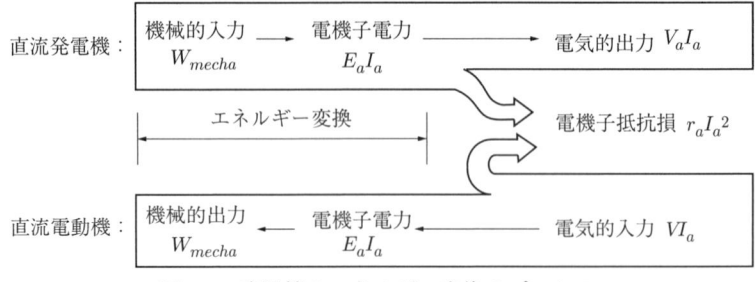

```
                          機械的入力        電機子電力
直流発電機 :                                              電気的出力 $V_a I_a$
                          $W_{mecha}$        $E_a I_a$

               ←―――――  エネルギー変換  ―――――→        電機子抵抗損 $r_a I_a^2$

                          機械的出力        電機子電力
直流電動機 :                                              電気的入力 $V I_a$
                          $W_{mecha}$        $E_a I_a$
```

図 2.6 直流機のエネルギー変換のプロセス

2.1.4 直流機の損失

電気機器によるエネルギー変換では，すべてのエネルギーが有効に変換されるわけではなく，一部のエネルギーは熱となって損失となる．直流機および後で学ぶ同期機の主な損失をあげると次のように分類される．

1. **固定損** (1) 無負荷鉄損，(2) 軸受摩擦損，(3) ブラシ摩擦損，(4) 風損（回転部と空気との摩擦により発生する）．
2. **直接負荷損** (1) 電機子巻線の抵抗損，(2) ブラシ抵抗損，(3) 直巻[1]，補極および補償巻線中の抵抗損，(4) 負荷により増減する鉄損．
3. **界磁巻線の抵抗損** (1) 分巻巻線の抵抗損，(2) 他励巻線の抵抗損，(3) そのほかの界磁巻線の直接損に含まれない抵抗損．
4. **漂遊負荷損** 負荷に起因して導体，鉄およびブラシ中に生じる損失と直接負荷損に含まれない損失．

以上の損失のうち，固定損，直接負荷損と界磁巻線の抵抗損は測定または計算により得られる．漂遊負荷損は電機子電流のほぼ 2 乗に比例するが，測定や計算によって直接求めることが難しく，他の損失に比べて小さいため，規格に算定率が定められており，無視される場合もある．

また，ブラシ抵抗損はブラシの正負ブラシ電圧降下と電機子電流の積によって得られるが，ブラシ電圧降下は電流に関係なくほぼ一定となり，ブラシ抵抗損は電流に比例する損失である．

2.1.5 直流機の効率

直流機の出力を P [W]（発電機では端子の電力 P_G，電動機では軸出力 P_M），全

---

[1] 直巻，分巻，他励巻線などの説明は 2.4 節直流機の励磁方式を参照.

損失 ΣW とすると，直流機の効率 η は次のように表される．

$$\eta = \frac{出力}{入力} = \frac{P}{P + \Sigma W} \times 100 [\%] \tag{2.8}$$

極小容量直流機では，実際に負荷をかけて出力と入力を直接測定し，その比例で効率が求められる．それを実測効率という．

また，出力が大きくなる場合，試験設備の関係で実負荷試験の実行が難しいため，固定損を実測または計算で効率を算定することになり，この効率を規約効率という．一般的に，効率算定時の抵抗損は基準巻線温度に補正した値が用いられる．

例 2.1 直流分巻発電機で，出力 P_G が 3 [kW]，端子電圧 V_a が 115 [V]，電機子回路抵抗 R_a が 0.3 [Ω]，界磁抵抗 R_f が 100 [Ω]，鉄損と機械損の和 W_{add} が 300 [W] である場合，この発電機の効率 η を求めよ．

解答 負荷電流 I_L，界磁電流 I_f，電機子電流 I_a は次のように計算される．

$I_L = P_G/V_a = 3000/115 = 26.09 [A]$,

$I_f = V_a/R_f = 115/100 = 1.15 [A]$,

$I_a = I_L + I_f = 26.09 + 1.15 = 27.24 [A]$

また，負荷損 W_K，界磁損 W_f は次式となる．

$W_K = R_a \cdot I_a^2 = 0.3 \times 27.24^2 = 223 [W]$, $W_f = R_f \cdot I_f^2 = 100 \times 1.15^2 = 132 [W]$

2.1.5 項により，この発電機の効率 η は次のようになる．

$\eta = P_G/(P_G + W_K + W_f + W_{add}) \times 100$
$= 3000/(3000 + 223 + 132 + 3000) \times 100 = 82.1\%$

2.1.6 直流機の無負荷損と負荷損

定速度で運転される直流他励発電機では，固定損と界磁巻線の抵抗損は無負荷の場合にも発生する損失なので**無負荷損** (no-load loss) といい，負荷に無関係にほぼ一定となる．その代わりに，直接負荷損と漂流負荷損はほぼ負荷の 2 乗に比例して変化する損失なので**負荷損** (load loss) という．

直流機は定格時の出力が P_n [W]，無負荷損が W_0 [W]，負荷損が W_K [W]，負荷率が χ [pu] である場合，この直流機の効率 η は次式となる．

$$\eta = \frac{P_G}{P_G + \Sigma W} \times 100 [\%] \tag{2.9}$$

最大効率となる負荷率 χ は次のように求められる.

$$\frac{d\eta}{d\chi} = 0 \text{ により}, \chi = \sqrt{\frac{W_0}{W_K}} = \sqrt{\frac{無負荷損}{負荷損}}[\text{pu}] \tag{2.10}$$

例 2.2 直流他励発電機は,定格値が $P_n = 1000$ [kW],端子電圧が $V_a = 750$ [V],回転速度 590 [rpm],機械損 $W_m = 6$ [kW],電機子銅損 50 [kW],鉄損 7 [kW] と界磁損 6 [kW] の和が 13 [kW] である.ブラシ電圧降下を無視して端子電圧を一定に保つまま運転する場合,次のものを求めよ.

(1) 電機子回路抵抗 R_a [Ω]
(2) 定格誘導起電力 E_n [V]
(3) 負荷率が χ [pu] のときの全損失 W [W]
(4) 最大効率 η_m [%] とそのときの負荷率 χ [pu]

解答 (1) 定格値を $P_n = 1000$ [kW],端子電圧を $V_a = 750$ [V] とすると,電機子電流 I_a は $I_a = P_n/V_a = 1000 \times 10^3/750 = 1333$ [A] となり,電機子回路抵抗 R_a [Ω] は損失を W_a [kW] とすると,$R_a = W_a/I_a^2 = 50 \times 10^3/1333^2 = 0.0281$ [Ω] となる.

(2) 定格誘導起電力 E_n [V] は次式である.

$$E_n = V_a + R_a I_a = 750 + 0.0281 \times 1333 = 787.5 \text{ [V]}$$

(3) 負荷率を χ [pu] とすると,誘導起電力 E_a と定格誘導起電力 E_n の比 E_a/E_n は次のように表される.

$$\frac{E_a}{En} = \frac{V_a + R_a I_a \cdot \chi}{E_n} = \frac{750 + 0.0281 \times 1333 \cdot \chi}{787.5} = 0.952 + 0.048 \cdot \chi$$

機械損は $W_m = 6$ [kW],電機子銅損は $W_K = 50 \cdot \chi$ [kW],鉄損と界磁損は $W_{fef} = 13 \cdot (E_a/E_n)^2$ [kW] となると,全損失 W [W] は次式となる.

$$W = W_m + W_{fef} + W_K = 6 + 13 \cdot (0.952 + 0.048 \cdot \chi)^2 + 50 \cdot \chi$$

$$\approx 17.8 + 1.2 \cdot \chi + 50 \cdot \chi^2 \text{[kW]}$$

効率 η は次のように計算される.

$$\eta = \frac{1000 \cdot \chi}{1000 \cdot \chi + W} \times 100 = \frac{1000}{1000 + (17.8/\chi) + 1.2 + 50 \cdot \chi} \times 100 [\%] \tag{2.11}$$

(4) 式 (2.11) より，最大効率 $\eta_m [\%]$ は $(17.8/\chi) + 50 \cdot \chi$ が最小となる負荷率 χ で与えられるので，この負荷率 χ は次のようになる．

$$\frac{d}{d\chi}(17.8/\chi + 50 \cdot \chi) = 0 \text{ により，} \chi = \sqrt{\frac{17.8}{50}} = 0.6 \text{ [pu]}$$

式 (2.11) に $\chi = 0.6$ [pu] を代入すると，最大効率 η_m は次式となる．

$$\eta = \frac{1000}{1000 + (17.8/0.6) + 1.2 + 50 \times 0.6} \times 100 = 94.3 \, [\%]$$

2.1.7 直流機の等価回路と基本式

電気機器の特性を調べる場合，この電気機器を回路で表すと解析が便利になる．直流機は界磁回路と電機子回路を有し，界磁回路の全抵抗を R_f，電流を I_f，電機子回路の端子電圧を V_a，巻線抵抗を R_a，電流を I_a として，また，直流発電機の界磁回路の端子電圧を V_f，直流電動機の外部電源電圧を V とすると，等価回路は図 2.7 である．図 (a) の直流電動機の場合，界磁回路は式 (2.12) となる．

$$V_f = R_f I_f \, [\text{V}] \tag{2.12}$$

また，磁気回路の飽和現象を無視すれば，界磁電流と磁束 Φ の間には式 (2.13) が成り立つ．ただし，k は磁性材料で定まる定数である．

$$\Phi = k I_f \, [\text{Wb}] \tag{2.13}$$

電機子回路は式 (2.14) のように表される．式 (2.14) の両辺に I_a を乗じると式 (2.15) が得られる．2.3 節の式 (2.25) 誘導起電力 $E_a = K_a \Phi \omega_m$ によって式 (2.15) が式 (2.16) のように書き換えられる．式 (2.29) トルク $T_a = K_t \Phi I_a$ より，式 (2.16)

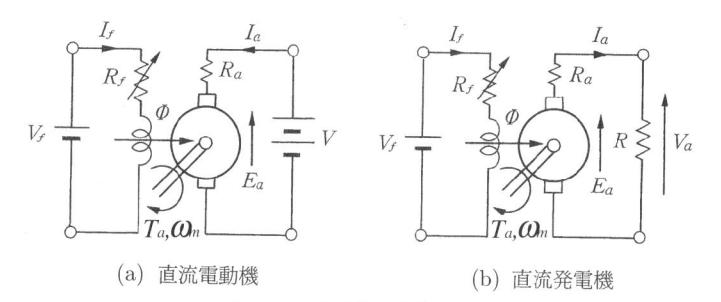

(a) 直流電動機　　(b) 直流発電機

図 2.7 直流機の等価回路

から式(2.17)が得られる．すなわち，電機子回路に供給された電気エネルギー$V_a I_a$は機械エネルギー$\omega_m T_a$と巻線抵抗における熱エネルギー$R_a I_a^2$に変換されたことになる．

$$V = E_a + R_a I_a \ [\text{V}] \tag{2.14}$$

$$V I_a = E_a I_a + R_a I_a^2 \ [\text{W}] \tag{2.15}$$

$$V I_a = K_a \Phi \omega_m I_a + R_a I_a^2 \ [\text{W}] \tag{2.16}$$

$$V I_a = \omega_m T_a + R_a I_a^2 \ [\text{W}] \tag{2.17}$$

図2.7(b)の直流発電機の場合，この界磁回路は電動機の場合と同じであるが，電機子電流の方向は電動機の場合とは逆になり，電機子回路は次式となる．

$$E_a = V_a + R_a I_a \ [\text{V}] \tag{2.18}$$

式(2.18)の両辺にI_aをかけると，式(2.19)が得られる．電機子に供給された機械エネルギー$\omega_m T_a$は負荷に供給される電気エネルギー$V_a I_a$と巻線抵抗における熱エネルギー$R_a I_a^2$に変換されたことになる．

$$E_a I_a = \omega_m T_a = V_a I_a + R_a I_a^2 \ [\text{W}] \tag{2.19}$$

2.2 電機子反作用

直流機において界磁と電機子の関係から電機子反作用が生じる．つまり，電機子に電流が流れると，その電流によって起磁力を生じ（1.2.4項参照），主磁束により作られた固定子と回転子間のギャップの磁束は，電機子電流による起磁力の影響を受けるためにその分布や大きさが変わる．このような電機子電流の作用を**電機子反作用** (armature reaction) という．

2.2.1 主磁束

磁極の作る磁束を**主磁束** (main magnetic flux) という．図2.8(a)は界磁の電流が流れているが，電機子電流がない無負荷状態の2極機であり，主磁束の分布を示すものである．図2.8(b)はこのときのギャップの磁束密度分布をギャップに沿って展開して示したものである．主磁束は磁極片の下でほぼ一定の値となり，その両端から次第に低下して両端の中間では零となる．この磁束密度の零となる位置

Y – Y′ を**中性軸** (neutral axis) といい，隣り合った磁極の中心間の間隔 O – O′ を**磁極ピッチ** (pole pitch) という．

2極機の場合，図 2.8(a) において中性軸 Y – Y′ と磁極の軸 O – O′ との間の角度は幾何学的にも電気的にも $\pi/2$ となる．

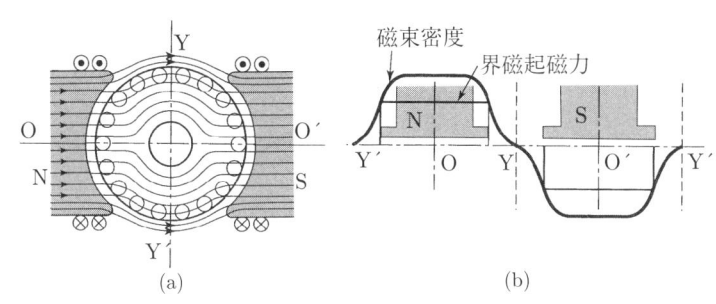

図2.8 主磁極電流による磁束 (a)，ギャップの磁束密度分布 (b)

2.2.2 交さ起磁力

界磁に電流が流れていないとき，界磁起磁力（主磁束）を零として，電機子だけに電流が流れている場合，図 2.9(a) のような磁束分布を生じる．図 2.9(b) において直線 $\overline{\mathrm{AOB}}$ と $\overline{\mathrm{AO'B}}$ のように中性軸 Y – Y′ の部分で最大となるが，この部分には大きなギャップがあるために磁束密度分布はこの部分で低下し，ギャップの磁束密度分布は図 2.9(b) のような曲線になる．電機子に流れる電流による起磁力は，主磁束と電気角で $\pi/2$ の方向に起こるので**交さ起磁力** (cross magnetomotive force) という．

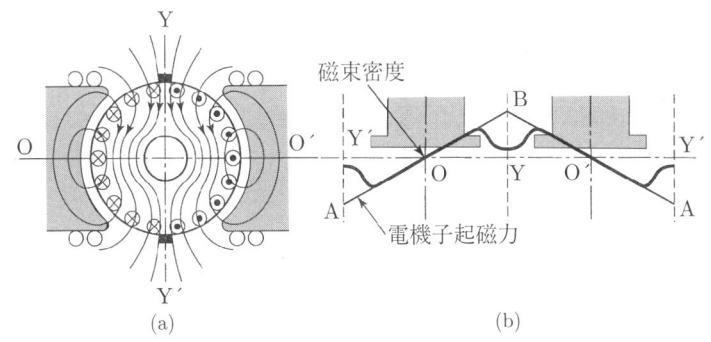

図2.9 電機子電流による磁束 (a)，ギャップの磁束密度分布 (b)

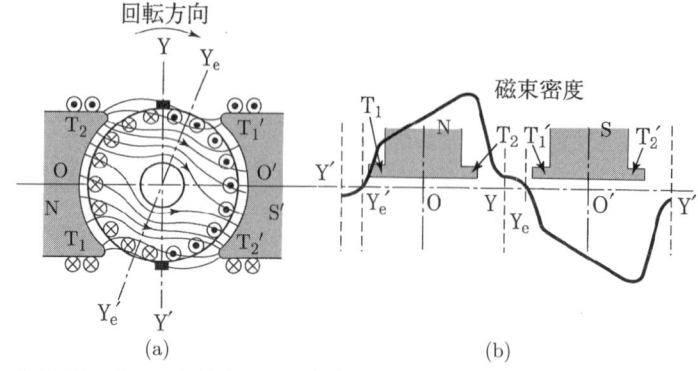

図 2.10 発電機の場合負荷状態での合成界磁磁束 (a), ギャップの合成磁束密度分布 (b)

2.2.3 偏磁作用

実際の直流機に負荷がかかっている場合, 図 2.10(a) のように電機子電流と界磁電流との双方が流れるから, ギャップにおける合成磁束密度分布の状況は図 2.8(b) と図 2.9(b) とを重ね合わせた図 2.10(b) のようになる. この図に示す発電機では, 回転方向に対して磁極の前端 T_1 および T_1' で界磁束と電機子とが打ち消し合い, 後端 T_2 および T_2' では両磁束が加わる. 磁束密度が偏りを生じる現象を**偏磁作用**という. このため, 界磁束は回転方向に移動して中性軸 $Y-Y'$ もそれに従って移動する. 無負荷のときの中性軸 $Y-Y'$ は**幾何学的中性軸** (geometrical neutral), 電機子反作用によって移動した新しい中性軸 Y_e-Y_e' は**電気的中性軸** (electrical neutral) といわれ, 負荷電流が増加するに連れて移動角度が増加していく.

偏磁作用により, 磁束が一方に偏っても磁気回路に飽和がなければ 1 極あたりの磁束は変わらない. 実際には, 飽和現象のために磁極片の一端における磁束の増加量は他端における減少量を補うことができず全磁束は多少減少するから誘導起電力も低下することになる.

2.2.4 補償巻線

電機子反作用は偏磁, 減磁や中性軸移動などを生じ, これらが負荷の変動に伴って変化するため, 常にブラシを適当な位置 (電気的中性軸) に移さないと火花が生じて直流機に悪影響を及ぼす. これを打ち消すことができれば, 運転上都合がよい. 電機子電流による起磁力を打ち消すために**補償巻線** (compensating winding) を設ける方法が多く採用されている.

補償巻線は図 2.11 のように, 磁極片に電機子電流と反対方向の電流を流し, 電

(a) 電動機の場合   (b) 発電機の場合

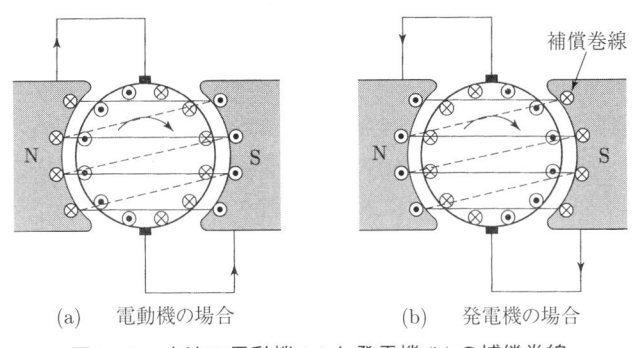

図2.11　直流の電動機(a)と発電機(b)の補償巻線

機子の起磁力を打ち消すようにしたものである．補償巻線は電機子回路と直列に接続して負荷の変化に応じ，常に電機子電流による起磁力，つまり，電機子反作用を打ち消すから，フラッシオーバや中性軸の移動も起こらず良好な結果が得られる．直流の電動機(a)と発電機(b)では，電機子反作用の影響が反対なので，補償巻線の極性も反対にしなければならないので注意が必要である．

2.3　直流機の起電力とトルク

本節では，図2.12に示す2極直流機に基づいて具体的に述べる．

2.3.1　起電力の計算

図2.12のように，ギャップの磁束密度が B [T]，電機子の直径が D [m]，奥行きが l [m]，回転速度が n [rps] のとき，電機子導体1本に誘導される起電力 e は式(1.1)を適用して式(2.20)のように表される．

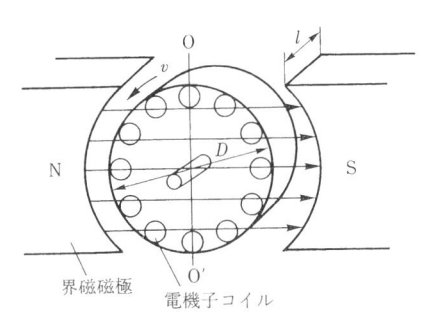

図2.12　直流機の発電機

$$e = vBl \text{ [V]} \tag{2.20}$$

　直流発電機では,**界磁磁極** (field magnetic pole) 1 極から発生する磁束を Φ [Wb] とすると,電機子に与えられる全磁束数 Φ_0 は $\Phi_0 = P\Phi$ [Wb] であり,P は磁極数である.磁極に対向する電機子の円筒側面の全表面積 S は $S = \pi Dl$ [m^2] であるから,電機子側面に与えられる**平均磁束密度** (average flux density) B_{av} は式 (2.21) のように表される.

$$B_{av} = \underbrace{\frac{\overbrace{\Phi_0}^{\text{全磁束数}}}{\underbrace{S}_{\text{全表面積}}} = \frac{P\Phi}{\pi Dl}}_{\text{平均磁束密度}} \text{ [T]} \tag{2.21}$$

電機子表面の磁極ピッチを τ_p とすると,平均磁束密度 B_{av} も式 (2.22) となる.

$$\underbrace{B_{av}}_{\text{平均磁束密度}} = \frac{1}{\underbrace{\tau_p}_{\text{磁極ピッチ}}} \int_0^{\tau_p} \underbrace{B}_{\text{磁束密度}} dx \text{ [T]} \tag{2.22}$$

　また,電機子の表面における周速度 v は $v = \pi Dn$ [m/s] となる.式 (2.20) により,コイル 1 個に誘導される平均起電力 e_{av} は式 (2.23) となる.

$$e_{av} = vB_{av}l = \pi Dn \frac{P\Phi}{\pi Dl} \cdot l = nP\Phi \text{ [V]} \tag{2.23}$$

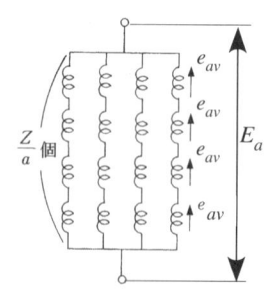

図 2.13　直流機の電機子コイルの接続

　図 2.13 のように,コイル数を m,1 個のコイルの巻数を w とすると電機子の全導体数は $Z = 2mw$ であり,並列数を a とすると 1 列の直列導体数が Z/a である.

ここで，並列数 a は電機子コイルの巻線法によって異なり，波巻または直列巻では $a = 2$，重ね巻では $a = P$ となる．ブラシ間から得られる誘導起電力 E_a は次のように表される．

$$E_a = \frac{Z}{a} e_{av} = \frac{Z}{a} nP\Phi = \frac{PZ}{a} \Phi n \quad [\mathrm{V}] \tag{2.24}$$

電機子の回転速度 n [rps] に角速度 $\omega_m = 2\pi n$ [rad/s] を用いて誘導起電力 E_a は次式に書き換えられる．

$$E_a = \frac{PZ}{a} \Phi \frac{\omega_m}{2\pi} = \frac{PZ}{2\pi a} \Phi \omega_m = K_a \Phi \omega_m \; [\mathrm{V}], \; K_a = \frac{PZ}{2\pi a} \tag{2.25}$$

ここで，K_a は直流機の起電力定数といい，直流機により定まる値である．

また，磁極の磁束 Φ [Wb] の代わりに平均磁束密度 B_{av} [T] を使用する場合，式 (2.24) の誘導起電力 E_a は式 (2.21) によって次式となる．

$$E_a = \frac{\pi D l Z}{a} \cdot B_{av} n \quad [\mathrm{V}] \tag{2.26}$$

例 2.3 4極の直流発電機において電機子の直径が 0.2 [m]，軸方向の長さが 0.3 [m]，電機子コイル数が 32，コイル1個の巻数が 18，巻線は重ね巻，ギャップの磁束密度が 0.2 [T] である場合，この発電機を 1500 [rpm] で回転させたときの誘導起電力を求めよ．

<u>解答</u>　式 (2.26) と重ね巻では $a = P$ を考慮して誘導起電力は次のように求められる．

$$Ea = \frac{1}{4} \times 0.2 \times 0.3 \times 3.14 \times 0.2 \times 2 \times 18 \times 32 \times \frac{1500}{60} \approx 271 \; [\mathrm{V}]$$

例 2.4 例題 2.3 で波巻としたときの誘導起電力を求めよ．

<u>解答</u>　波巻の場合，$a = 2$ となるから，誘導起電力は次のように求められる．
$$Ea \approx 543 \; [\mathrm{V}]$$

2.3.2 トルクの計算

1.2.2 項に述べたように，電機子電流によって電機子導体には電磁力が生じる．図 2.12 のように，ギャップの磁束密度を B [T]，電機子の有効長さを l [m]，電機

子導体に流れる電流を i_a [A] とすると，1本の電機子導体に働く電機子表面の接線方向の力 f [N] は，直流機では B, l, i_a がお互いに直交する構造に作られているため，フレミングの左手法則によって $f = i_a B l$ [N] となる．

電機子表面の磁極ピッチを τ_p [m]，平均磁束密度を B_{av} [T] とすれば1本の導体に働く平均力 f_{av} は次のように表される．

$$f_{av} = \frac{1}{\tau_p} \int_0^{\tau_p} i_a B l dx = i_a l \frac{1}{\tau_p} \int_0^{\tau_p} B dx = i_a l B_{av} \text{ [N]} \tag{2.27}$$

電機子直径を D [m] とすると，1本の導体に働く平均トルク τ_{av} [N·m] は次式となる．

$$\tau_{av} = f_{av} \frac{D}{2} = i_a l B_{av} \frac{D}{2} \text{ [N·m]} \tag{2.28}$$

図 2.13 のように，直流機の全導体数を Z，並列数を a とするような接続の場合，極数を P，毎極の磁束を Φ [Wb]，電機子電流を I_a [A] とすると，$i_a = I_a/a$，$D\pi = P\tau_p$，および $\Phi = l\tau_p B_{av}$ の関係式を用いて直流機のトルク T_a は次のように表される．

$$T_a = Z\tau_{av} = Zi_a l B_{av} \frac{D}{2} = Z \cdot \frac{I_a}{a} l B_{av} \frac{1}{2} \cdot \frac{P\tau_p}{\pi} \text{ [N·m]}$$

$$= \frac{PZ}{2\pi a} \Phi I_a = K_t \Phi I_a \text{ [N·m]}, \quad K_t = \frac{PZ}{2\pi a} \tag{2.29}$$

ここで，K_t は直流機により定まる値なので，直流機の**トルク定数** (torque factor) といい，式 (2.25) の起電力定数 K_a と等しい．

例 2.5 出力 10 [kW]，回転速度 600 [rpm] である電動機のトルクを求めよ．

解答　電動機のトルク T_a と角速度 ω_m の積は出力 P となり，すなわち，$P = T_a \omega_m$ となる．回転速度 n [rps] は $n = 600 \text{ [rpm]}/60 = 10$ [rps] であるので，電動機のトルクは次のように得られる．

$$T_a = \frac{P}{2\pi n} = \frac{10 \times 10^3}{2\pi \times 10} \approx 159 \text{ [N·m]}$$

例 2.6 磁束密度 $B = 0.8$ [T] の一様磁界中に，長さ $l = 0.5$ [m] の導体を磁界に直角に置いて，これを速度 $v = 30$ [m/s] で運動させる場合，

1. この導体に生ずる誘導起電力を求めよ．
2. この導体にある負荷電流が流れて 8 [N] の力が働くとともに，引き続き同じ速度で運動させるために必要な機械動力を求めよ．
3. このとき，導体に流れている負荷電流を求めよ．

> 解答
1. 式 (1.1) より，この導体に生ずる誘導起電力 e は次のように得られる．
$$e = vBl = 0.8 \times 0.5 \times 30 = 12 \text{ [V]}$$
2. 必要な機械動力 P_m は働く力 F と直線運動速度 v の積となるため，
$$P_m = F \times v = 8 \times 30 = 240 \text{ [W]}$$
3. このとき，導体に流れている負荷電流 I_a は次のように得られる．
$$I_a = \frac{F}{Bl} = \frac{8}{0.8 \times 0.5} = 20 \text{ [A]}$$

2.3.3 直流機の電気的出力と機械的出力

直流機の発生する誘導起電力 E_a は式 (2.25) より $E_a = K_a \Phi \omega_m$ である．発電機として使用するとき，負荷を接続すれば電機子電流 I_a [A] が流れる．この発電機の発生している電力 P_g [W] は次式で表される．

$$P_g = K_a \Phi \omega_m I_a = E_a I_a \text{ [W]} \tag{2.30}$$

実際には，電機子に電機子抵抗 r_a [Ω] があるので，この抵抗損を差し引いた残りの電力 P_{g0} [W] が発電機の電力として利用できる電力になり，次のように求められる．

$$P_{g0} = P_g - r_a I_a^2 = E_a I_a - r_a I_a^2 \text{ [W]} \tag{2.31}$$

この場合，発電機の出力端子に表れる電圧を V_a [V] とすると，次式となる．

$$V_a = \frac{P_{g0}}{I_a} = E_a - r_a I_a \text{ [V]} \tag{2.32}$$

逆に，電動機として使用する場合，機械的出力はトルクと角速度の積になるから，機械的出力 P_m は次式で与えられる．

$$P_m = T_a \omega_m = K_t|_{K_t = K_a} \Phi I_a \omega_m = K_a \Phi \omega_m I_a = E_a I_a \text{ [W]} \tag{2.33}$$

電動機では，外部電源から電力が供給されるので，電機子抵抗損を差し引いた残りが出力となるから，外部電源の電圧を V [V] とすれば外部から供給される電力 P_s [W] と電動機出力との関係は次式のようになる．

$$P_m = P_s - r_a I_a^2 = VI_a - r_a I_a^2 = (V - r_a I_a)I_a = E_a I_a \text{ [W]} \quad (2.34)$$

また，電機子電流を I_a [A]，電機子抵抗 r_a [Ω] とすると，電動機の場合は端子電圧 V から電機子抵抗による電圧降下 $r_a I_a$ を減じたものが誘導起電力 E_a と釣り合うことから次式が成り立つ．

$$E_a = V - r_a I_a \text{ [V]} \quad \text{(電動機)} \quad (2.35)$$

発電機の場合は誘導起電力 E_a から電機子抵抗による電圧降下 $r_a I_a$ を減じたものが端子電圧 V_a となるので次式となる．

$$E_a = V_a + r_a I_a \text{ [V]} \quad \text{(発電機)} \quad (2.36)$$

図 2.6 のように，式 (2.35), (2.36) は直流機のエネルギー変換を表すものである．

例 2.7 理想的なエネルギー変換装置（すなわち，入力がすべて出力となる）を想定する．入力 $P_{in} = 1$[kW]，回転数 $N = 1500$[rpm] の直流電動機の出力側のトルク τ を単位 [N·m]，[kg·m] としてそれぞれ求めよ．

解答　直流電動機の角速度 ω_m は $\omega_m = 2\pi \cdot N/60 = 2\pi \times 1500/60 = 50\pi$ [rad/s] となり，電動機の出力とトルクの関係は $P_m = \tau \omega_m$ となるので，トルク τ は

$$\tau = P_m/\omega_m = 1000/50\pi = 6.37 \text{ [N·m]},$$

1[kg 重力単位] $= 9.8$ により，$\tilde{\tau} = \tau/9.8 = 0.64$ [kg·m]

例 2.8 定格電圧 100[V]，定格電流 50[A]，電機子抵抗 0.2[Ω] の直流機がある．これを電動機として使い，全負荷で発電機のときと同じ速度で回転させるのに必要な端子電圧を求めよ．ここで，電機子反作用と励磁電流は無視する．

また，定格電流は 10[A] から 1[A] ずつ増して 70[A] まで変化するとき，発電機と電動機としての端子電圧と電流との関係をグラフで示せ．

解答

発電機の場合，$E_a = V_a + r_a I_a = 100 + 0.2 \times 50 = 110$[V]

2.3 直流機の起電力とトルク

電動機の場合, $E_a = V - r_a I_a$ より, $V = E_a + r_a I_a$

両者の回転数が同じなので, $E_a = 110$ [V] となるから, 供給の端子電圧は

$$V = 110 + 0.2 \times 50 = 120 \text{ [V]} \text{ となる}.$$

また, 下記の MATLAB のコマンドを用いて起電力の変化波形図 2.14 が得られる。

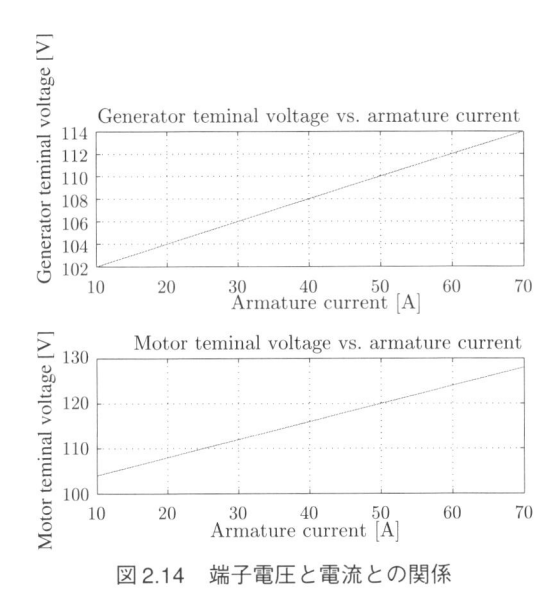

図 2.14 端子電圧と電流との関係

```
v=100;r=0.2;ia=10:1:70; (定格電圧100[V], 電気子抵抗0.2[Ohm]),
(電流10[A]から1[A]ずつ増して70[A]まで変更)
eag=v+0.2.*ia;(発電機の端子電圧)
vm=eag+0.2.*ia;(電動機の端子電圧)
figure(1); subplot 211; plot(ia,eag);
title('Generator teminal voltage vs. armature current','fontsize', 12);
ylabel('Generator teminal voltage [V]','fontname','times','fontsize', 10);
xlabel('Armature current [A]', 'fontname','times','fontsize', 10);
grid on;
(発電機としての端子電圧と電流との関係)
subplot 212; plot(ia,vm);
title('Motor teminal voltage vs. armature current','fontsize', 12);
ylabel('Motor teminal voltage [V]', 'fontname','times','fontsize', 10);
xlabel('Armature current [A]', 'fontname','times','fontsize', 10);
grid on;
```

（電動機としての端子電圧と電流との関係）

2.4 直流機の励磁方式

直流機の界磁極は極小出力のものでは永久磁石を用いるが，一般には直流励磁した電磁石を磁極とするのが普通である．磁極を作る界磁巻線の接続の仕方によって直流機を次のように分類する．

- 永久磁石直流機：永久磁石の界磁磁束を使用する直流機
- 他励直流機：他の直流電源から励磁電流を受けて界磁磁束を作る直流機
- 自励直流機：電機子と同一電源から励磁電流を受けて界磁磁束を作る直流機
    ① 分巻直流機
    ② 直巻直流機
    ③ 複巻直流機：和動複巻直流機，差動複巻直流機

直流機の特性は励磁方式によって著しく変わるため，直流機の種類に直流他励発電機，直流直巻電動機等のように励磁方式をつけて表すのが普通である．

本節では各励磁方式を簡潔に述べ，図内の記号説明は下記にまとめる．

A：電機子 　　　　R_a：電機子巻線抵抗 　　Φ_P：分巻界磁巻線の発生磁束
I：負荷電流 　　　I_{fP}, I_{fS}：分巻・直巻界磁電流 　Φ_S：直巻界磁巻線の発生磁束
I_a：電機子電流 　　F_s：直巻界磁巻線 　　　F_p：分巻または他励界磁巻線
E_a：誘導起電力 　　R_f：界磁回路の全抵抗 　　I_f：分巻または他励界磁電流

2.4.1 永久磁石直流機

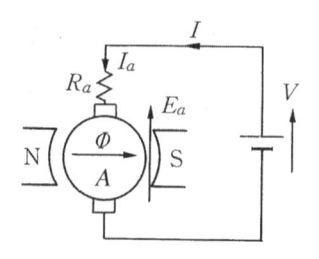

図2.15 永久磁石直流機

2.4 直流機の励磁方式

図 2.15 のように，界磁として永久磁石を使用するものであり，**永久磁石式** (permanent-magnet type) という．永久磁石式は構造が簡単になるため，小型・小容量の場合に広く用いられている．

2.4.2 他励直流機

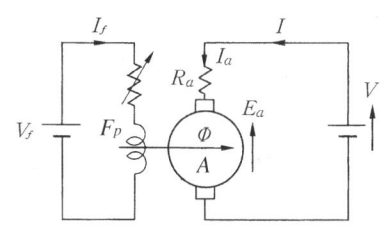

図2.16　他励直流機

図 2.16 のように，界磁巻線の励磁電流を電機子回路と別の電源から取る方式を**他励式** (separate excitation method) という．電動機では，電機子電流 I_a は直接電源から流れるので，電機子電流はそのまま電流 I となり，$I_a = I$ となる．

2.4.3 分巻直流機

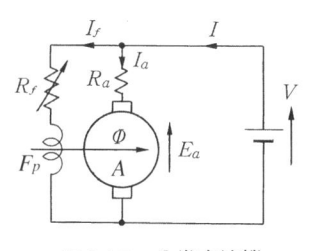

図2.17　分巻直流機

図 2.17 のように，界磁巻線と電機子を並列に接続する方式を**分巻式** (shunt excitation method) という．電動機では，図 2.17 に示すように，$I = I_a + I_f$ となるが，発電機の場合には，$I_a = I + I_f$ となる．

2.4.4 直巻直流機

図 2.18 のように，界磁巻線と電機子を直列に接続する方式を**直巻式** (series excitation method) という．界磁巻線は電流 I によって励磁されるので，巻数が少

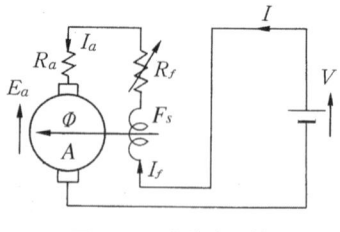

図2.18　直巻直流機

なく導体断面積の大きな巻線が用いられる．この場合，$I_a = I_f \approx I$ となる．

2.4.5　和動複巻直流機

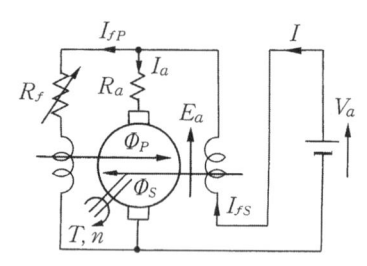

図2.19　和動複巻直流機（内分巻）

図 2.19 のように，分巻界磁巻線が入出力端子側から見て電機子側に接続されているものを内分巻といい，両方の界磁巻線の起磁力がお互いに加わるように接続するものを**和動複巻式** (cumulative compound excitation method) という．この励磁方式は発電機の場合に用いられる．

2.4.6　差動複巻直流機

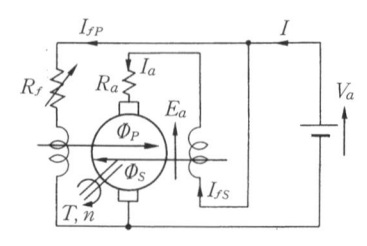

図2.20　差動複巻直流機（外分巻）

図 2.20 のように，分巻界磁巻線が入出力端子側に接続されているものを外分巻といい，両方の界磁巻線の起磁力が相反するように接続されるものを**差動複巻式** (differential compound excitation method) という．この励磁方式は電動機の場合に用いられる．

2.5 直流発電機

2.5.1 直流発電機の基本式

2.3 節の式 (2.25) と (2.36) により，直流発電機の誘導起電力 E_a と出力端子電圧 V_a は式 (2.37)，(2.38) のように表される．これらの式から角速度 ω_m を一定とすれば，直流発電機の特性に影響を及ぼすものは磁束 Φ と電機子電流 I_a であることがわかる．直流発電機の特性は，励磁方式によってこの Φ と I_a の変化，および電機子反作用が V_a，E_a の値に与える影響によって決まる．

$$E_a = K_a \Phi \omega_m \ [\text{V}] \tag{2.37}$$

$$V_a = E_a - r_a I_a \ [\text{V}] \tag{2.38}$$

直流発電機の特性を十分調べてから，用途に応じて適当な特性のものを選んで使用すべきである．その特性を見やすいように曲線で表したものを**特性曲線** (characteristic curve) という．直流発電機では，**無負荷特性曲線** (no-load chareceristic curve) および**外部特性曲線** (external characteristic curve) が用いられる．その代表的な例としては分巻発電機と他励発電機である．

2.5.2 直流分巻発電機の特性

(1) 無負荷特性曲線

無負荷特性曲線は**無負荷飽和曲線** (no-load saturation curve) ともいわれる．分巻発電機では，界磁巻線は電機子と並列になり，発電機自身の誘導起電力によって励磁されるから無負荷でも界磁電流 I_f が電機子に流れるので，それだけ電圧降下があるわけであるが，実用上は無視しても差し支えないために無負荷時の端子電圧 V_a は誘導起電力 E_a に等しくなる．

1. **電圧の確立**　図 2.22 のように，分巻発電機は他の電源からの励磁の必要がなく，自己励磁によって電圧を発生する．これは界磁極に最初わずかな残留磁束があり，電機子巻線にわずかな電圧が誘導される．この電圧は図 2.22 の $\overline{OO'}$ で示され

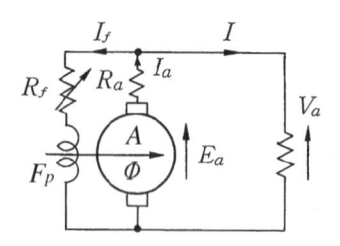

図 2.21　直流分巻発電機

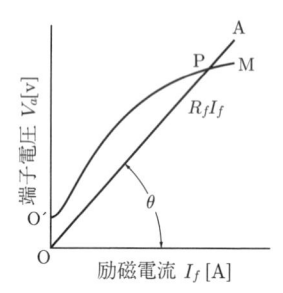

図 2.22　分巻発電機の電圧

る低い電圧であり，**残留電圧**(residual voltage) という．この残留電圧より，電機子および界磁巻線の回路にわずかな電流が流れて界磁極が励磁される．励磁電流が残留磁束を増加させる方向に流れると，誘導起電力が次第に増加し，これに伴い，励磁電流が残留磁束をさらに増加させる．このように励磁電流が増加して端子電圧が上昇する現象を**電圧の確立**という．

2. **界磁抵抗線**　界磁回路の抵抗を R_f [Ω]，界磁電流を I_f [A] とすれば，界磁回路の電圧降下は $V_f = R_f I_f$ [V] となる．界磁回路の温度が一定であれば，抵抗 R_f は一定となり，電圧 V_f は界磁電流 I_f に対して図 2.22 の $\overline{OA}$ のような直線となる．直線 $\overline{OA}$ が横軸となす角度を θ とすれば，$\tan\theta = V_f/I_f = (R_f I_f)/I_f = R_f$ となるから，この直線 $\overline{OA}$ は**界磁抵抗線**(field resistance line) という．

3. **頂上電圧**　分巻直流発電機の電圧確立の場合，電圧は無限に上昇するものではなく，磁気回路の飽和のためにある点に到達して平衡を保つことになる．電圧確立の途中では，誘導起電力 E_a [V] は無負荷特性曲線 $\widetilde{O'M}$ 上を動き，界磁回路の電圧降下 V_f が等しく，つまり，直線 $\overline{OA}$ と曲線 $\widetilde{O'M}$ の交点 P に達するまで電圧が上昇を続けてこの交点 P で抵抗線に達する．このように，達成しうる最高電圧をこの発電機の**頂上電圧** (ceiling voltage) という．

4. **臨界抵抗**　界磁抵抗線が図 2.23 の直線 $\overline{OA}$ であるとき，図 2.21 の可変界磁

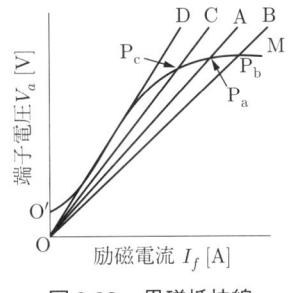

図2.23 界磁抵抗線

抵抗器 R_f を調整して界磁回路の抵抗を減らすと，界磁抵抗線は図 2.23 の直線 $\overline{OB}$ に示すようになるから，交点 P は曲線 $\widetilde{O'M}$ に沿って P_a から P_b に移って端子電圧は上昇する．また，界磁抵抗を増すと，界磁抵抗線は図の直線 $\overline{OC}$ で示されるように，交点 P は曲線 $\widetilde{O'M}$ に沿って P_a から P_c に移って電圧は降下する．

よって，界磁回路の抵抗がある値になると，界磁抵抗線は図 2.23 の直線 $\overline{OD}$ となり，曲線 $\widetilde{O'M}$ の一部と重ねるようになるとき，交点 P はあまりにも明瞭ではないものとなるから，この付近では端子電圧が非常に不安定であり，界磁抵抗 R_f がわずかに変化しても端子電圧は著しく変動するため，この抵抗 R_f の値を**臨界抵抗** (critical resistance) という．

(2) 負荷特性曲線

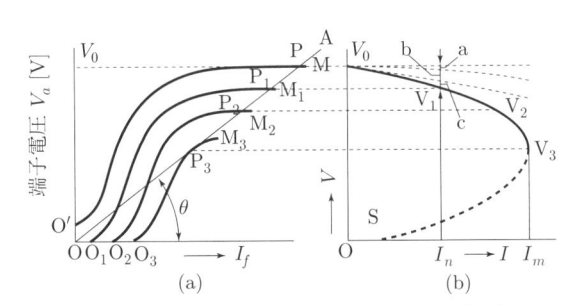

図2.24 分巻発電機の負荷特性と外部特性

図 2.24(a) のように，曲線 $\widetilde{O'M}$ を無負荷特性，曲線 $\widetilde{O_1M_1}$ を全負荷特性，直線 $\overline{OA}$ を界磁抵抗線とすると，無負荷電圧 V_0 [V] は曲線 $\widetilde{O'M}$ と直線 $\overline{OA}$ との交点 P，全負荷電圧は曲線 $\widetilde{O_1M_1}$ と $\overline{OA}$ との交点 P_1 で与えられる．負荷の抵抗を減じて負荷電流を増加させることによって，負荷特性は下方の曲線 $\widetilde{O_2M_2}$ に移動し端子電圧が急激に下がる．さらに，負荷特性曲線 $\widetilde{O_3M_3}$ が界磁抵抗線 $\overline{OA}$ に接するようにな

ると，端子電圧はその接点 P_3 で与えられる．これ以上負荷の抵抗を減じても負荷電流が増加できなくなるので，この点を**臨界点** (critical point) という．

(3) 外部特性曲線

分巻発電機の界磁抵抗，および回転数を一定にして電圧を誘導させる場合に負荷を加えていくと，電機子抵抗と電機子反作用による電圧降下を生じるから，端子電圧は次第に低下して図 2.24(b) のようになる．この図で点 a は電機子反作用の電圧降下，点 b は励磁電流減少の誘導起電力低下，点 c は電機子回路の抵抗降下を示す．過負荷の場合，電圧降下は急に増して図 2.24(a) の臨界点 P_3 に相当する最大負荷電流の点 V_3 を超えれば極めて不安定となり，さらに負荷の抵抗を減少して負荷電流を増そうとしても急激に電圧が降下するため，電流はかえって減少することになるので，臨界点より負荷抵抗を減少すれば，安定な運転ができなくなる．

例 2.9 直流分巻発電機を，出力 $P_G = 100$ [kW]，端子電圧 $V_a = 220$ [V]，電機子抵抗 $R_a = 0.04$ [Ω]，界磁抵抗 $R_f = 55$ [Ω]，定格電圧で運転する場合，全負荷と 50% 負荷時の誘導起電力 E_{a1}，E_{a2} をそれぞれ求めよ．

> **解答** 全負荷の場合，励磁電流 $I_f = V_a/R_f = 220/55 = 4$ [A] となり，負荷電流 I_{L1} は $I_{L2} = P_G/V_a = 100 \times 10^3/220 = 454.5$ [A] となり，誘導起電力 E_{a1} は次のように得られる．
>
> 電機子電流 $I_a = I_{L1} + I_f = 454.5 + 4 = 458.5$ [A]
> 電機子抵抗電圧降下 $R_a I_a = 0.04 \times 458.5 = 18.3$ [V]
> 誘導起電力 $E_{a1} = V_a + R_a I_a = 220 + 18.3 = 238.3$ [V]
>
> 50% 負荷の場合，励磁電流 $I_f = V_a/R_f = 220/55 = 4$ [A] となり，負荷電流 I_{L2} は $I_{L2} = (1/2) \times P_G/V_a = (1/2) \times (100 \times 10^3/220) = 227.25$ [A] となり，誘導起電力 E_{a2} は次のように求められる．
>
> 電機子電流 $I_a = I_{L2} + I_f = 227.25 + 4 = 231.25$ [A]
> 電機子抵抗電圧降下 $R_a I_a = 0.04 \times 231.25 = 9.25$ [V]
> 誘導起電力 $E_{a2} = V_a + R_a I_a = 220 + 9.25 = 229.25$ [V]

(4) 分巻発電機の用途

分巻発電機は励磁電源を必要としないので，一般の直流電源としてよく使用されている．また，電池充電用電源や発電機の励磁機として広く活用されている．

2.5.3 直流他励発電機の特性

(1) 無負荷特性曲線

図 2.25(a) に直流他励発電機の回転速度 n [rps] を一定に保つときの界磁電流 I_f [A] と端子電圧 V_a [V] との関係曲線を示す．この場合，負荷電流が流れていないときの端子電圧は誘導起電力 E_a に等しくなる．誘導起電力 E_a は式 (2.24) から次のように表される．

$$E_a = K\Phi n \text{ [V]}, \qquad K = \frac{PZ}{a} \tag{2.39}$$

ここで，定数 K は設計上から定まる値なので，回転速度 n [rps] を一定とすれば，誘導起電力 E_a は磁束 Φ [Wb] に比例する．磁束 Φ は励磁電流 I_f によって定まるものであり，磁束 Φ と励磁電流 I_f の関係は磁気回路の磁化曲線の形で変化するため，回転速度が一定のときの磁束 Φ と励磁電流 I_f の関係曲線も図 2.25(a) のように磁化曲線と同じ形となる．この曲線を三つの部分に分けて述べる．

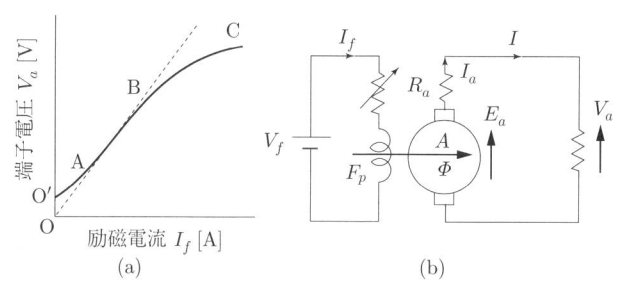

図 2.25 他励発電機およびその無負荷特性

1. **曲線の始まる点 O′**　励磁電流 I_f が零のとき，すでに $\overline{OO'}$ だけの電圧が生じている．これは一度励磁された界磁には残留磁気があり，これによって起電力が誘導されるからである．
2. **直線に近い部分 $\overline{AB}$**　励磁電流 I_f を増加させると，界磁束 Φ がそれに比例して増加する．よって，誘導起電力 E_a もまた直線的に上昇することを表す．
3. **曲線の部分 $\widetilde{BC}$**　励磁電流 I_f が大きくなり，磁気回路の磁束密度が高くなったとき，磁気飽和現象が起こるために誘導起電力が増加できなくなったことを表す．

(2) 負荷特性曲線

発電機に電機子電流 I_a [A] に等しい負荷電流 $I(=I_a)$ [A] が流れると，電機子回路の抵抗（電機子巻線と補極巻線の抵抗を含む）R_a [Ω] による電圧降下 $R_a I_a$ [V]，

ブラシとその接触抵抗による電圧降下 e_b [V]，電機子反作用のための電圧降下 e_a [V] が起こる．

したがって，端子電圧 V_a [V] は式 (2.40) のように表される．

$$V_a = E_a - (R_a I_a + e_b + e_a) \tag{2.40}$$

ブラシ電圧降下 e_b は，電機子電流に関係なく一定とみなし，一般に次の値を用いる．

① 炭素および黒鉛ブラシ，各ブラシにつき 1 [V]
② 金属黒鉛ブラシ，各ブラシにつき 0.3 [V]

また，e_a は電機子反作用が完全に打ち消される場合は考えなくてもよい．

発電機の回転速度 n [rps] および電機子電流 I_a [A] を一定として，励磁電流 I_f [A] と端子電圧 V_a [V] との関係を示す曲線を**負荷特性曲線**または**負荷飽和曲線**という．

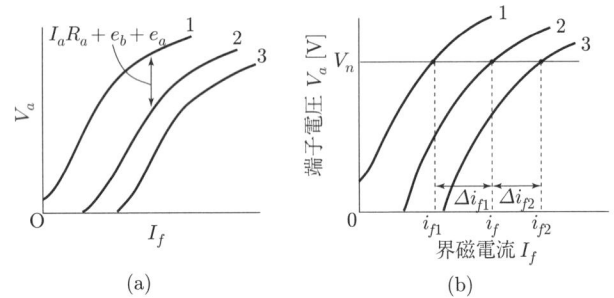

(a)　(b)
1：無負荷特性曲線　2, 3：負荷特性曲線
図2.26　負荷特性曲線

図 2.26(a) の場合，曲線 1 を無負荷時とすると，負荷が増す（I_a が増加）に従って，この曲線は式 (2.40) の電圧降下分だけ逐次下側に移っていく．そこで，負荷が変化しても一定電圧 V_a を維持するためには図 2.26(b) のように I_f を調整すればよい．すなわち，次のように表される．

$$i_{f1} = i_f - \Delta i_{f1}, \quad i_{f2} = i_f + \Delta i_{f2} \tag{2.41}$$

例 2.10　無負荷電圧 213[V]，定格電圧 200[V]，定格出力 80[kW] の発電機がある．全負荷時の電機子反作用による誘導起電力の低下が 4.8[V] であるとして，電機子回

路抵抗を求めよ．ただし，ブラシの接触電圧降下は無視する．

解答 電機子電流は $I_a = (80 \times 10^3)/200 = 400$ [A] となる．式 (2.40) で，$V_a = 200$ [V], $E_a = 213$ [V], $e_a = 4.8$ [V] として電機子回路抵抗 R_a は $R_a = (1/400)(213 - 200 - 4.8) \approx 0.02[\Omega]$ となる．

(3) 外部特性曲線

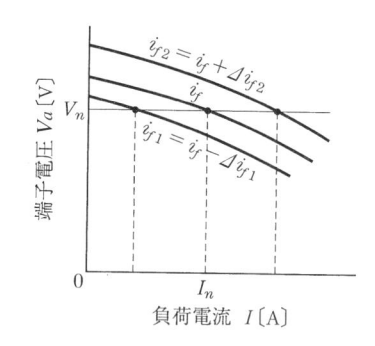

図 2.27 他励発電機の外部特性曲線

図 2.25(b) のように，発電機に負荷を接続し，発電機の回転速度 n [rps] と励磁電流 I_f [A] を一定に保って，負荷電流 $I(= I_a)$ [A] を次第に増加したとき，端子電圧 V_a [V] が変化する曲線を**外部特性曲線**という．図 2.27 より，負荷が変化しても一定電圧 V_n [V] を維持するため，負荷電流 I が増加すれば，励磁電流 I_f を増加し，負荷電流 I が減少すれば，励磁電流 I_f を減少するように調整すればよい．

(4) 他励発電機の用途

直流他励発電機は電圧を変えることが容易なので，レオナード方式の電源としてよく使用される．そのほか，低電圧大電流の電気メッキ用電源，化学工業用直流電源，大形発電機の励磁機などに用いられている．

2.5.4 電圧変動率

発電機の外部特性から負荷が変化すると，端子電圧が変化するので，この変化の程度を表すために**電圧変動率** (voltage regulation) を用いる．定格負荷，定格速度で運転している発電機の端子電圧を定格電圧 V_n に調整し，そのままの状態で無負荷にしたときの端子電圧を V_a とすれば，電圧変動率 ϵ は式 (2.42) で与えられる．

$$\epsilon = \frac{V_a - V_n}{V_n} \times 100 \ [\%] \tag{2.42}$$

2.6 直流発電機の運転

2.6.1 直流発電機の電圧調整

直流発電機の端子電圧は基本式 (2.37)，(2.38) より，励磁電流および回転速度の変化によって調整できるが，一般には回転数を一定に保って次のような方法で励磁電流を加減して調整する．

他励発電機および分巻発電機では，界磁巻線と直列に界磁抵抗を接続し，その抵抗を加減して端子電圧を調整する．他励発電機では，他の直流電源から励磁電流を取るので，励磁電流は負荷の影響を受けず，したがって，高範囲に細かく，しかも安定に端子電圧の調整ができる．

分巻発電機では，発電機自体の端子電圧で励磁されるので，負荷電流に伴う端子電圧の変動によって励磁電流も変化する．この発電機では，無負荷で電圧が調整できる範囲は，頂上電圧から図 2.23 の界磁抵抗線が曲線 $\widehat{O'M}$ に接する点までである．

2.6.2 直流発電機の並行運転

一つの負荷に 2 台以上の発電機を並列に接続して電力を供給する方法を**並行運転** (parallel operation) という．並行運転の目的は，まず，負荷が変動する場合，1 台の大容量発電機で電力を供給すると，負荷が軽くなるとき効率が低下するので，そのため，2 台以上の発電機を負荷に応じて単独または並行運転することによって高効率化を実現する．次に，電力供給の不足または故障に備えた対応策になる．

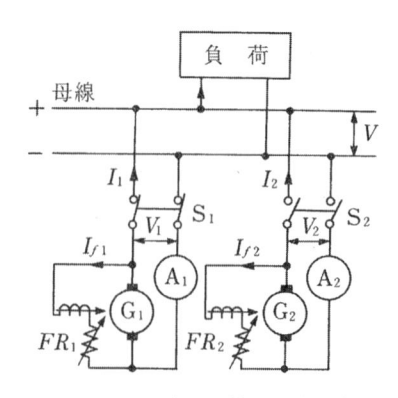

図 2.28 分巻発電機の並行運転

2.6 直流発電機の運転

並行運転のための各発電機の必要条件は次のとおりになる.

① 各発電機の両端の極性が同じである.
② 各発電機の全負荷端子電圧が等しい.
③ 各発電機の外部特性曲線が垂下特性である.
④ 理想的には各発電機の無負荷電圧が等しく，外部特性曲線の形が相似である.

図 2.28 のように，分巻発電機の並行運転は，発電機 G_1 が母線を通して負荷に電力を供給して運転しているとき，これに G_2 を接続して運転するため，まず，G_2 を定格速度で運転して G_2 の界磁抵抗器 FR_2 の調整で G_2 の端子電圧 V_2 を母線電圧 V と同じにする．次に，G_2 の端子の極性が母線の極性と一致していることを確認してからスイッチ S_2 を閉じる．

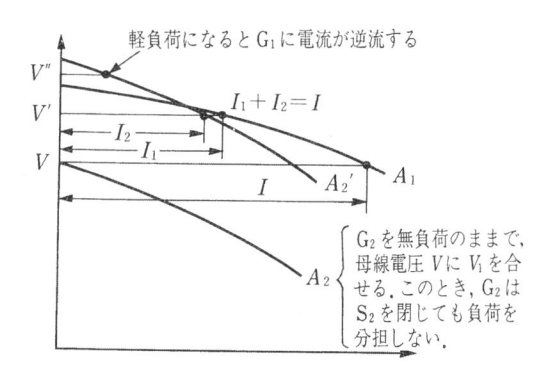

図 2.29 外部特性曲線と負荷分担

このとき，発電機 G_1 は図 2.29 の A_1 のような外部特性があり，負荷電流 I [A] を供給しているものとする．G_2 の外部特性は A_2 のようになるものとすると，G_2 は G_1 に並行に接続されただけで，G_1 ですべての負荷を負担し，G_2 は負荷を負担しない．FR_2 を調整して I_{f2} を増加するか，G_2 の速度を上昇して A_2' の外部特性になるように調整すると，G_1 に I_1 [A]，G_2 に I_2 [A] が流れて $I = I_1 + I_2$ になるように負荷が配分される．

そうすれば，図 2.29 のように G_1 と G_2 の外部特性曲線が相似ではないとき，FR_1 と FR_2 を調整するか，速度を変えて負荷の分担割合を適当にできるが，負荷が変化すると，G_1 と G_2 の負荷分担の割合が変化してしまう．軽負荷になって母線電圧が V'' になれば，母線電圧が G_1 の端子電圧 V_1 より高くなり母線より G_1 に電流が逆流して G_1 が電動機になってしまう．

このように，外部特性曲線が相似していない発電機を並行運転すると，負荷の変化によって負荷の分担割合が変わってしまい，よい配分にするためには再調整が必要になる．

上述の煩わしい調整を避けるため，一度調整すれば負荷が変化しても負荷分担の割合が変わらないことが理想である．

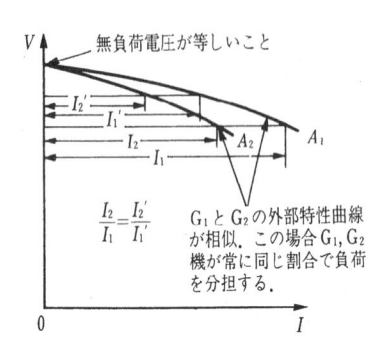

図2.30 G_1, G_2 発電機の外部特性曲線が相似である場合

このためには，図 2.30 のように無負荷電圧が等しく，外部特性曲線が相似している発電機を並行運転すると，負荷が変化しても負荷分担の割合が変わることなく，理想的な並行運転ができる．実際問題としては，図 2.30 のように完全に相似でなくてもほぼ一致しておれば，良好な並行運転が可能である．よって，できるだけ外部特性曲線の相似なものを選んで並行運転することが望ましい．

例2.11 定格状態で並行運転している 2 台の直流他励発電機がある．A 機は定格出力 $P_A = 100[kW]$，定格電圧 $V_n = 200[V]$，電圧変動率 $\epsilon = 6\%$ であり，B 機は定格出力 $P_B = 200[kW]$，定格電圧 $V_n = 200[V]$，電圧変動率 $\epsilon = 3\%$ である．現在，負荷が減少して全電流が $I_L = 1000[A]$ になった場合，両発電機の電流と原動機出力を求めよ．ただし，運転は定速度 1000[rps] にして，機械損・鉄損・ブラシ電圧降下は無視する．

解答

2 台の発電機が定格状態で並行運転している場合，無負荷誘導起電力 E_A, E_B と電流 I_A, I_B および電機子回路抵抗 R_A, R_B は次のように求められる．

$E_A = V_n(1 + \epsilon/100) = 200 \times (1 + 0.06) = 212 \,[V],$

$E_B = V_n(1 + \epsilon/100) = 200 \times (1 + 0.03) = 206 \,[V],$

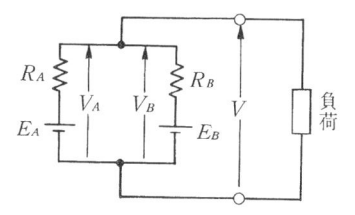

図 2.31　並行運転の等価回路

$$I_A = P_A/V_n = (100 \times 10^3)/200 = 500 \text{ [A]},$$
$$I_B = P_B/V_n = (200 \times 10^3)/200 = 1000 \text{ [A]}$$
$$R_A = (E_A - V_n)/I_A = (212 - 200)/500 = 0.025 \text{ [}\Omega\text{]},$$
$$R_B = (E_B - V_n)/I_B = (206 - 200)/1000 = 0.006 \text{ [}\Omega\text{]}$$

図の等価回路のように，負荷が減少したときの電流は次のように得られる．

$$V = E_A - R_A I_A = E_B - R_B I_B,$$
$$I_L = I_A + I_B = 1000 \text{ [A]},$$
$$I_A = (E_A - E_B + R_B I_L)/(R_A + R_B)$$
$$= (212 - 206 + 0.006 \times 1000)/(0.024 + 0.006) = 400 \text{ [A]},$$
$$I_B = I_L - I_A = 1000 - 400 = 600 \text{ [A]}$$

機械損・鉄損・ブラシ電圧降下を無視すると，原動機出力 P_{AD}, P_{BD} は発電機の発生電力に等しいので，次式となる．

$$P_{AD} = E_A \times I_A = 212 \times 400 = 84800 \text{ [W]},$$
$$P_{BD} = E_B \times I_B = 206 \times 600 = 13600 \text{ [W]}$$

2.7　直流電動機

2.7.1　直流電動機の基本式

2.3 節の説明より，直流電動機の電圧平衡式，電機子電流 I_a, トルク T, 角速度 ω_m, および出力 P_m はそれぞれ式 (2.43)–(2.48) のように表される．

$$K_a = (PZ)/(2\pi a) \tag{2.43}$$

$$V = E_a + R_a I_a = K_a \Phi \omega_m + R_a I_a \tag{2.44}$$

$$I_a = \frac{V - E_a}{R_a} = \frac{V - K_a \Phi \omega_m}{R_a} \tag{2.45}$$

$$T = K_a \Phi I_a \tag{2.46}$$

$$\omega_m = (V - R_a I_a)/(K_a \Phi) \tag{2.47}$$

$$P_m = T\omega_m \tag{2.48}$$

直流電動機の特性はこれらの関係式からすべて求めることができるが,磁気回路に磁気飽和があることと励磁方式によって,磁束 Φ が端子電圧 V または励磁電流 I_f や電機子電流 I_a の値によって変化するので,その現状を含めて各関係式を取り扱う必要がある.

例 2.12 直流他励電動機は,極数が 4 極,全導体数が 318,磁束が 0.036 [Wb],巻線が波巻,電機子電流が 228 [A] である.回転速度 1150 [rpm] で回転するとき,電動機のトルク T_m と出力 P_m を求めよ.ただし,鉄損,機械損とブラシ電圧降下などは無視する.

|解答| 電動機の角速度 ω_m は $\omega_m = 2\pi \cdot (1150/60) = 120.4$[rad/s] となり,式 (2.25) によって誘導起電力 E_a,トルク T_m と出力 P_m は次式となる.

$$E_a = K_a \Phi \omega_m = (PZ/2\pi a)\Phi\omega_m = (4 \times 318/2\pi \times 2) \times 0.026 \times 120.4$$
$$= 439 \text{ [V]},$$
$$T_m = (E_a I_a)/\omega_m = 439 \times 228)/120.4 = 831[\text{N} \cdot \text{m}],$$
$$P_m = E_a I_a = 439 \times 228 = 100[\text{kW}]$$

2.7.2 直流電動機の特性

直流電動機の特性曲線としては次のものがよく使われている.

1. **速度特性曲線** (speed characteristic curve)　端子電圧および界磁抵抗を一定としたときの負荷電流と回転数との関係を示すものである.
2. **トルク特性曲線** (torque characteristic curve)　端子電圧および界磁抵抗を一定としたときの負荷電流とトルクとの関係を示すものである.
3. **速度トルク特性曲線** (speed-torque charactristic curve)　端子電圧および界磁抵抗を一定としたときの回転数とトルクとの関係を示すものであり,電動機運転の安定性を検討する場合に重要となる.

図 2.32 のように,電動機の速度トルク特性曲線が T_M,負荷の速度トルク特性曲線が T_L である運転の場合,その交点 P のようなトルク T_P を発生して回転数 N_P で運転される.図 2.32(a) の場合,回転数が N_P より上昇しても負荷が要求するトルクが電動機のトルクより大きくなるから,減速して P 点に戻る.逆に,回転数が

(a) 安定運転 (b) 不安定運転

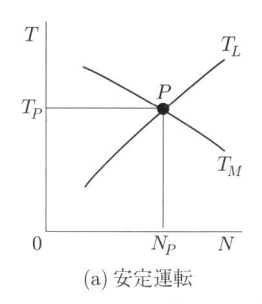

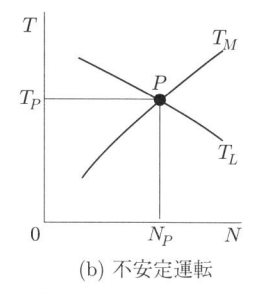

図 2.32　速度トルク特性曲線

N_P より低下した場合，負荷が要求するトルクが電動機のトルクより小さくなるから加速して素早く P 点に戻るために安定な運転ができる．

これに対して図 2.32(b) の場合，回転数が N_P より上昇したとき，負荷が要求するトルクが電動機のトルクより小さいため，さらに加速して P 点に戻ることができない．また，回転数が N_P より減速した場合，負荷が要求するトルクが電動機のトルクより大きくなるからさらに減速してやはり P 点に戻ることはできず不安定な運転となってしまう．

2.7.3　直流他励電動機と分巻電動機の特性

図 2.33，図 2.34 のように，**直流他励電動機** (DC separately-excited motor) と**直流分巻電動機** (DC shunt motor) は，界磁巻線が電機子と共通の電源に接続されているかいないかの相違があるだけで同じものである．

これらの電動機では，端子電圧 V または励磁電流 I_f を一定に保てば，Φ は一定と考えられるので，2.7.1 項の直流電動機の基本式より特性が求められる．速度特性曲線，トルク特性曲線および速度トルク特性曲線は，それぞれ図 2.35(a)，(b)，(c) の実線で示すものである．実際の場合，電機子反作用による減磁作用の影響を受けて，負荷またはトルクの大きい範囲では，点線で示すように変化する．

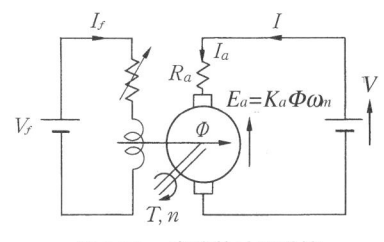

図 2.33　直流他励電動機　　　図 2.34　直流分巻電動機

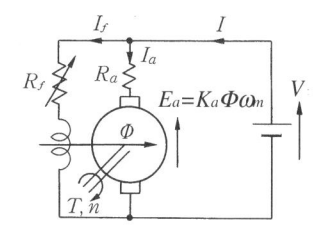

(a) 速度特性曲線　　(b) トルク特性曲線　　(c) 速度トルク特性曲線

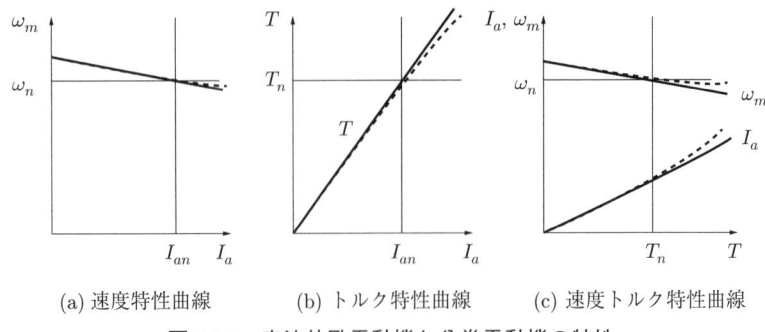

図 2.35　直流他励電動機と分巻電動機の特性

これらの電動機の特性上の特徴は界磁磁束と端子電圧を一定にすれば，負荷やトルクの変化に対して実用される範囲では速度の変化が比較的小さく，ほぼ**定速度電動機** (constant speed motor) として動作することである．この特性を**分巻特性** (shunt characteristics) と呼ぶ．

また，界磁磁束を一定に保って端子電圧を変えると，実用領域では $V \gg R_a I_a$ であるので，速度はほぼ端子電圧に比例して変化する．これに対して端子電圧を一定に保って界磁磁束を変えると，速度は界磁磁束にほぼ反比例して変化する．この性質を利用して界磁を弱めて速度を上昇させる方法を用いることがある．しかし，あまり界磁を弱くすると，電機子反作用の影響を大きく受けて不安定になり，速度と電機子電流が大きく変動する**乱調** (hunting) を生じて整流を悪化し，**フラッシオーバ** (flashover) を生ずることがあるから，速度を上昇させるために極端に界磁を弱くすることには危険がある．

例 2.13　直流他励電動機で，端子電圧 V を 220 [V]，電機子電流 I_a を 50 [A]，電機子抵抗 R_a を 0.1[Ω]，回転速度 N を 1500 [rpm] とする場合，誘導起電力 E_a とトルク T_m を求めよ．ここで，鉄損，機械損とブラシ電圧降下などは無視する．

また，電機子電流 I_a を 10[A] から 1[A] ずつ増して 60[A] まで変化するとき，トルク特性曲線と速度・トルク特性曲線を書いてみよ．

解答　直流電動機の基本式 (2.44) より，誘導起電力 E_a，回転角速度 ω_m とトルク T_m は次のように得られる．

$$E_a = V - R_a I_a = 220 - 0.1 \times 50 = 215 [V],$$
$$\omega_m = (2\pi \cdot N)/60 = 2\pi \times 1500/60 = 157 [rad/s],$$
$$T_m = E_a I_a / \omega_m = (215 \times 50)/157 = 68.5 [N \cdot m]$$

下記の MATLAB のコマンドを用いて起電力の変化波形図 2.36 が得られる．

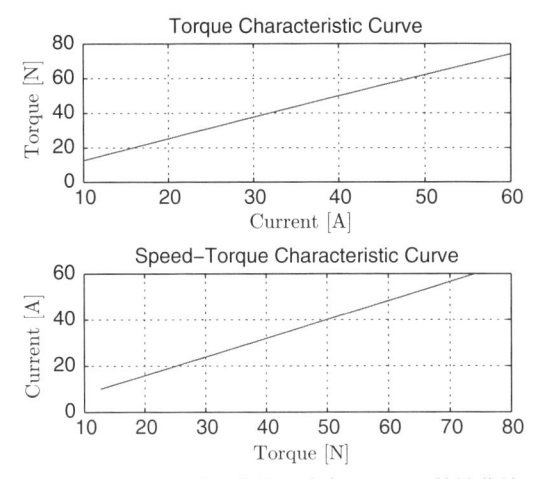

図 2.36　トルク特性曲線と速度・トルク特性曲線

```
v=200;r=0.1;n=1500;wm=(2*pi*n)/60;（例題の条件を設定）
ia=10:1:60;（電機子電流は10Aから1[A]ずつ増して60[A]まで変化）
ea1=v-r.*ia;ea=ea1./wm;tm=ea.*ia;（トルクの計算）
figure(1);subplot 211;plot(ia,tm);（グラフのプロット）
title('Torque Characteristic Curve','fontsize', 12);
xlabel('Current [A]','fontname','times','fontsize', 10);
ylabel('Torque [N]','fontname','times','fontsize', 10);
grid on;
subplot 212;
plot(tm,ia);
title('Speed-Torque Characteristic Curve',.'fontsize', 12);
ylabel('Current [A]','fontname','times','fontsize', 10);
xlabel('Torque [N]','fontname','times','fontsize', 10);
grid on;
```

2.7.4　直流直巻電動機の特性

図 2.37 のように，**直流直巻電動機** (DC series motor) は界磁巻線と電機子が直列になっており，界磁磁束は電機子電流 I_a の関数となって変化する．しかし，I_a の大きい範囲では，図 2.38 のように磁束は飽和してほぼ一定の値となる．このために直巻電動機の特性を未飽和域と飽和域の二つの領域に分けて検討する．図 2.38

に点線で示すように磁化特性を二つの直線で近似し，未飽和域では電機子電流に比例して $\Phi = k_1 I_a$ となる．ただし，k_1 は鉄心材料で決まる定数である．飽和域では，飽和磁束 Φ_s が一定になるものと考えて両領域の特性を解析する．

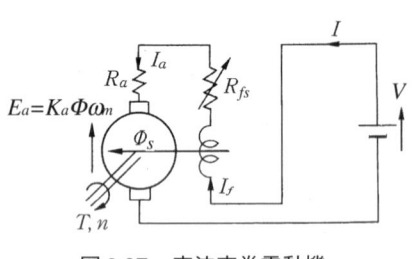

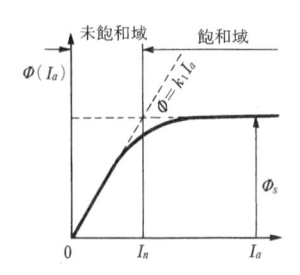

図2.37　直流直巻電動機　　　　　図2.38　磁化曲線の直線近似

(1) 未飽和領域の特性

直巻界磁巻線抵抗を R_{fs} とすると，この特性は式 (2.49)–(2.51) に表される．

$$I_a = \frac{V - K_a k_1 I_a \omega_m}{R_a + R_{fs}} \ [\mathrm{A}] \tag{2.49}$$

$$T = K_a k_1 I_a^2 \ [\mathrm{N \cdot m}] \tag{2.50}$$

$$\omega_m = \frac{V - (R_a + R_{fs})I_a}{K_a k_1 I_a} = \frac{1}{K_a k_1}\left\{\frac{V}{I_a} - (R_a + R_{fs})\right\}$$

$$= \frac{1}{K_a k_1}\left\{\frac{V\sqrt{K_a k_1}}{\sqrt{T}} - (R_a + R_{fs})\right\} \ [\mathrm{rad/s}] \tag{2.51}$$

一般に $V/I_a \gg (R_a + R_{fs})$，$V\sqrt{K_a k_1/T} \gg (R_a + R_{fs})$ であるので，この未飽和領域では，速度はほぼ電圧に比例してトルクの平方根 $\sqrt{T}$ に反比例する．この領域が直巻電動機の特徴的な特性を示す範囲であり，このように $\sqrt{T}$ に反比例して速度が変わる特性を**直巻特性** (series characteristics) という．この特性より，直巻電動機は**変速度電動機** (variable speed motor) であり，軽負荷時には速度が非常に大きくなるために危険なので，無負荷運転や軽負荷運転をしてはならない．

(2) 飽和領域の特性

I_a が大きく飽和領域にある場合，磁束は飽和して Φ_s なるほぼ一定の値となるから，この範囲内の特性は式 (2.52)–(2.54) のように分巻電動機とよく似たものを示す．

$$I_a = \frac{V - K_a \Phi_s \omega_m}{R_a + R_{fs}} \quad [\text{A}] \tag{2.52}$$

$$T = K_a \Phi_s I_a^2 \quad [\text{N} \cdot \text{m}] \tag{2.53}$$

$$\omega_m = \frac{V - (R_a + R_{fs}) I_a}{K_a \Phi_s}$$

$$= \frac{V}{K_a \Phi_s} - \frac{R_a + R_{fs}}{(K_a \Phi_s)^2} T \quad [\text{rad/s}] \tag{2.54}$$

直流直巻電動機は図 2.39 のように，電流の小さい未飽和領域で直巻特性を示し，電流が大きくトルクの大きい範囲では分巻特性を示す．

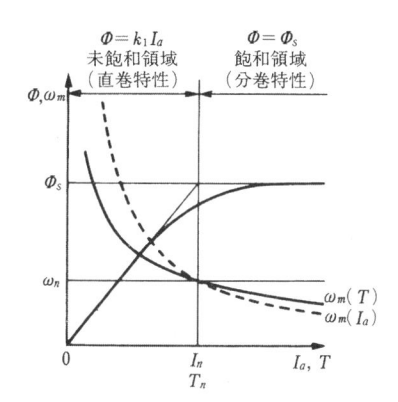

図 2.39　直流直巻電動機の特性曲線

例 2.14　直流直巻電動機が，端子電圧 V が 525 [V]，電機子電流 I_a が 50 [A]，回転速度 N が 1500 [rpm] で運転する場合，端子電圧を 400 [V] に減じて同一電流で運転するときの回転速度を求めよ．ここで，電機子と界磁回路の総抵抗 $R = 0.5 [\Omega]$，ブラシ電圧降下は無視する．

解答　端子電圧 V_1 が 525 [V] で運転するときの誘導起電力を E_{a1} と回転速度を N_1，端子電圧 V_2 が 400 [V] で運転するときの誘導起電力を E_{a2} と回転速度を N_2 とすると，それぞれ次のように求められる．

$$E_{a1} = V_1 - R \cdot I_a = 525 - 0.5 \times 50 = 500 [\text{V}],$$
$$E_{a2} = V_2 - R \cdot I_a = 400 - 0.5 \times 50 = 375 [\text{V}],$$
$$N_2 = N_1 \cdot E_2/E_1 = 1500 \times (375/500) = 1125 [\text{rpm}]$$

2.7.5 和動複巻電動機の特性

複巻電動機 (compound motor) は，図 2.40 のような内分巻の**和動複巻電動機** (cumlative compound motor) が広く使われている．分巻界磁巻線で一定励磁を行い，直巻界磁巻線に流れる電機子電流によって生じる直巻界磁磁束が分巻界磁磁束に加わるようにしてある．このため，負荷が大きくなるほど磁束が増加し，垂下特性を強める働きをする．この電動機の速度トルク特性曲線は，図 2.41 のように分巻電動機と直巻電動機の間の特性があるが，直巻度が大きいほど直巻特性に近づく．

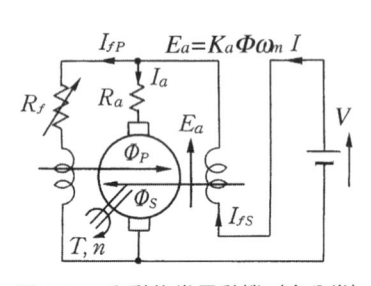

図 2.40 和動複巻電動機（内分巻）

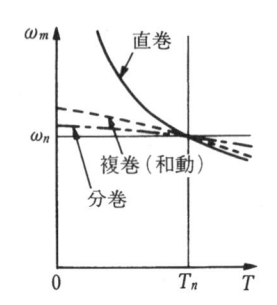

図 2.41 和動複巻電動機の特性

2.8 直流電動機の運転

2.8.1 直流電動機の過渡動作

本節では，直流電動機の運転を基本からわかりやすく理解するために直流電動機の過渡的な動作について説明する．他励電動機のように磁束が電機子電流に無関係

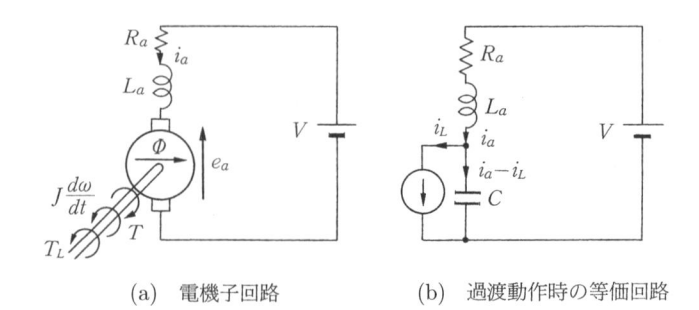

(a) 電機子回路 (b) 過渡動作時の等価回路

図 2.42 直流他励電動機の過渡動作時の回路

に一定の場合には図 2.42(a) の電機子回路に対して式 (2.25) より次式が得られる.

$$V = R_a i_a + L_a \frac{di_a}{dt} + e_a = R_a i_a + L_a \frac{di_a}{dt} + 2\pi K_a \Phi n \tag{2.55}$$

ここで，電機子巻線のインダクタンスを L_a，電機子電流と誘導起電力の瞬時値を i_a と e_a，回転数を n [rps] として，$2\pi n = \omega_m$ を用いる.

また，電動機の発生トルクを T_M，負荷トルクを T_L，回転子の慣性モーメントを J とすると，発生トルク T_M と負荷トルク T_L の差で回転体は加減速されるから式 (2.56) が得られる.

$$2\pi J \frac{dn}{dt} = T_M - T_L = K_t \Phi i_a - T_L \tag{2.56}$$

式 (2.56) より式 (2.57) が得られる.

$$n = \frac{1}{2\pi J} \int_0^t (K_t \Phi i_a - T_L) d\tau \tag{2.57}$$

式 (2.57) を式 (2.55) に代入すると，次式が得られる.

$$V = R_a i_a + L_a \frac{di_a}{dt} + \frac{(K\Phi)^2}{J} \int_0^t \left(i_a - \frac{T_L}{K\Phi}\right) d\tau \tag{2.58}$$

一方，図 2.42(b) の回路に対して次式が成り立つ.

$$V = R_a i_a + L_a \frac{di_a}{dt} + \frac{1}{C} \int_0^t (i_a - i_L) d\tau \tag{2.59}$$

ただし，$C = J/(K\Phi)^2$，$i_L = T_L/(K\Phi)$ とする．式 (2.58) は式 (2.59) と同じものとなるから，直流電動機が過渡時の等価回路は図 2.42(b) で表され，コンデンサ C の両端の電圧が誘導起電力 e_a に相当して式 (2.59) を解くことにより過渡時の動作を検討できる.

2.8.2 直流電動機の始動制御

電動機を停止の状態から運転状態にすることを**始動** (starting) という．無負荷で直流他励電動機を始動する場合，$i_L = 0$, $t = 0$ のとき，$i_a = 0$, $e_a = 0$ の条件で式 (2.59) を解くと，次式が得られる.

$$i_a = \frac{V}{2\beta L_a} e^{\alpha t}(e^{\beta t} - e^{-\beta t}), \quad \alpha = -\frac{R_a}{2L_a}, \quad \beta = \sqrt{\left(\frac{R_a}{2L_a}\right)^2 - \frac{1}{L_a C}} \tag{2.60}$$

実際の直流電動機では，電機子巻線のインダクタンス L_a は小さいために $\beta > 0$ となり，時間 t に対する i_a, e_a（回転数 n に相当）の変化は図 2.43 の実線のようになる．そして，電機子巻線のインダクタンス L_a を無視した場合，回路方程式 (2.59) は式 (2.61) となり，$i_L = 0$, $t = 0$ のとき，$i_a = 0$, $e_a = 0$ の条件で式 (2.61) を解くと，式 (2.62) となる．

$$V = R_a i_a + e_a = R_a i_a + \frac{1}{C}\int_0^t (i_a - i_L)d\tau \tag{2.61}$$

$$i_a = \frac{V}{R_a}(e^{-t/T}), \quad T = R_a C = JR_a/(K\Phi)^2 \tag{2.62}$$

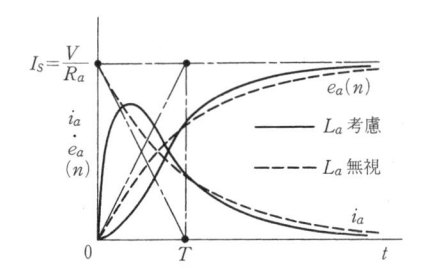

図 2.43　直流他励電動機始動時の電流と回転数の関係

時間 t に対する i_a, e_a の変化は図 2.43 の破線のようになる．T が小さいほど応答は速くなるから，始動・停止を繰り返す電動機では，回転子の慣性を小さくする必要がある．

電機子インダクタンス L_a を無視した場合，始動時の電機子電流を**始動電流** (starting crrent) といい，始動電流の最大値 I_{as} は $I_{as} = V/R_a$ となる．一般に，電機子抵抗は小さい値であるため，始動電流は定格電流の十数倍から数十倍にもなり，短時間であっても電機子巻線や整流子，ブラシなどを焼損したり，電源に大きな影響を与えたりすることになる．よって，始動電流を定格電流の 100% から 150%，大きな始動トルクが必要な場合でも 300% 程度に押さえる必要があるために次の始動法がよく使われている．

(1) 抵抗始動法

図 2.44 のように，電機子回路に直列に抵抗器 R_{st} を接続して始動電流を制限する方法では，この抵抗器を**始動抵抗器** (starting rheostat) という．ハンドル H を時計方向に回転させて始動し，速度が上昇して電流が減少するとともに抵抗を減少さ

せ，抵抗が零の位置で電磁石Mにより固定する．電源が開けられた場合，ハンドルはバネによって元の位置に戻り，安全に再始動できるようになっている．

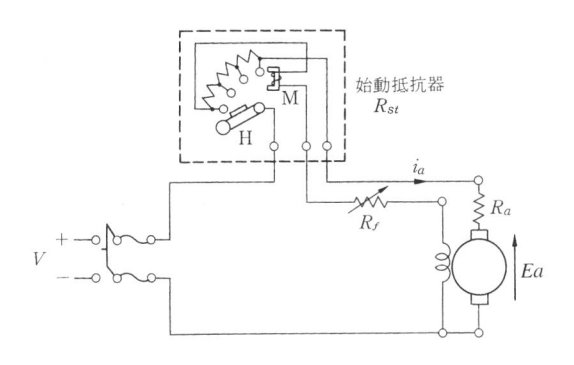

図 2.44 抵抗始動法

(2) 低減電圧始動法

電動機に加える端子電圧を低くして電機子電流を抑制してから始動する方法を**低減電圧始動法**という．この始動法には図 2.45 に示すような直並列始動法と図 2.46 に示すような可変電圧電源を用いて低い電圧で始動し，速度の上昇に伴って電圧を高くしながら始動する可変電圧電源を用いた方法がある．可変電圧電源として直流電動発電機，サイリスタ位相制御整流回路，直流サイリスタチョッパ回路（2.8.3項参照）などが広く使用される．

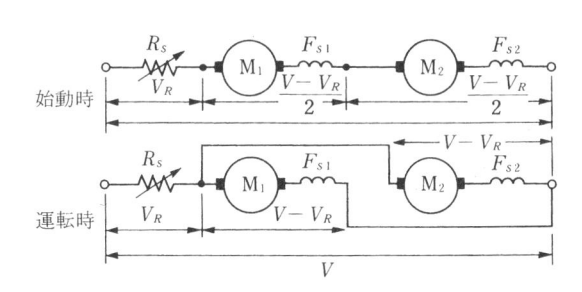

図 2.45 直並列始動法

例 2.15 図 2.34 に示すように，直流分巻電動機の電機子巻線抵抗が $R_a = 0.4[\Omega]$，界磁抵抗が $R_f = 55[\Omega]$，定格電圧が $V = 110[V]$ であるとき，始動電流 I_s を求めよ．また，始動電流を定格電流 I_n の 1.5 倍に制御するときの電機子回路に入れる始

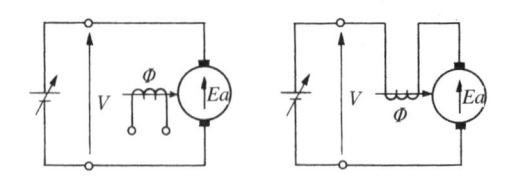

図 2.46　可変電圧電源による始動法

動抵抗 R_s を求めよ．ここで，定格状態での誘導起電力を $E_a = 100[\text{V}]$ とする．

解答　図 2.34 の直流分巻電動機において，定格電流 I_n と始動電流 I_s はそれぞれ次のように得られる．

$$I_n = \frac{V - E_a}{R_a} + \frac{V}{R_f} = \frac{110 - 100}{0.4} + \frac{110}{55} = 27[\text{A}],$$

$$I_s = \frac{V}{R_a} + \frac{V}{R_f} = \frac{110}{0.4} + \frac{110}{55} = 277[\text{A}],$$

$$1.5 \cdot I_n = \frac{V - E_a}{R_a} + \frac{V}{R_f}[\text{A}] \text{ により，始動抵抗は次のようになる．}$$

$$R_s = \frac{V}{1.5 \cdot I_n - V/I_f} - R_a = \frac{110}{1.5 \times 27 - 110/55} - 0.4 = 2.46[\Omega]$$

例 2.16　負荷を含めた回転部の慣性モーメント $J[\text{kg} \cdot \text{m}^2]$ の直流電動機で定格出力 $P_n[\text{kW}]$，定格回転速度 $N_n[\text{rpm}]$ である場合，次の問題に答えよ．

1. 定格トルクで静止状態から定格回転速度 $N_n[\text{rpm}]$ まで加速するために要する時間 $T_j[\text{s}]$（加速定数）を求めよ．
2. 定格回転速度で運転中の回転部に蓄えられる運動エネルギーと定格出力 P_n の比 $H[\text{s}]$（蓄積エネルギー定数），および H と時間 $T_j[\text{s}]$ の関係を求めよ．

解答
1. 定格トルク T_n は次式となる．

$$T_n = (P_n \times 10^3)/(2\pi \times N_n/60) = (60 P_n)/(2\pi N_n) \times 10^3[\text{N} \cdot \text{m}]$$

回転速度を $N[\text{rpm}]$，定格トルクを $T_n[\text{N} \cdot \text{m}]$ として加速すると，時間 $T_j[\text{s}]$ は次のように得られる．

$$J \cdot \frac{d\omega_m}{dt} = \frac{2\pi}{60} \cdot J \cdot \frac{dN}{dt} = T_n[\text{N} \cdot \text{m}],$$

$$dt = \frac{2\pi}{60} \cdot \frac{J}{T_n} \cdot dN,$$

$$t = \frac{2\pi}{60} \cdot \frac{J}{T_n} \cdot \int_0^N dN = \left(\frac{2\pi}{60}\right)^2 \cdot \frac{J \times N_n}{P_n \times 10^3} \cdot N \text{ [s]},$$

$N = N_n$, 定格回転速度 N_n[rpm] まで加速するために要する時間 T_j[s] は

$$T_j = \left(2\pi \frac{N_n}{60}\right)^2 \cdot \frac{J}{P_n \times 10^3} \text{ [s] となる.}$$

2. 定格回転速度において回転部に蓄えられる運動エネルギー E と定格出力の比 H[s] および H と時間 T_j[s] の関係は次のように求められる.

$$E = \frac{1}{2} \cdot J \cdot \omega_m^2 = \frac{1}{2} \cdot J \cdot \left(2\pi \frac{N_n}{60}\right)^2 \text{ [J]}$$

$$H = \frac{E}{P_n \times 10^3} = \frac{1}{2} \cdot \left(2\pi \frac{N_n}{60}\right)^2 \cdot \frac{E}{P_n \times 10^3} \text{ [s]}$$

$$T_j = 2 \cdot H$$

2.8.3 直流電動機の速度制御

電動機で他の機械装置を運転している場合の速度は電動機の速度トルク特性曲線と負荷の速度トルク曲線の交点として求められる. したがって，**速度制御** (speed control) とは電動機の速度トルク特性を変化させ, 負荷の速度トルク特性曲線との交点を変えることになり, 目的によって図 2.47 のように可変速度制御と定速度制御に分けられる.

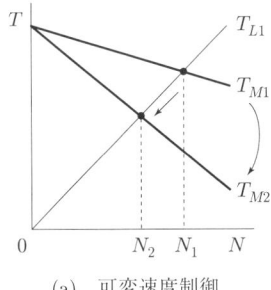

(a) 可変速度制御 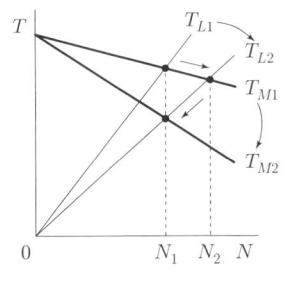　　　　(b) 定速度制御

図 2.47　速度制御

図 2.47(a) のように, T_{L1} の速度トルク特性を有する負荷を速度トルク特性が T_{M1} の電動機で運転するときの速度は N_1 となる. 電動機の速度トルク特性を T_{M2}

にして，速度を N_1 から N_2 に変化させることを**可変速度制御**という．

また，図 2.47(b) のように，T_{L1} の速度トルク特性を有する負荷を速度トルク特性が T_{M1} の電動機で速度 N_1 で運転しているとき，負荷の速度トルク特性が T_{L2} に変動するときの速度は N_2 に変化する．これに対して電動機の速度トルク特性を T_{M2} にすることにより，速度は再び N_1 に戻り，速度を一定に保つことができることを**定速度制御**という．

2.7.1 項より，直流他励電動機の速度は $N = (V - R_a i_a)/(2\pi K\Phi/60)$ [rpm] となるため，速度を変化させる場合，磁束 Φ を変化させる**界磁制御法** (field control method)，電機子回路に抵抗を直列に挿入して抵抗 R_a を変化させる**直列抵抗制御法** (armature-resistance control method)，電機子巻線に加える電圧 V を変化させる**電圧制御法** (armature voltage control method) という三つの手法がある．

(1) 界磁制御法

分巻電動機では，図 2.48 のように界磁巻線に抵抗 R_f を直列に接続して励磁電流を調整し，磁束を変化させる．他励電動機では，界磁電圧により磁束を変化させることもできる．

図 2.49 に界磁電流と速度の関係を示す．速度は界磁電流に反比例するが，界磁電流の大きいところでは，磁気回路の飽和現象のために磁束の変化は小さくなり，実線のように回転数の変化は少なくなる．

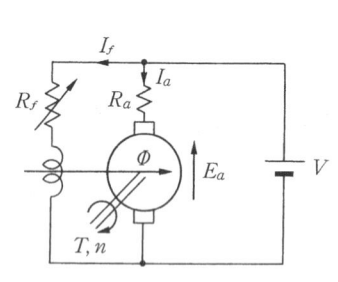

図 2.48　分巻電動機の界磁制御 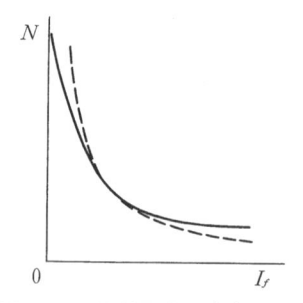　　図 2.49　界磁電流と速度の関係

図 2.50 に界磁電流をパラメータとした速度トルク特性を示す．界磁電流を小さくすると負荷による速度変動が大きくなり，電機子反作用の影響も大きく，不安定となるために速度制御範囲は 2 倍程度である．

直巻電動機では，$I = I_a = I_f$ である界磁電流 I_f のみを変化させることはできないが，図 2.51 に示すような界磁巻線にタップを設け，その巻数を調節することに

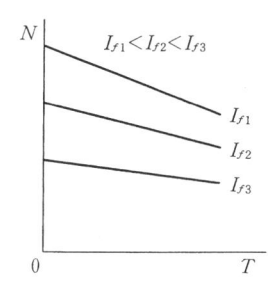

図 2.50　界磁制御の速度トルク特性

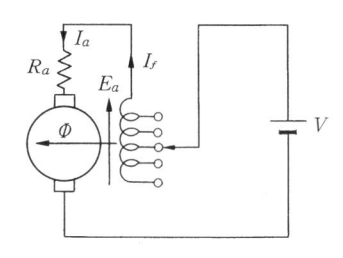

図 2.51　直巻電動機の界磁制御

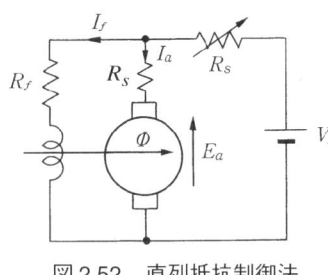

図 2.52　直列抵抗制御法

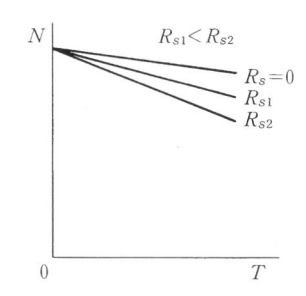

図 2.53　直列抵抗制御時の速度トルク特性

より起磁力を変えて磁束を変化させることができる．

複巻電動機では，界磁巻線に抵抗を直列に接続して速度制御を実行できるが，直巻界磁巻線の起磁力の割合が大きい場合，速度の変化は小さくなるため，広範囲の速度制御が必要なところでは複巻電動機は使用されない．

(2) 直列抵抗制御法

図 2.52 のように，電機子巻線に抵抗 R_s を直列に接続し，抵抗 R_s を調整して速度を変化させる方法である．

図 2.53 に他励・分巻電動機の電機子直列抵抗をパラメータとした速度トルク特性を示す．抵抗を大きくするほど，速度トルク特性の傾きが大きくなり速度は低下する．軽負荷では，電機子電流が小さいために速度制御範囲が狭くなり，負荷変化時の速度変動率が大きくなる．さらに，直列抵抗を使用するために抵抗損を増やすので，効率が悪化するなどの問題点がある．

一般に他励・分巻・複巻電動機では，直列抵抗制御法はあまり用いられず，直巻電動機で使用される．

(3) 電圧制御法

電機子に加える電圧を調整して速度を変化させる方法である．分巻・複巻電動機では，電機子電圧を変化させると界磁電流も同時に変わって，磁束が変化するために速度はあまり変化しないから実際には使われず，他励電動機で用いられる．

図 2.54 に，他励電動機の磁束を一定とした無負荷時と負荷時における電機子電圧と速度との関係を示す．図 2.55 に，電機子電圧をパラメータとした速度トルク特性を示す．速度は電機子電圧に比例して変化する．速度を広範囲に変化させても，負荷に対する速度変動率は小さく効率は良好である．

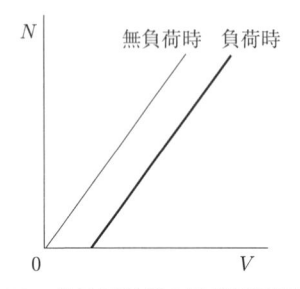

図2.54 他励電動機の電機子電圧と速度との関係

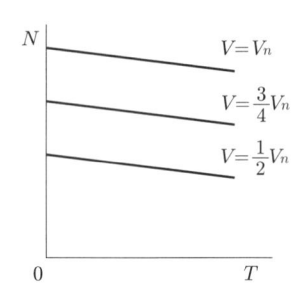

図2.55 電圧制御時の速度トルク特性

また，直巻電動機を電気鉄道に使用した場合，偶数個の電動機を直列に接続して低速運転を，並列に接続して高速運転を行う方式がよく用いられる．

(4) 直流チョッパ電圧制御方式

図 2.56 のように，印加電圧をサイリスタチョッパで開閉し，オン期間とオフ期間を調節して電動機にかかる平均電圧を調節して電圧制御を行う方法を**直流チョッパ電圧制御方式** (DC chopper voltage control system) という．オン期間を T_{on}，オフ期間を T_{off}，電源電圧を V とすると，電動機にかかる平均電圧 V_{MA} はほぼ式 (2.63) のようになる．

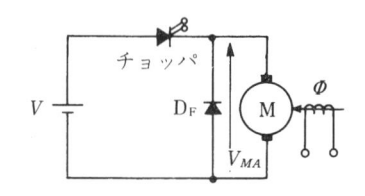

図2.56 直流チョッパ電圧制御方式

$$V_{MA} \simeq \frac{T_{on}}{T_{on} + T_{off}} V \tag{2.63}$$

式 (2.63) からオン-オフ期間の時間比を変えれば，平均電圧を可変できることがわかる．この開閉のため，サイリスタチョッパを用いることが多い．ただし，図 2.56 の場合，電機子と並列に**環流ダイオード** (free-wheeling diode) D_F をつける必要がある．

2.8.4 直流電動機の制動

昇降機のような機械を運転している場合，降下するとき負荷の荷重によって加速されて速度が上昇するのを抑制し，危険を防止するために機械的または回転を防げる方向の電気的トルクを与えて，この目標を達成する方法を**制動** (braking) という．停止を目的とした制動を**停止制動**といい，速度の上昇を抑制する目的に使用する制動を**運転制動**という．

制動法には，機械的な摩擦力を利用した**摩擦制動** (frictional braking)，電動機を電源から切り離して発電機として動作させ，端子に抵抗負荷を接続して回転部分のエネルギーを電気的に消費させて制動する**発電制動** (dynamic braking)，電動機の正転中に逆転するように接続を切り換えて急激に制動して減速させる**逆転制動** (plugging) といわれる方法，また，電動機を電源に接続したまま電動機の起電力を電源電圧より高くして発電機として動作させ，回転部のエネルギーを電力として電源へ送り返す**回生制動** (regenerative braking) 方法がある．

(1) 摩擦制動法

機械的制動は電動機を摩擦ブレーキを用いて制動する方法である．摩擦ブレーキの操作には手動によるもの，電磁石によって操作するもの，空気圧または油圧機構でブレーキ片を押しつけて制動するものが多い．

しかし，摩擦接触面の速度が速いと発熱が多くブレーキ片を傷めるので，高速では電気的な発電制動や逆転制動，回生制動を用い，低速になったところで機械的な摩擦制動を用いて減速または停止する方法が一般に使われている．

(2) 発電制動法

図 2.57 のように，直流電動機の発電制動は電動機を電源から離して，負荷とする抵抗を接続して電気的に制動することである．分巻電動機の場合，そのままの状態で直接抵抗に接続する．直巻・複巻電動機の場合，直巻巻線の接続を逆にするか他励しなければならない．

発電制動は高速の間は大きな制動力が得られるが，低速では制動力が減少するために機械的制動を併用しなければならない．

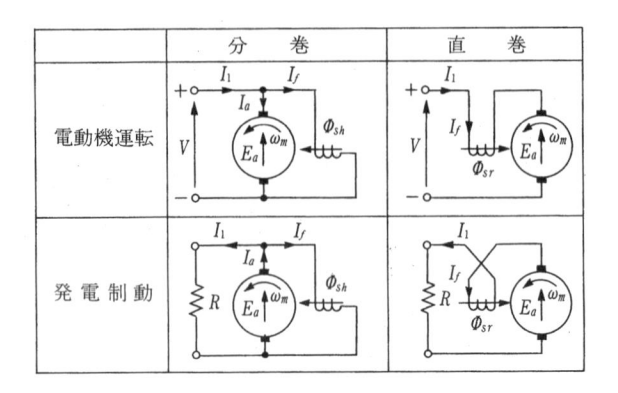

図2.57　直流電動機の発電制動

(3) 逆転制動法

　直流電動機を急速に停止させる方法としてこの方法がよく使われる．逆転するように接続を切り換えて急速に減速し，逆方向に回転する前に電動機を電源から切り離して機械的な摩擦制動によって停止させる方法が取られる．この場合，電気的な逆転制動から機械的な制動に切り換える操作は手動では困難なので，減速の程度を検出して自動的に切り換える方法が取られる．

　電動機の回転方向を変えるには電機子回路，または界磁回路のいずれかの極性を逆にすればよい．一般にインダクタンスの小さな電機子回路を逆にする．

(4) 回生制動法

　昇降機の降下時や電車が下り坂にさしかかったとき，電動機が負荷によって加速される．このような場合，電動機の誘導起電力を電源電圧より高くすると，電動機は発電機として動作し回生制動が行われる．

　直流電動機の回生制動は，分巻電動機では，電動機として使用していたときの接続のままで行うことができるが，直巻・複巻電動機では，直巻巻線の接続を逆につなぎ変える必要がある．サイリスタ回路を用いるものでは，電流の向きに合わせてダイオードとサイリスタをつなぎ変えて回路を再構成しなければならない．

　これらの直流電動機回生制動法は，図2.58のように整理される．

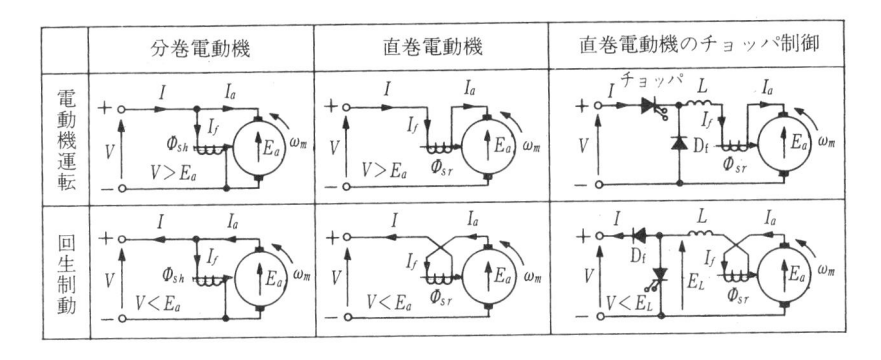

	分巻電動機	直巻電動機	直巻電動機のチョッパ制御
電動機運転	I, I_a, Φ_{sh}, I_f, E_a, ω_m, $V>E_a$	I, I_a, Φ_{sr}, E_a, ω_m, $V>E_a$	チョッパ L, D_f, I_a, Φ_{sr}, E_a, ω_m
回生制動	I, I_a, Φ_{sh}, I_f, E_a, ω_m, $V<E_a$	I, I_a, Φ_{sr}, E_a, ω_m, $V<E_a$	D_f, L, I_f, E_L, Φ_{sr}, I_a, ω_m, $V<E_L$

図 2.58 直流電動機回生制動

******* 演習問題 *******

問題 2.1 直流機の励磁方式を 4 種類あげ，それぞれの励磁方式について回路を簡単に書いて説明せよ．

問題 2.2 直流機の電機子反作用について簡単に説明せよ．

問題 2.3 6 極の直流発電機において電機子の直径が 0.5 [m]，軸方向の長さが 0.6 [m]，電機子コイル数が 64，コイル 1 個の巻数が 25，巻線は重ね巻，ギャップの磁束密度が 0.8 [T] である場合，この発電機を 1200 [rpm] で回転させたときの誘導起電力を求めよ．

問題 2.4 定格電圧 100[V]，定格電流 7[A]，電機子抵抗 0.1[Ω] の直流機がある．これを電動機として使い，全負荷で発電機のときと同じ速度で回転させるのに必要な端子電圧を求めよ．ここで，電機子反作用と励磁電流は無視する．

問題 2.5 電機子抵抗が 0.1[Ω] の直流分巻発電機がある．回転速度が 1500[rpm]，端子電圧が 110[V] のときの電機子電流は 100[A] である．この発電機を分巻電動機として使用し，端子電圧 110[V] で運転したところ電機子電流は 80[A] であった．このときの回転数を求めよ．ここで，電機子反作用の影響は無視する．

問題 2.6 直流他励電動機の端子電圧が 215[V]，電機子電流が 50[A]，電機子全抵抗が 0.1[Ω] である．1500[rpm] で回転させたときの発生トルクを求めよ．

問題 2.7 直流分巻電動機で，電圧が V，電機子抵抗が r_a，界磁抵抗が r_f，全負荷

電流 I を流したときの回転数は n である．この電動機の電機子回路抵抗 R の値を求めよ

問題 2.8 電源電圧が 110[V] で運転している直流直巻電動機は，定格トルクの下で電機子電流 100[A] で回転速度が 1800[rpm] である．負荷トルクが 1/2 に低下した場合の電機子電流および回転速度を求めよ．ただし，電機子回路抵抗は 0.1[Ω]，磁気特性は線形とする．

問題 2.9 直流他励電動機で，定格電機子端子電圧が 100[V]，定格電機子電流が 10[A]，定格電機子電圧で定格負荷時の回転数が 1800[rpm]，電機子抵抗が 0.1[Ω] である．この電動機を発電機として運転し負荷へ電圧 100[V] で，電力 1[kW] を供給している場合のトルクおよび回転数を求めよ．ここで，電機子鉄損，機械損は無視する．

問題 2.10 直流直巻電動機で，定格電機子端子電圧が 100[V]，定格電機子電流が 20[A]，定格回転数が 1800[rpm]，界磁電流が 1[A]，電機子回路抵抗が 0.1[Ω]，界磁巻線抵抗が 0.4[Ω] である．負荷トルクが定格トルクの 1/4 に減少した場合の電機子電流および回転数を求めよ．ただし，電機子端子電圧は一定で，電機子反作用，磁気回路の飽和の影響，鉄損，機械損は無視する．

第3章

同期発電機

　同期発電機(synchronous generator)は，火力発電・エンジン発電機または自然エネルギーを活かした水力発電・風力発電などの分野に幅広く使われている．2014年までに16[GW]以上の洋上風力発電が導入され，世界的な観点から見た場合，2020年までに世界の洋上風力発電による電力の総計は75[GW]に達するとみられている．図3.1のように，洋上風力発電は急激に成長しており，新たな高効率・大容量な同期発電機の研究開発が大きく注目されている．

　さらに，発電効率をアップするために海より高い空間を活用して米国NASAは将来のエネルギー生産を目指す図3.2のような航空機搭載風力タービンの研究開発を進めている．

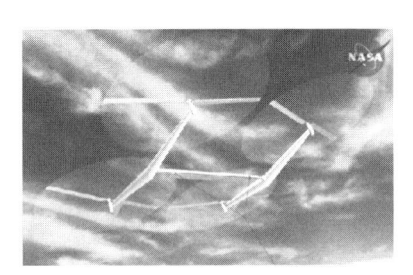

図3.1　洋上風力発電　　　　　図3.2　航空機搭載風力タービン

　一般に，交流回転機は同期機と誘導機（第6章を参照）に大別される．回転界磁形同期機の回転子は磁石になっており，回転子を回して，固定子巻線に誘導起電力が生じる装置を**同期発電機**という．同期発電機は誘導起電力の周波数と回転子の回転数の間に一定の関係があり，効率が高く大容量化も容易なので，従来から大型発電所に適用されている．

　本章では，電力用の発電機を中心に同期発電機の原理と構造，および運転の特性と方法についてわかりやすく説明する．

3.1 同期発電機の原理と構造

3.1.1 同期発電機の原理

図3.3に示す三相同期発電機の構造では，磁極間の磁束密度を大きく取れないので，図3.4(a)のように円筒鉄心にスロットを設け，電機子巻線を納めた構造にして磁束密度を高く取れるようにする．この構造は電機子を回転させるから，**回転電機子形**(revolving armature type)という．

また，同期発電機で電機子巻線に起電力を誘導させるためには，電機子と界磁極が一定の相対速度で回転すればよいので，図3.4(b)のように電機子巻線を固定し，磁極を**回転子**(rotor)として回転させる構造を**回転界磁形**(revolving-field type)という．

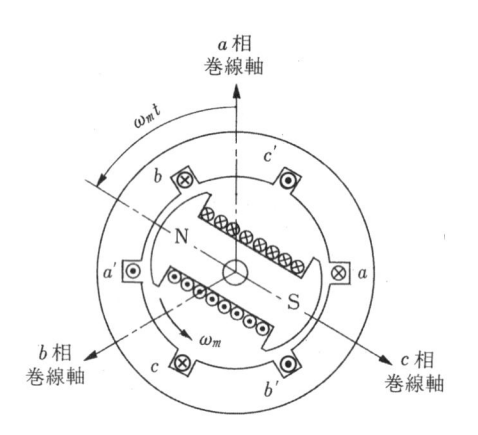

図3.3 三相同期発電機の原理

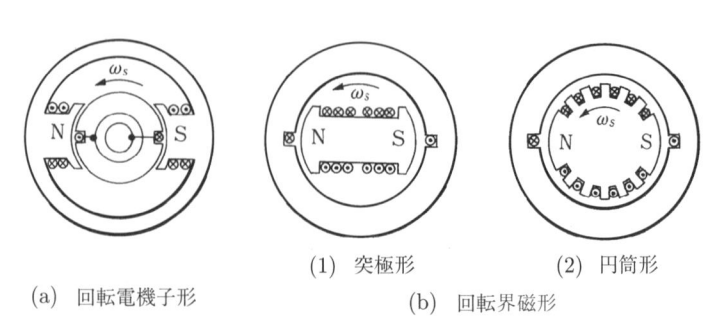

(a) 回転電機子形

(b) 回転界磁形 　(1) 突極形　(2) 円筒形

図3.4 回転電機子形と回転界磁形の構造

3.1 同期発電機の原理と構造

同期発電機には回転界磁形が主として使われている．回転子には，図 3.4(b) の (1) に示す**突極形** (salient pole type) と (2) に示す**円筒形** (cylindrical rotor type) があり，円筒形を**非突極機形** (commutator) ともいう．

2極同期機では，回転子が1回転すると，誘導起電力は1サイクルするが，実際の同期発電機では，極数が数10極の場合もあり，そのときの誘導起電力は2極ごとに1サイクルする．極数 P の同期発電機では，回転子が1回転すると誘導起電力は $P/2$ サイクルするので，回転子の回転数を N_s[rpm] とすると，誘導起電力の周波数 f[Hz] は式 (3.1) となる．

$$f = \frac{P}{2} \cdot \frac{N_s}{60} \text{ [Hz]} \tag{3.1}$$

P 極同期機で一定の周波数 f[Hz] の誘導起電力を得るには式 (3.2) で与えられる速度 N_s[rpm] で回転させる必要がある．この N_s を**同期速度** (synchronous speed) という．

$$N_s = \frac{120f}{P} \text{ [rpm]} \tag{3.2}$$

$$f = p \cdot n \text{ [Hz]} \tag{3.3}$$

回転速度 n[rps] と周波数 f[Hz] の間には変換式 (3.3) がよく使われている．ただし，極対数 p は $p = P/2$ である．

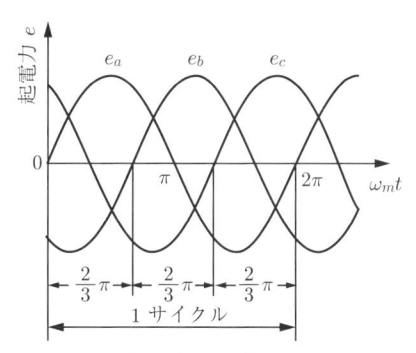

図 3.5 三相同期発電機の誘導起電力

図 3.3 では，$a - a'$，$b - b'$，$c - c'$ がそれぞれ a 相，b 相，c 相の巻線を表し，巻数の等しい3組の巻線を $2\pi/3$ の電気角を置いて $a - a'$，$b - b'$，$c - c'$ のように配置すると，それぞれの巻線に図3.5に示す $2\pi/3$ の位相差をもつ起電力 e_a，e_b，e_c

が誘導される．これが**三相同期発電機** (three-phase synchronous generator) の原理である．

3.1.2 原動機を含めた三相同期発電機の基本構成

図 3.6 は原動機を含めた三相同期発電機の基本構成の一つである。界磁巻線に直流電流を流し，原動機で回転子を回すと，電機子巻線に誘導起電力が生じる．電機子電流 i_a, i_b, i_c はそれぞれ三相巻線から三つの負荷へ流れ出す．

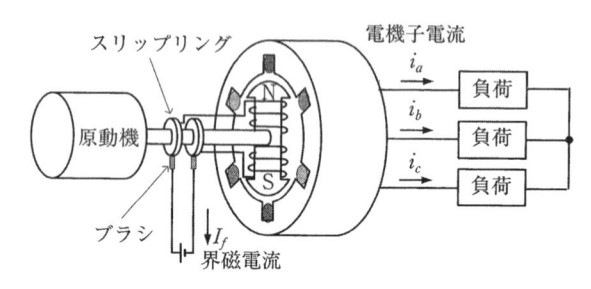

図 3.6　原動機を含めた三相同期発電機の基本構成

3.2　同期発電機の誘導起電力

3.1.1 項で述べたように，同期機には回転電機子形と回転界磁形という 2 種類がある．一般に同期機は大容量の用途が多く，電機子には交流の高圧大電流特性が要求されることに対して界磁巻線電圧は直流低電圧ですみ，さらに回転電機子形同期機はスリップリングとブラシを用いるので，耐圧と電流容量に限界があり，特に三相では電機子の構造も複雑で絶縁および通電の問題もある．

そのために大容量の同期機はほとんどが回転界磁形となるから，本節では回転界磁形同期機を対象として説明を行う．

3.2.1　集中巻の誘導起電力

図 3.3 のように毎極毎相のコイル辺を一つのスロット内に納める巻き方を**集中巻** (concentrated winding) という．回転子が角速度 ω_m [rad/s] で反時計方向に回転するときの電機子巻線に生じる起電力を求める．図 3.7 は同期発電機の a 相巻線の中心軸方向を $\theta = 0$ として周方向に展開したものであり，$a - a'$ が a 相の電機子導体を示す．界磁によって作られる磁束密度の θ 方向分布を正弦波とすると，磁束密

度 $B(\theta,t)$ は式 (3.4) に表される．ただし，B_m [T] は磁束密度の振幅である．

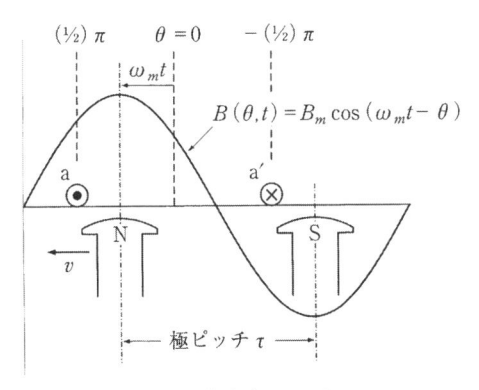

図 3.7　集中巻の展開図

$$B(\theta,t) = B_m \cos(\omega_m t - \theta) \text{ [T]} \tag{3.4}$$

一方，回転子半径を r [m]，回転子長さを l [m] とすると，a 相巻線の鎖交磁束は次式で求められる．

$$\begin{aligned}\phi &= \int_{-\pi/2}^{\pi/2} lr B(\theta,t) d\theta = \int_{-\pi/2}^{\pi/2} lr B_m \cos(\omega_m t - \theta) d\theta \\ &= (2lrB_m)\cos(\omega_m t) \text{ [Wb]}\end{aligned} \tag{3.5}$$

電機子巻線の巻数を N とすると，a 相巻線の誘導起電力は次式となる．

$$e_a = -N\frac{d\phi}{dt} = (2lrB_m)\omega_m N \sin(\omega_m t) \text{ [V]} \tag{3.6}$$

多極機の極対数 p では，磁束密度は次のように表される．

$$B(\theta,t) = B_m \cos\{p(\omega_m t - \theta)\} \text{ [Wb]} \tag{3.7}$$

鎖交磁束と誘導起電力はそれぞれ次のように求められる．

$$\phi = \int_{-\pi/2}^{\pi/2} lr B(\theta,t) d\theta = \frac{2lrB_m}{p} \cos(p\omega_m t) \text{ [Wb]} \tag{3.8}$$

$$e_a = -N\frac{d\phi}{dt} = \frac{2lrB_m}{p}(p\omega_m N)\sin(p\omega_m t) \text{ [V]} \tag{3.9}$$

同期機や誘導機などの交流機では，回転数が等しくともに極数によって周波数が異なるので，機械角速度 ω_m に対して電気角速度 ω が式 (3.10)，式 (3.11) に定義される．誘導起電力は式 (3.12) となる．

$$電気角速度 = 極対数 \times 機械角度速度 \tag{3.10}$$

$$\omega = p \times \omega_m \tag{3.11}$$

$$e_a = \omega N \phi_m \sin(\omega t) \ [V] \tag{3.12}$$

ここで，$\phi_m = (2lrB_m)/p$ [Wb] は毎極の磁束である．b 相および c 相の誘導起電力はそれぞれ e_a より $2\pi/3$ [rad], $4\pi/3$ [rad] 位相が遅れることになる．誘導起電力の実効値 E_0 は次式となる．

$$E_0 = \frac{\omega N \phi_m}{\sqrt{2}} = 4.44 f N \Phi_m \ [V], \quad f = \frac{\omega}{2\pi} = \frac{p\omega_m}{2\pi} = p \cdot n \ [Hz] \tag{3.13}$$

回転機の動作を統一的に取り扱うため，式 (3.12) と式 (3.13) のように電気角速度を使うことによって極数に無関係に誘導起電力や周波数を同一の式で表すことができる．

3.2.2 分布巻の誘導起電力

図 3.7 では，磁束密度分布を正弦波とみなしたが，実際の磁束密度分布は直流機（第 1 章を参照）と同様に方形波に近くなる．同期発電機では正弦波出力が要求されるために**分布巻**と**短節巻**と呼ばれる電機子の巻線方法によって出力の高調波を低減している．

分布巻では毎極毎相のスロット数が 2 以上で電機子巻線が分散して巻かれる．図 3.8 に毎極毎相のスロット数が三つの分布巻コイルの配置を示す．図のコイル $a_1 - a_1'$, $a_2 - a_2'$, $a_3 - a_3'$ を直列に接続して a 相巻線とすると，回転子の回転に対してこれらのコイルの誘導起電力にはスロットピッチで決まる位相差が生じる．スロットのピッチ角を α [rad]，コイル $a_1 - a_1'$, $a_2 - a_2'$, $a_3 - a_3'$ の誘導起電力をそれぞれ e_{a1}, e_{a2}, e_{a3} とする．

図 3.9 に，コイルの誘導起電力，およびその合成で与えられる a 相の起電力 e_a の概略の波形が示す．コイル起電力が α [rad] の位相差を有するために相電圧は階段状の波形になり，正弦波に近づくようになる．

相電圧の高調波を含む比率はピッチ角 α で変化し，このピッチ角 α はスロット数に依存するため，電機子巻線を分布巻にした場合と集中巻にした場合の起電力の比

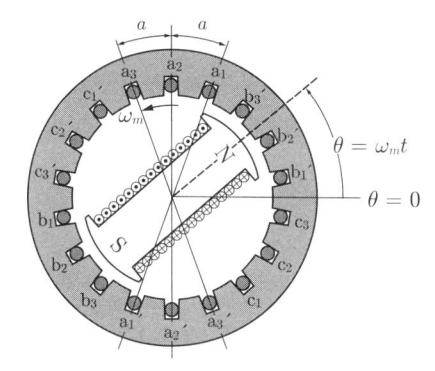

図3.8 分布巻の巻線配置

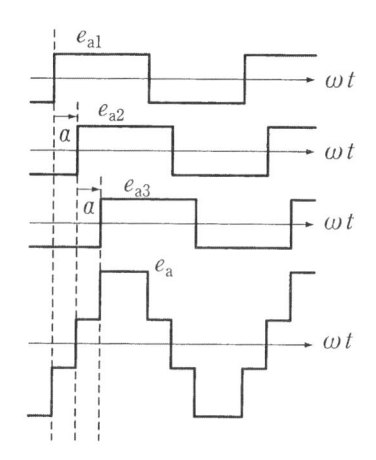

図3.9 分布巻の誘導起電力波形

を**分布巻係数**と定義する．一般に相数を m，毎極毎相のスロット数を q とすると，基本波および第 ν 高調波に対する分布巻係数 k_d と $k_{d\nu}$ はそれぞれ次式となる．

$$k_d = \frac{\sin(\pi/2m)}{q\sin(\pi/2mq)} \tag{3.14}$$

$$k_{d\nu} = \frac{\sin(\nu\pi/2m)}{q\sin(\nu\pi/2mq)} \tag{3.15}$$

図3.10のようにスロット数に対する分布巻係数の変化を示す．スロット数を増やすと，高調波が急速に減少するので，通常の三相同期発電機では $q = 3 \sim 7$ 程度に設定されている．

分布巻の誘導起電力の実効値 E_0 は次式となる．

分布巻で全節巻の場合，$E_0 = 4.44 f k_d N \Phi_m$ [V] (3.16)

第 ν 次高周波の場合，$E_0 = 4.44 f k_{d\nu} N \Phi_m$ [V] (3.17)

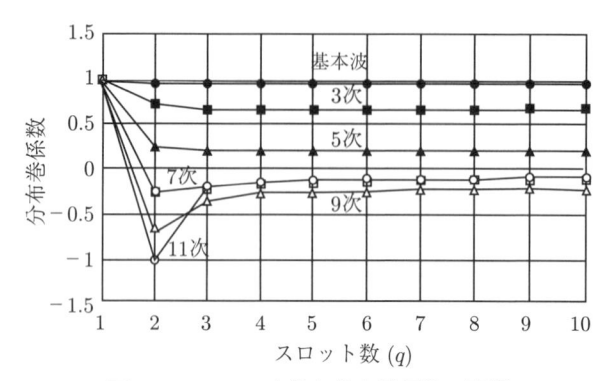

図 3.10　スロット数と分布巻係数の関係

3.2.3　短節巻の誘導起電力

図 3.11 の短節巻の巻線配置では，極ピッチと巻線ピッチが等しい場合を全節巻というのに対して短節巻は巻線ピッチが極ピッチより短い．図 3.12 に導体 $a-a'$ の誘導起電力 e_a，e'_a，およびこれらの合成起電力の波形を示す．短節巻の巻線ピッチと極ピッチの比を $\beta (\beta < 1)$ とすると，誘導起電力 e_a と e'_a 間に $(1-\beta)\pi$ の位相差が生じる．これらの合成起電力も階段状の波形になり，正弦波に近づくことになる．

短節巻にした場合と全節巻にした場合の起電力比を**短節巻係数**と定義すると，基本波ならびに第 ν 調波に対する**短節巻係数**はそれぞれ次式となる．

$$k_p = \sin\left(\frac{\beta\pi}{2}\right) \tag{3.18}$$

$$k_{p\nu} = \sin\left(\frac{\nu\beta\pi}{2}\right) \tag{3.19}$$

図 3.13 に β に対する短節巻係数の変化を示す．高周波の次数によって最適な β は異なるが，三相交流では 3 次，9 次，15 次など 3 の倍数調波はキャンセルされて線間電圧には現れないため，一般に第 5 調波と第 7 調波が減少するように

3.2 同期発電機の誘導起電力

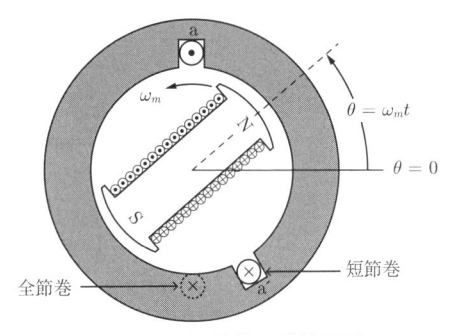

図 3.11 短節巻の巻線配置

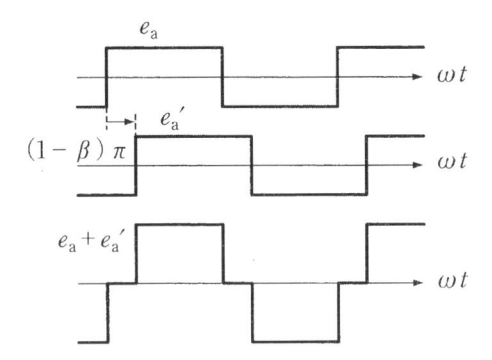

図 3.12 短節巻の誘導起電力波形

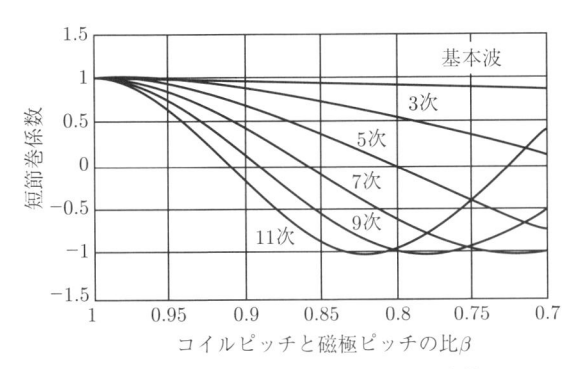

図 3.13 β に対する短節巻係数の変化

$\beta = 5/6 = 0.833$ 程度に設定されている.

分布巻で短節巻の誘導起電力の実効値 E_0 は次式となる.

$$E_0 = 4.44 f k_w N \Phi_m \ [\text{V}], \qquad ここで,\ 巻線係数\ k_w = k_d \times k_p \qquad (3.20)$$

例 3.1 ある同期発電機の1極の磁束数 $\Phi_m = 0.06$ [Wb], 周波数 $f = 60$ [Hz], 巻線の巻数 $N = 120$ とする. 巻線の誘導起電力の実効値を求めよ.

解答 式 (3.13) により, この巻線の誘導起電力の実効値は次のように得られる.

$$E_0 = 4.44 f N \Phi_m = 4.44 \times 60 \times 120 \times 0.06 = 1918 \text{ [V]}$$

例 3.2 三相同期発電機で, 毎極毎相のスロット数4の巻線において基本波, 第5調波, 第7調波に対する分布巻係数を求めよ.

解答 相数 $m = 3$, スロット数 $q = 4$ で, 式 (3.14), (3.15) により, 基本波, 第5調波, 第7調波の分布巻係数はそれぞれ次のように求められる.

$$k_d = \frac{\sin(\pi/2 \times 3)}{q \sin(\pi/2 \times 3 \times 4)} \approx 0.958$$

$$k_{d5} = \frac{\sin(5\pi/2 \times 3)}{q \sin(5\pi/2 \times 3 \times 4)} \approx 0.25$$

$$k_{d7} = \frac{\sin(7\pi/2 \times 3)}{q \sin(\nu\pi/2 \times 3 \times 4)} \approx -0.157$$

3.3 同期発電機の電機子反作用

3.3.1 電機子電流による磁界

図3.14のように, 同期発電機に負荷が接続されると, 電機子巻線に三相交流電流が流れる. 図3.14において a 相巻線の中心軸方向を $\theta = 0$ として回転子が一定の角速度 ω_m[rad/s] で回転しているときの誘導起電力 $e_a(t)$, $e_b(t)$, $e_c(t)$ はそれぞれ式 (3.21) のように表される. ただし, 1相の誘導起電力実効値は $E = 4.44 f N \Phi_m$[V] である.

また, 電機子電流の位相は負荷力率に依存するため, 誘導起電力について電機子電流の位相遅れ角を γ[rad] とすると, 巻線電流 $i_a(t), i_a(t), i_a(t)$ はそれぞれ式 (3.22) のように表される. ただし, 1相の巻線電流実効値は $I = E/Z = (4.44 f N \Phi_m)/Z$[A] であり, Z は1相の巻線に接続する負荷インピーダンスである.

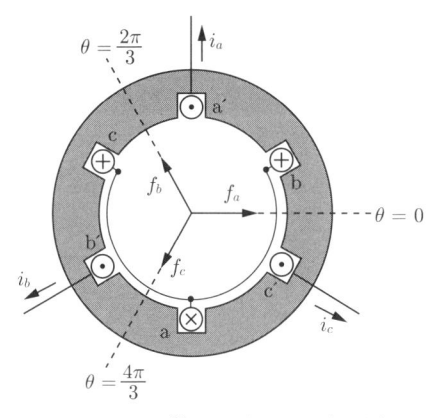

図 3.14　電機子電流による起磁力

$$\left.\begin{array}{l}e_a(t) = \sqrt{2}E\sin(\omega_m t) \\ e_b(t) = \sqrt{2}E\sin(\omega_m t - \frac{2\pi}{3}) \\ e_c(t) = \sqrt{2}E\sin(\omega_m t - \frac{4\pi}{3})\end{array}\right\} \tag{3.21}$$

$$\left.\begin{array}{l}i_a(t) = \sqrt{2}I\sin(\omega_m t - \gamma) \\ i_b(t) = \sqrt{2}I\sin(\omega_m t - \gamma - \frac{2\pi}{3}) \\ i_c(t) = \sqrt{2}I\sin(\omega_m t - \gamma - \frac{4\pi}{3})\end{array}\right\} \tag{3.22}$$

これらの電流による起磁力の θ 方向に分布し，各相の巻線は空間的に $2\pi/3$ 位相に配置されるので，電機子電流 $i_a(t)$, $i_b(t)$, $i_c(t)$ による起磁力 $f_a(t)$, $f_b(t)$, $f_c(t)$ は次式となる．

$$\left.\begin{array}{l}f_a(t) = \sqrt{2}NI\sin(\omega_m t - \gamma)\cos(\theta)[\text{N}] \\ f_b(t) = \sqrt{2}NI\sin(\omega_m t - \gamma - 2\pi/3)\cos(\theta - 2\pi/3)[\text{N}] \\ f_c(t) = \sqrt{2}NI\sin(\omega_m t - \gamma - 4\pi/3)\cos(\theta - 4\pi/3)[\text{N}]\end{array}\right\} \tag{3.23}$$

図 3.15 のように，以上の三つの起磁力を合成すると，合成起磁力 $\dot{F}$ は $\dot{F} = \dot{f}_a + \dot{f}_b + \dot{f}_c$ となり，すなわち，合成起磁力 $F_a(\theta,t)$ は次のように表される．

$$F_a(\theta,t) = 3\sqrt{2}NI/2 \cdot \sin(\omega_m t - \gamma - \theta)[\text{N}] \tag{3.24}$$

式 (3.24) は電機子電流による起磁力が回転子と同じ角度で回転する磁界を形成することを表し，図 3.15 より合成起磁力 $F_a(\theta,t)$ が θ 方向に回転することがわかる．

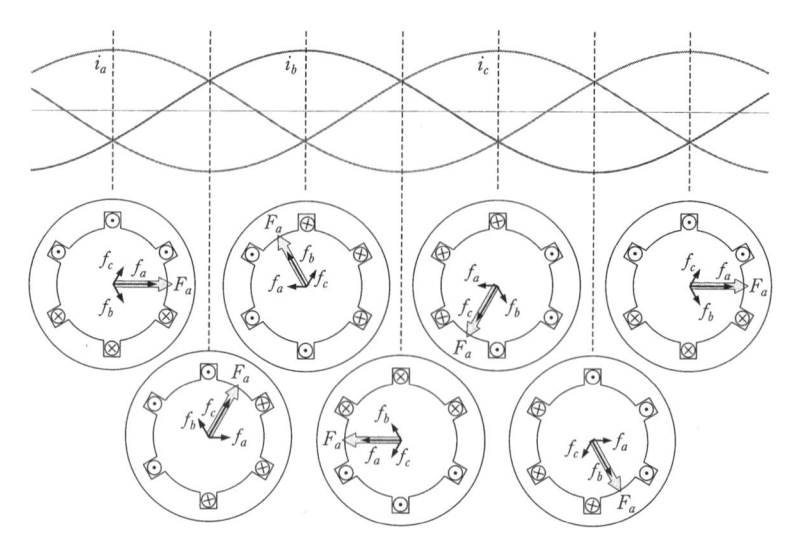

図3.15 回転子の回転方向と合成起磁力との関係

多極機では，回転磁界の同期速度は次のように表される．

$$\left.\begin{array}{l} n_s = \dfrac{f}{p} \text{ [rps]}, \quad N_s = \dfrac{60f}{p} = \dfrac{120f}{P} \text{ [rpm]} \\ \omega_s = 2\pi n_s = \dfrac{2\pi f}{p} \dfrac{\omega}{p} \text{ [rad/s]} \end{array}\right\} \quad (3.25)$$

ただし，P は極数，p は極対数 $p = P/2$，ω は誘導起電力の角周波数（角速度），ω_s は同期角周波数（同期角速度）とする．

例 3.3 周波数 60 [Hz]，極数 44 の同期発電機において回転子の直径が 7.5 [m] であるときの周辺速度を求めよ．

解答

同期速度は $n_s = f/p = 60/22 \approx 2.73 \text{[rps]}$ であり，

周辺速度は $v = 2\pi(7.5/2)n_s \approx 64.4 \text{[m/s]}$ である．

3.3.2 電機子反作用

上述より，同期発電機に負荷が接続され，電機子電流による回転磁界が生じて回転子と同じ速度で回転するとき，空隙磁束は回転子による磁界と回転磁界の合成されたものになり，電機子電流により空隙磁束が影響を受けることを直流機と同様に

電機子反作用という．直流機では，電機子反作用は界磁起磁力に対して電機子電流起磁力が常に直交する交差磁化作用になる．同期発電機では，負荷力率によって電機子電流の位相が変わるために電機子反作用の影響も異なるものになる．

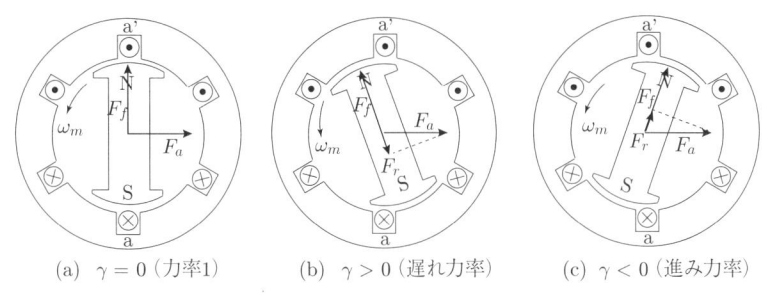

(a) $\gamma = 0$（力率1）　　(b) $\gamma > 0$（遅れ力率）　　(c) $\gamma < 0$（進み力率）

図3.16　負荷力率と電機子反作用の関係

図3.16(a)に$\gamma = 0$の場合，界磁起磁力F_fと電機子電流起磁力F_aの関係を示す．二つの起磁力はお互いに直交し，抵抗負荷の場合がほぼこの状態になる．

図3.16(b)の$\gamma > 0$の場合は，誘導性負荷が接続されることに相当し，電機子電流の位相が遅れるために回転子がa相導体を通過してから電機子電流が最大になる．図3.16(b)のF_rは電機子電流起磁力の界磁方向成分を表し，界磁起磁力F_fに対して反対方向になり，界磁磁束を弱めることになる．

図3.16(c)の$\gamma < 0$の場合は，容量性負荷が接続されることに相当し，電機子電流の位相が進むために回転子がa相導体を通過する前に電機子電流が最大になる．図3.16(c)のF_rは界磁起磁力と同方向になり，界磁磁束を強めることになる．

図3.16の(a), (b), (c)はそれぞれ**交差磁化作用**(cross magnetization)，**減磁作用**(demagnetization)，**増磁作用**(magnetization)という．交差磁化作用の場合は界磁方向成分F_rがゼロになる．突極形回転子では，F_fとF_aの合成起磁力が偏移するために磁気飽和によって磁束が少し減少することになる．

3.4　同期発電機の等価回路とベクトル図

図3.17のように，同期発電機のa相電流が最大になる時刻の空間ベクトル図を示す．図3.17において$\dot{F}_f$は界磁起磁力，$\dot{F}_a$は電機子電流起磁力，$\dot{F}$はこれらの合成起磁力であり，$\dot{I}_a$は電機子電流，$\dot{E}_0$は無負荷誘導起電力である．空隙磁束は合成起磁力と主に空隙の磁気抵抗で決まるので，回転子が非突極形（円筒形）か突極形で空隙磁気抵抗が違うために空隙磁束も異なる．

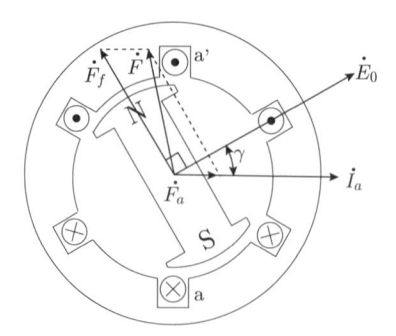

図3.17　同期発電機の空間ベクトル図

3.4.1　非突極機の等価回路とベクトル図

図3.4(b)の(2)に示すような非突極機の円筒形回転子では，空隙長さが一定なので，磁気抵抗は回転子の位置角度によらず一定であるために空隙磁束を $\dot{\phi}$，界磁起磁力による磁束を $\dot{\phi}_f$，電機子電流起磁力による電機子反作用磁束を $\dot{\phi}_a$ とすると，$\dot{\phi} = \dot{\phi}_f + \dot{\phi}_a$ の関係が得られる．無負荷誘導起電力 $\dot{E}_0$ は，$\dot{E}_0 = -j\omega N\dot{\phi}_f$ となり，負荷時誘導起電力 $\dot{E}_a$ は次式となる．

$$\dot{E}_a = -j\omega N\dot{\phi} = -j\omega N\dot{\phi}_f - j\omega N\dot{\phi}_a = \dot{E}_0 - j\omega N\dot{\phi}_a \quad [\text{V}] \tag{3.26}$$

ここで，磁気抵抗を R とすると，$N\dot{I}_a = R\dot{\phi}_a$ になり，式(3.26)は次のようになる．

$$\dot{E}_a = \dot{E}_0 - j\omega N\dot{\phi}_a = \dot{E}_0 - j(\omega N^2/R)\dot{I}_a = \dot{E}_0 - jx_a\dot{I}_a \quad [\text{V}] \tag{3.27}$$

ただし，$x_a = \omega N^2/R$ であるリアクタンス x_a は式(3.27)より電機子反作用の影響が等価的に表されているので，**電機子反作用リアクタンス**といわれる．

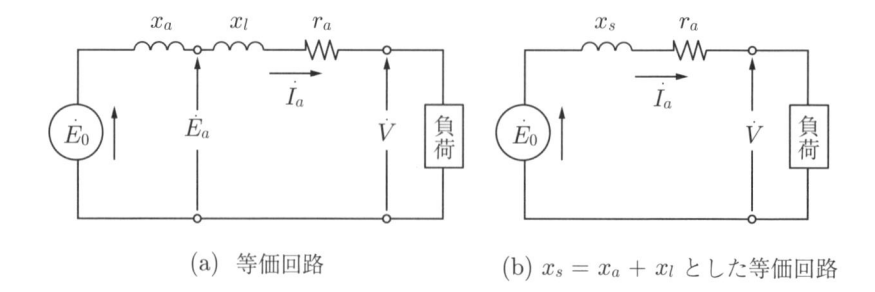

(a) 等価回路

(b) $x_s = x_a + x_l$ とした等価回路

図3.18　非突極形同期発電機の等価回路

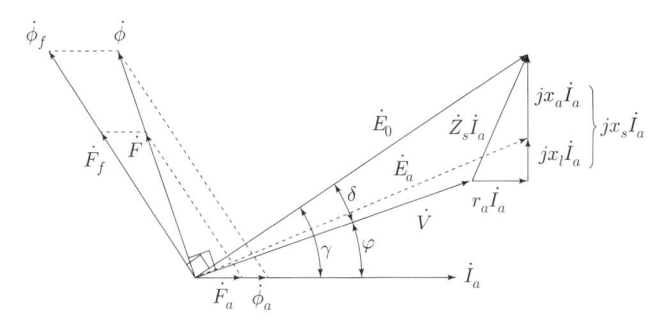

図 3.19　非突極形同期発電機の詳細なベクトル図

また，同期発電機の内部インピーダンスとして漏れ磁束に起因する漏れリアクタンス x_l と電機子巻線抵抗 r_a があるため，1相あたりの等価回路は図 3.18(a) のようになり，**同期リアクタンス** x_s を $x_s = x_a + x_l$ とすると，等価回路は図 3.18(b) のようになる．**同期インピーダンス** $\dot{Z}_s$ を $\dot{Z}_s = r_a + jx_s$ として，図 3.18(b) の等価回路方程式は次式のように表される．

$$\dot{V} = \dot{E}_0 - \dot{Z}_s \dot{I}_a = \dot{E}_0 - (r_a + jx_s)\dot{I}_a \ [\text{V}] \tag{3.28}$$

図 3.19 は非突極形同期発電機のベクトル図であり，φ は端子電圧 $\dot{V}$ と電機子電流 $\dot{I}_a$ の位相差で**負荷の力率角**に相当する．δ は無負荷誘導起電力 $\dot{E}_0$ と端子電圧 $\dot{V}$ の位相差であり，**負荷角**または**内部位相差角**といわれる．

電機子抵抗 r_a と漏れリアクタンス x_l が小さくて無視できる場合，負荷時誘導起電力 $\dot{E}_a$ は端子電圧 $\dot{V}$ と一致するため，負荷角 δ は近似的に界磁起磁力 $\dot{F}_f$ と合成起磁力 $\dot{F}$ との空間的な位相差に等しいので，非突極形同期発電機の負荷角は合成起磁力の形成する回転磁界と回転子の間の空間的な開き角にほぼ等しいと考えられる．

3.4.2　突極機の等価回路とベクトル図

図 3.20 に示すような突極形同期発電機では，回転子の磁極方向のギャップが小さく磁気抵抗も小さくなり，直角方向のギャップが広く磁気抵抗も大きくなる結果，電機子電流 $\dot{I}_a$ と電機子反作用磁束 $\dot{\phi}_a$ の位相が一致しない．電機子電流を磁極方向の直軸（d軸）成分 $\dot{I}_d$ と直角方向の横軸（q軸）成分 $\dot{I}_q$ に分けて考えると，直軸方向の空隙磁気抵抗を R_d，横軸方向の空隙磁気抵抗を R_q とすると，電機子反作用磁束 $\dot{\phi}_a$ の直軸成分 $\dot{\phi}_d$ と横軸成分 $\dot{\phi}_q$ は次式となる．

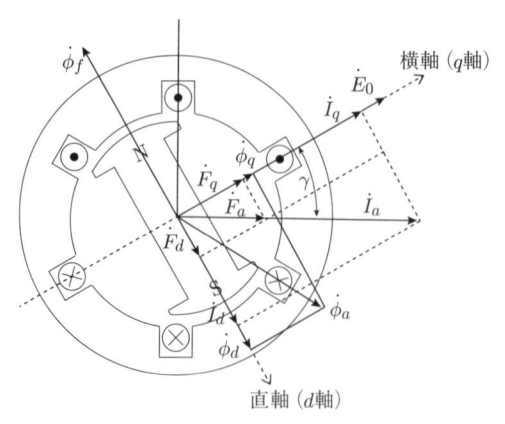

図 3.20 突極形同期発電機のベクトル図

$$\dot{\phi}_a = \dot{\phi}_d + \dot{\phi}_q, \quad \dot{\phi}_d = \dot{F}_d/R_d = N\dot{I}_d/R_d, \quad \dot{\phi}_q = \dot{F}_q/R_q = N\dot{I}_q/R_q \quad (3.29)$$

そして,負荷時誘導起電力 $\dot{E}_a$ は無負荷誘導起電力 $\dot{E}_0$ から電機子反作用分の起電力を差し引くと,次のように表される.

$$\begin{aligned}\dot{E}_a &= \dot{E}_0 - j\omega N\dot{\phi}_a = \dot{E}_0 - j\omega N\dot{\phi}_d - j\omega N\dot{\phi}_q \\ &= \dot{E}_0 - j\frac{\omega N^2}{R_d}\dot{I}_d - j\frac{\omega N^2}{R_q}\dot{I}_q \quad [\text{V}]\end{aligned} \quad (3.30)$$

ここで,$x_{ad} = \omega N^2/R_d$,$x_{aq} = \omega N^2/R_q$ とすると,式 (3.30) は式 (3.31) となる.

$$\dot{E}_a = \dot{E}_0 - jx_{ad}\dot{\phi}_d - jx_{aq}\dot{\phi}_q \quad [\text{V}] \quad (3.31)$$

ただし,x_{ad} と x_{aq} はそれぞれ**直軸電機子反作用リアクタンス**と**横軸電機子反作用リアクタンス**という.

出力端子電圧 $\dot{V}$ は負荷時誘導起電力 $\dot{E}_a$ から電機子抵抗と漏れリアクタンスによる電圧降下を引くと,次式になる.

$$\dot{V} = \dot{E}_a - (r_a + jx_l)\dot{I}_a = \dot{E}_a - r_a(\dot{I}_d + \dot{I}_q) - jx_l(\dot{I}_d + \dot{I}_q) \quad [\text{V}] \quad (3.32)$$

式 (3.32) に式 (3.31) を代入して整理し,出力端子電圧 $\dot{V}$ は次のように表される.

$$\dot{V} = \dot{E}_0 - \{r_a + j(x_{ad} + x_l)\}\dot{I}_d - \{r_a + j(x_{aq} + x_l)\}\dot{I}_q \quad [\text{V}] \quad (3.33)$$

ここで,$x_d = x_{ad} + x_l$,$x_q = x_{aq} + x_l$ とすると,出力端子電圧 $\dot{V}$ は次式である.

$$\dot{V} = \dot{E}_0 - (r_a+jx_d)\dot{I}_d - (r_a+jx_q)\dot{I}_q = \dot{E}_0 - r_a\dot{I}_a - jx_d\dot{I}_d - jx_q\dot{I}_q \quad [\text{V}] \quad (3.34)$$

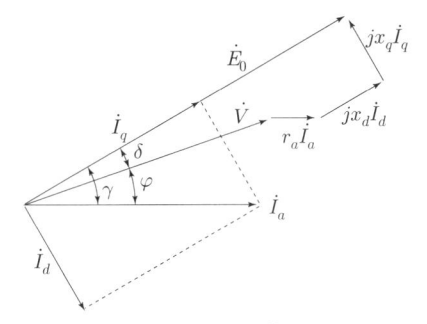

図 3.21　突極形同期発電機のベクトル図

以上の式により，図 3.21 は突極形同期発電機のベクトル図となる．また，式 (3.34) に $\dot{I}_q = \dot{I}_a - \dot{I}_d$ を代入すると，突極機の回路方程式が次のように表される．

$$\dot{V} = \dot{E}_0 - (r_a + jx_q)\dot{I}_a - j(x_d - x_q)\dot{I}_d [\text{V}] \tag{3.35}$$

本節では，電機子反作用は直軸分と横軸分に分けて解析する方法を使い，リアクタンス x_d と x_q はそれぞれ**直軸同期リアクタンス**と**横軸同期リアクタンス**という．

3.5　同期発電機の出力と負荷角

3.5.1　非突極形の出力と負荷角

三相非突極形同期電動機では，相電圧を V，電機子電流を I_a，負荷力率角を φ とすると，1 相出力 P_e は式 (3.36) となる．

$$P_e = V I_a \cos(\varphi) \, [\text{W}] \tag{3.36}$$

非突極形同期発電機の詳細なベクトル図 3.19 から負荷力率角 φ や負荷角 δ などを取り出して描いたベクトル図が図 3.22 である．図 3.22 で $\alpha = \tan^{-1}(x_s/r_a)$ とすると，次の関係が得られる．

$$\overline{AB} = E_0 \sin(\delta) \tag{3.37}$$
$$= Z_s I_a \sin(\alpha - \varphi) \tag{3.38}$$
$$\overline{OB} = E_0 \cos(\delta) \tag{3.39}$$
$$= Z_s I_a \cos(\alpha - \varphi) + V \tag{3.40}$$

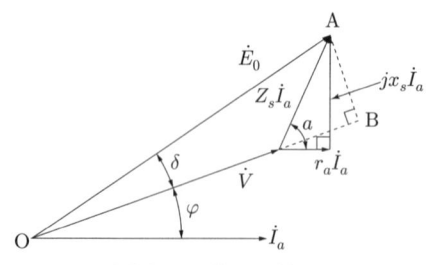

図 3.22　非突極形同期発電機のベクトル図

式 (3.38) に $\sin(\alpha)$, 式 (3.40) に $\cos(\alpha)$ をそれぞれ乗じて加えて整理すると, 次式が得られる.

$$E_0 \cos(\alpha - \delta) = Z_s I_a \cos(\varphi) + V \cos(\alpha) \ [\text{V}] \tag{3.41}$$

式 (3.41) より, 1 相出力 P_e の式 (3.36) は次のように表される.

$$P_e = \frac{V E_0}{Z_s} \cos(\alpha - \delta) - \frac{V^2}{Z_s} \cos(\alpha) \ [\text{W}] \tag{3.42}$$

一般に, 同期機において $x_s \gg r_a$ なので, $r_a = 0$ とすると, $\alpha = \pi/2$, $Z_s = x_s$ になり, 1 相あたりの出力 P_e は式 (3.43) のように表される. 三相非突極形同期発電機の出力 P_E は式 (3.44) となる.

$$P_e = \frac{V E_0}{x_s} \sin(\delta) \ [\text{W}] \tag{3.43}$$

$$P_E = 3 \cdot \frac{V E_0}{x_s} \sin(\delta) \ [\text{W}] \tag{3.44}$$

式 (3.43) より非突極形同期発電機の出力は**負荷角**δの正弦に比例することが明らかになる. 無負荷時は $\delta = 0°$ であり, 負荷とともに δ が増加し続け $\delta = 90°$ のとき最大出力になる.

3.5.2　突極形の出力と負荷角

突極形同期発電機のベクトル図 3.21 では, $r_a = 0$ と近似すると, $E_0 = V \cos(\delta) + x_d I_d$, $x_q I_q = V \sin(\delta)$ という関係式が得られるので, 次式が得られる.

$$I_d = \frac{E_0 - V \cos(\delta)}{x_d} \ [\text{A}], \qquad I_q = \frac{V \sin(\delta)}{x_q} \ [\text{A}] \tag{3.45}$$

図 3.21 より，$I_d = I_a \sin(\gamma)$，$I_q = I_a \cos(\gamma)$ となり，1 相あたりの出力 P_e [W] は次式となる．

$$\begin{aligned}P_e &= VI_a \cos(\varphi) = VI_a \cos(\gamma - \delta) = VI_a\{\cos(\gamma)\cos(\delta) + \sin(\gamma)\sin(\delta)\} \\ &= V\{I_q \cos(\delta) + I_d \sin(\delta)\} \text{ [W]}\end{aligned} \quad (3.46)$$

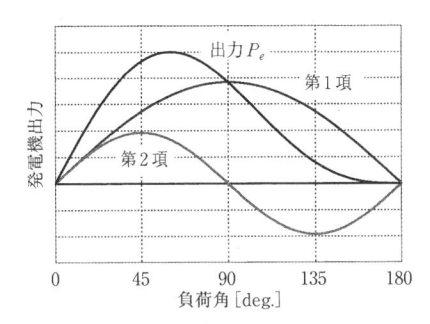

図 3.23 突極形同期発電機の出力と負荷角の特性曲線

式 (3.46) の I_d と I_q に式 (3.45) を代入すると，次式が得られる．

$$P_e = \frac{VE_0}{x_d}\sin(\delta) + \frac{V^2(x_d - x_q)}{2x_d x_q}\sin(2\delta) \text{ [W]} \quad (3.47)$$

式 (3.47) の第 2 項は回転子突極性によって発生する出力となり，このときの出力曲線は図 3.23 のようになる．突極形同期発電機では，$\delta = 60° \sim 70°$ 付近で出力が最大になる．

式 (3.47) により，三相突極形同期発電機の出力 P_E は次のように表される．

$$P_E = 3 \cdot \frac{VE_0}{x_d}\sin(\delta) + 3 \cdot \frac{V^2(x_d - x_q)}{2x_d x_q}\sin(2\delta) \text{ [W]} \quad (3.48)$$

3.6 同期発電機の特性曲線

同期発電機の特性は直流機と大きく異なり，力率が常に特性上の問題であり，同期発電機の特性算定では無負荷飽和曲線と短絡曲線が基本である．本節では，これらに重点を置いてわかりやすく説明する．

3.6.1 同期発電機の無負荷飽和曲線

無負荷誘導起電力を求めるため,図3.24のように接続して同期機の電機子巻線の全端子を開放した状態で,発電機を定格速度(同期速度)で運転するとき,界磁電流 I_f をゼロから増加させたときの界磁電流 I_f と無負荷誘導起電力 E_0 を測定した結果は図3.25であり,**無負荷飽和曲線** (no-load saturation curver) という.

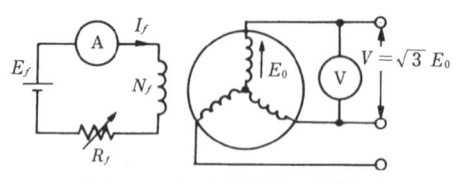

図3.24 無負荷試験の接続図

無負荷誘導起電力は $E_0 = 4.44 f k_w N \Phi_m$ で示したように磁束 Φ_m に比例し,Φ_m はギャップと鉄および鉄心の直列磁気回路を通り,鉄および鉄心が有する磁気飽和特性の影響を受けて E_0 と I_f の関係は図3.25のような飽和特性曲線となる.そのため,無負荷誘導起電力 E_0 を一つの値で論じることは難しいが,無負荷飽和曲線からある界磁電流に対する無負荷誘導起電力を求めることができる.ここで,三相同期機の1相分の無負荷誘導起電力は $E_0 = V/\sqrt{3}$ となる.

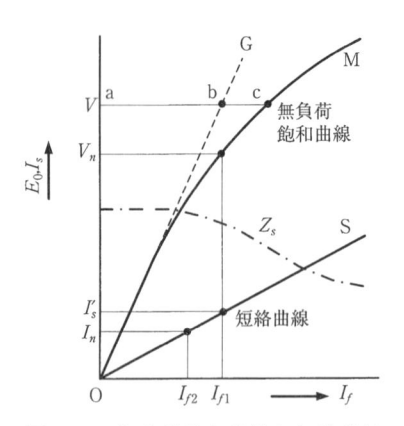

図3.25 無負荷飽和曲線と短絡曲線

図3.25の曲線 $\widetilde{\mathrm{OM}}$ が無負荷飽和曲線であり,界磁電流 $I_f[\mathrm{A}]$ を増加させていくと,鉄心の磁気飽和が生じ,誘導起電力の増加が緩やかになる.図3.25中の直線 $\overline{\mathrm{ac}}$ は,誘導起電力が $V[\mathrm{V}]$ のときの磁束を通すために必要な起磁力に対応する界磁電

流である．界磁電流の小さい線形領域では，鉄心の透磁率が高く，界磁起磁力はほとんどギャップ（空隙）で消費されることになるので，無負荷飽和曲線の接線 $\overline{OG}$ と直線 $\overline{ac}$ との交点を b とすると，直線 $\overline{ab}$ はギャップに磁束を通すために必要な界磁電流であり，直線 $\overline{bc}$ は飽和した鉄心に磁束を通すために必要な界磁電流である．

$$\sigma = \frac{\overline{bc}}{\overline{ab}} \tag{3.49}$$

飽和曲線に対して飽和の程度を定量的に表すため，式 (3.49) のような飽和係数 σ が用いられる．通常は $\sigma = 0.05 \sim 0.15$ 程度である．

3.6.2 同期機の三相短絡特性曲線

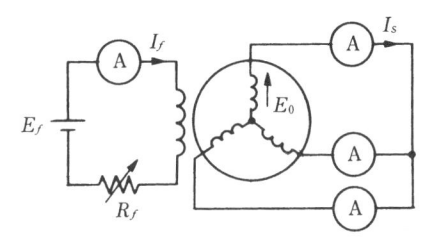

図 3.26 短絡特性試験の接続図

図 3.26 のように同期機の電機子巻線の全端子を短絡して定格速度（同期速度）で運転するときの界磁電流 I_f と電機子巻線に流れる短絡電流 I_s の関係を示す曲線を**三相短絡特性曲線** (3-phase short circuit characteristic curve) という．

一般に，三相短絡特性曲線は図 3.27 の曲線 I_s で示すようにほぼ直線である．同期インピーダンスはほとんど同期リアクタンスなので，短絡電流が電圧より $\pi/2$ 近く遅れ位相になる短絡電流を**永久短絡電流**または**持続短絡電流**といい，端子を突然短絡した場合の**突発短絡電流**と区別している．

(1) 同期機の短絡比

図 3.27 に無負荷飽和曲線 E_0 と三相短絡特性曲線 I_s を示す．定格速度のときに無負荷で電機子定格電圧 E_n（相電圧）を誘導するために必要な界磁電流 I_{f1} と三相短絡時に電機子定格電流 I_n に等しい持続短絡電流を流すために必要な界磁電流 I_{f2} との比を**短絡比** (short-circuit ratio) という．

短絡比を K_s で表すと，図 3.27 によって式 (3.50) のように表される．短絡比は同期機の構造によって異なる重要な特性定数の一つであり，一般的に風力発電機と水

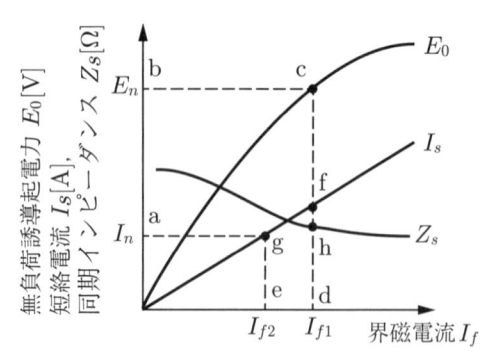

図3.27 三相短絡曲線と同期インピーダンス

車発電機で 0.8 ～ 1.1, タービン発電機で 0.5 ～ 0.8 程度である.

$$K_s = \frac{I_{f1}}{I_{f2}} = \frac{\overline{0d}}{\overline{0e}} \tag{3.50}$$

(2) 同期機の同期インピーダンス

同期機の等価回路図 3.18(a) とベクトル図 3.19 によって短絡状態では, 持続短絡電流 I_s[A] は 1 相の誘導起電力 E_0[V] を 1 相の同期インピーダンス $Z_s = \sqrt{r_a^2 + x_s^2}$ [Ω] で除したものであるから, $Z_s = E_0/I_s$ [Ω] となる. この値は同じ界磁電流に対する無負荷飽和曲線上の点の値と短絡曲線上の点の値から求められる.

一般に, 同期インピーダンスは誘導起電力 E_0 が定格電圧 E_n に等しくなる界磁電流 I_f のときの値を用いて求める. つまり, 図 3.27 において定格電圧 E_n の界磁電流 I_{f1} のときの無負荷誘導起電力 $E_0 = E_n = \overline{\mathrm{cd}}$ とそのときの短絡電流 $I_s = \overline{\mathrm{fd}}$ より, 式 (3.51) で求められる. また, **単位法**で示すと, 同期インピーダンスは式 (3.52) のように表される. 図 3.27 のように界磁電流 I_f の各値に対する Z_s の変化を表す曲線 Z_s を**同期インピーダンス曲線**という.

$$Z_s = \frac{\overline{cd}}{\overline{fd}} = \frac{E_n}{I_s} \ [\Omega] \tag{3.51}$$

$$Z_s[\mathrm{pu}] = \frac{Z_s I_n}{E_n} = \frac{Z_s I_n}{Z_s I_s}$$

$$= \frac{I_n}{I_s} = \frac{\overline{ge}}{\overline{fd}} \tag{3.52}$$

例 3.4 三相同期発電機で, 定格出力が 10 [MW], 定格電圧が 6.6 [kV], 界磁電流

220 [A] の下で無負荷端子電圧が 6.6 [kV], この界磁電流で三相短絡電流が 980 [A] である. この三相同期発電機の短絡比 K_s および百分率同期インピーダンス Z_s [%] を求めよ.

解答 同期発電機の定格電流 $I_n = \dfrac{P}{\sqrt{3}V} = \dfrac{10 \times 10^6}{\sqrt{3} \times 6.6 \times 10^3} \approx 875 [\mathrm{A}]$,

短絡比 $K_s = \dfrac{I_{f1}}{I_{f2}} = \dfrac{I_s}{I_n} = \dfrac{980}{875} = 1.12$,

百分率同期インピーダンス $Z_s[\%] = \dfrac{Z_s I_n}{V_n} \times 100 = \dfrac{1}{K_s} \times 100 = 89.3\%$

例 3.5 三相同期発電機で, 定格出力が 10000 [kVA], 定格電圧が 11 [kV], 三相永久短絡電流が 600 [A] である. この三相同期発電機の短絡比 K_s と同期インピーダンス Z_s を求めよ.

解答 同期インピーダンス $Z_s = \dfrac{11000/\sqrt{3}}{600} = 10.6 [\Omega]$,

定格電流 $I_n = \dfrac{11000/\sqrt{3}}{11} = 525 [\mathrm{A}]$,

同期インピーダンス $Z_s[\mathrm{pu}] = \dfrac{Z_s I_n}{E_n} = \dfrac{10.6 \times 525}{11 \times 10^3/\sqrt{3}} = 0.876$,

短絡比 $K_s = \dfrac{1}{Z_s[\mathrm{pu}]} = \dfrac{1}{0.876} = 1.14$

(3) 同期機の短絡比と特性の関係

上述のとおり, 短絡比 K_s を大きくするには定格電圧 E_n の界磁電流 I_{f1} を大きくするか, 定格電流 I_n の界磁電流 I_{f2} を小さくすることになる. つまり, I_{f1} を大きくすると, 無負荷で定格電圧を発生する界磁電流を増して界磁磁束を大きくすることになる. これに対して, I_{f2} を小さくすることは同期インピーダンス $Z_s = \sqrt{r_a^2 + (x_a + x_l)^2}$ を小さくすることで, 電機子反作用の影響を小さくすることになる.

短絡比 K_s の大きい機械とは, 電機子反作用リアクタンスが小さいことを意味するため, 電機子巻線の巻数を少なくして界磁磁束を大きく取ることが必要になり, 巻線に比べて鉄心の占める割合が大きくなる. このような機械を一般に**鉄機械**という. 鉄機械は電圧変動が少なく過負荷耐量も大きいため安定度は高いが, 機械の容積, 重量ともに大きくなり, 高価格となる傾向がある. 逆に, 短絡比 K_s の小さい機械は巻線の占める割合が相対的に大きくなるため**銅機械**といわれ, サイズ・重量の割に出力が大きくなるが, 電圧変動率は悪くなる.

3.6.3 同期機の負荷飽和曲線

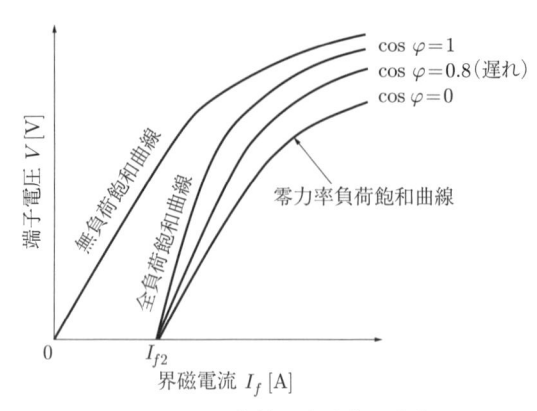

図3.28 同期機の負荷飽和曲線

発電機を定格速度（同期速度）で運転して，一定力率で一定の負荷電流を保つように界磁電流 $I_f[\mathrm{A}]$ を調整して運転したときの端子電圧 $V[\mathrm{V}]$ と界磁電流の関係を示す曲線を**負荷飽和曲線** (load saturation curve) という．特に，負荷電流を定格電流に等しくしたときの曲線を**全負荷飽和曲線**という．図3.28に示すような全負荷飽和曲線では，力率がゼロの場合を**ゼロ力率負荷飽和曲線** (zero-power-factor load saturation curve) という．

3.6.4 同期機の外部特性曲線と電圧変動率

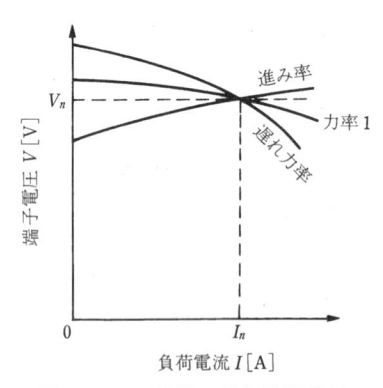

図3.29 同期機の外部特性曲線

同期発電機を定格速度（同期速度）で運転して一定力率で定格負荷電流 $I_n[\mathrm{A}]$ の

3.6 同期発電機の特性曲線

とき，定格電圧 V_n[V] が発生するように界磁電流 I_f[A] を調整してから，これを一定に保って負荷を変えたときの負荷電流 I[A] と端子電圧 V[V] の関係を**外部特性曲線** (external characteristic curve) という（図 3.29）．外部特性曲線の定格電圧 V_n と同じ力率のもとで無負荷にしたときの端子電圧 V_0 から**電圧変動率** ε は次式となる．

$$\varepsilon = \frac{V_0 - V_n}{V_n} \times 100 \ [\%] \tag{3.53}$$

小出力機の場合では，実測の外部特性曲線から電圧変動率を求めることができる．中・大型機の場合では，無負荷誘導起電力 $\dot{E}_0$ と無負荷端子電圧 $\dot{V}_0$ が等しくなるので，無負荷試験と短絡試験の結果から図 3.22 のベクトル図で $V = V_n$, $I_a = I_n$ とおいて次のように無負荷端子電圧 V_0 を算定することで，電圧変動率が得られる．

$$\begin{aligned} E_0 &= \sqrt{(V_n \cos(\varphi) + r_a I_n)^2 + (V_n \sin(\varphi) + x_s I_n)^2} \\ &= \sqrt{V_n^2 + Z_s^2 I_n^2 + 2 V_n I_n Z_s \cos(\varphi - \alpha)} \ [\text{V}] \end{aligned} \tag{3.54}$$

式 (3.53) に式 (3.54) の値を代入すると，電圧変動率が求まる．また，同期インピーダンスに式 (3.52) で示した単位法を用いて電圧変動率は次のように表される．

$$\varepsilon = \{\sqrt{1 + (Z_s[\text{pu}])^2 + 2 \cdot Z_s[\text{pu}] \cdot \cos(\varphi - \alpha)} - 1\} \times 100 \ [\%] \tag{3.55}$$

例 3.6 同期発電機で，定格出力が 7000 [kVA]，定格電圧 6600 [V]，電機子巻線 1 相の抵抗 $r_a = 0.1[\Omega]$，同期リアクタンス $x_s = 4[\Omega]$ の場合，全負荷，遅れ力率 0.8 に対する電圧変動率を求めよ．

解答 題意により，次の値が得られる．

$$V_n = 6600/\sqrt{3} \approx 3811 \ [\text{V}], \quad I_n = 7000 \times 10^3 / (\sqrt{3} \times 6600) \approx 612.4 \ [\text{A}]$$

$$\varphi = \cos^{-1}(0.8) \approx 36.9°, \quad \alpha = \tan^{-1}(4/0.1) \approx 88.6°$$

式 (3.54) により，電圧変動率 ε が次のように得られる．

$$\begin{aligned} E_0 &= \sqrt{V_n^2 + Z_s^2 I_n^2 + 2 V_n I_n Z_s \cos(\varphi - \alpha)} \\ &= \sqrt{3811^2 + 4^2 \times 612.4^2 + 2 \times 3811 \times 612.4 \times 4 \times \cos(36.9° - 88.6°)} \\ &\approx 5666 \ [\text{V}] \end{aligned}$$

$$\varepsilon = \frac{5666 - 3811}{3811} \times 100 \approx 48.1\%$$

3.6.5 起磁力法による全負荷飽和曲線

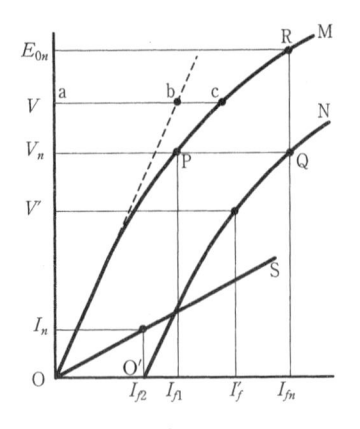

図 3.30 起磁力の説明

同期発電機が定格速度の状態で，負荷力率を一定かつ負荷電流を定格値に保持しながら界磁電流を増加させたときの界磁電流と端子電圧の関係を**全負荷飽和曲線**という．図 3.30 の $\widetilde{O'N}$ が全負荷飽和曲線を表す．これを実測することが難しいため，比較的測定の容易な無負荷飽和曲線と短絡直線から求める方法がよく使われている．

点 O' は短絡状態なので，このときの界磁電流は短絡曲線から得られる．負荷の力率角を φ，定格電圧 V_n における無負荷飽和曲線上の点 P に対応する界磁電流を I_{f1} とすると，起磁力法では定格負荷電流の点 Q に相当する界磁電流 I_{fn} が次のように求められる．

$$I_{fn} = \sqrt{I_{f1}^2 + k^2 I_{f2}^2 + 2k I_{f1} I_{f2} \sin(\varphi)} \ [\text{A}] \tag{3.56}$$

ただし，定数 k は式 (3.49) の飽和係数を用いて次のように決まる．

$$k = (1+\sigma)/\sqrt{(1+\sigma)^2 \cos^2(\varphi) + \sin^2(\varphi)} \tag{3.57}$$

界磁電流 I_{fn} が定まると無負荷誘導起電力 E_{0n} は無負荷飽和曲線上の点 R より得られ，E_{0n} と V_n から電圧変動率が求められる．そして，電圧を種々変えて起磁力を求めると，全負荷飽和曲線が得られることになる．

同期発電機は大きな電力システムに接続されることが多く，特に自動電圧調整装置によって負荷が変動しても端子電圧はほぼ一定に保たれるようになるため，個々の発電機の電圧変動率はそれほど重視されなくなってきた．

3.7 同期発電機の並行運転

同期発電機は全負荷近くで最も効率がよいために2台以上の発電機を母線に接続し，負荷の変動に応じて接続する台数を変えて各発電機をできるだけ全負荷近くで運転するように系統全体の効率を高める運転方法が取られる．このような運転を**並行運転** (parallel operation) という．

並行運転では，同期発電機が次のような条件を満たす必要がある．

1. 起電力の大きさと波形が等しい．
2. 起電力の周波数と位相が一致する．
3. 容量に応じた百分率速度特性がほぼ一致する．

3.7.1 並行運転

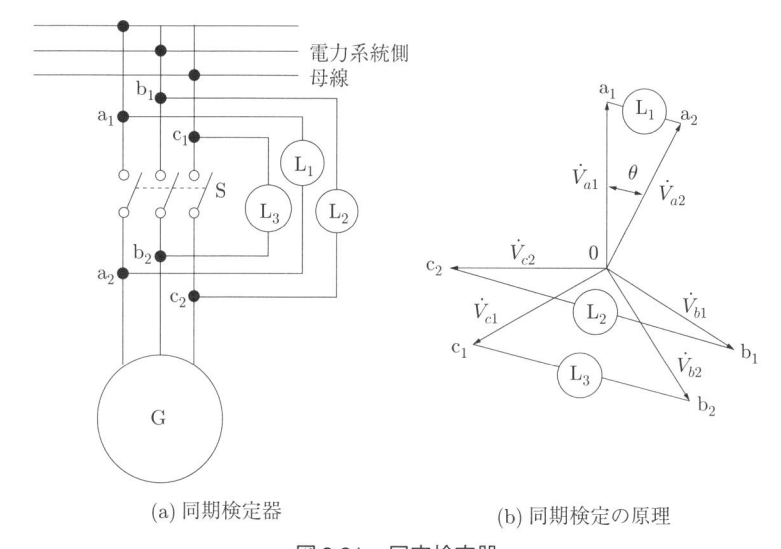

(a) 同期検定器 (b) 同期検定の原理

図 3.31　同定検定器

一般の電力系統では，電力供給の信頼性の確保と経済的な負荷配分のため，複数の発電機が送電線を介して並列に接続されている．同期発電機を電力系統母線に新たに接続して並行運転に入るには，母線側と発電機側の電圧の大きさ，周波数，位相および波形が等しいという条件を満たす必要がある．これらの条件が成り立たないと，発電機を投入した瞬間に過大な電流が接続点に流れ，発電機の巻線や機械系

にストレスがかかり並列運転に入れない．すなわち，同期投入失敗となる．

図 3.31 のように，母線電圧と発電機電圧の周波数と位相が一致したことを確認するための原理的な装置を**同期検定器** (synchronoscope) という．母線側の端子 $a_1 - a_2$ 間，端子 $b_1 - c_2$ 間と端子 $c_1 - b_2$ 間にそれぞれ電球 L_1，電球 L_2 と電球 L_3 が接続される．母線電圧と発電機電圧の同期が取れているとき，電球 L_1 は消えて電球 L_2 と電球 L_3 が同じ明るさになる．同期していないとき，電球は明るさが変化しながらそれぞれ明滅を繰り返すことになる．発電機電圧の大きさを発電機の界磁電流で調節して周波数と位相を発電機の速度で調整し，同期検定器で同期状態が確認されたらスイッチを投入して発電機を接続することになる．

発電所では，電球の代わりに指針形の計測器を用いて同期検定を行う．大型発電所では，自動的に同期検定と遮断器投入の**自動同期投入装置**を使用している．

3.7.2　負荷の分担

(1) 並行運転の特性

図 3.32 に，2 台の発電機 SG_1 と SG_2 が並列に接続されて共通の負荷に電力を供給する場合の等価回路を示す．図 3.32 の E_{01} と E_{02} は無負荷誘導起電力，x_{s1} と x_{s2} は同期リアクタンスであり，簡単のために電機子抵抗が小さいとして無視すると，次のように方程式が得られる．

$$\dot{V} = \dot{E}_{01} - jx_{s1}\dot{I}_1 [V], \quad \dot{V} = \dot{E}_{02} - jx_{s2}\dot{I}_2 [V], \quad \dot{I} = \dot{I}_1 + \dot{I}_2 \ [A] \tag{3.58}$$

そして，式 (3.58) から各電流が式 (3.59) のように求められる．ここで，$\dot{I}_c$ は $\dot{E}_{01} \neq \dot{E}_{02}$ の場合，発電機 SG_1 と SG_2 の間を還流する電流なので**横流**といわれる．

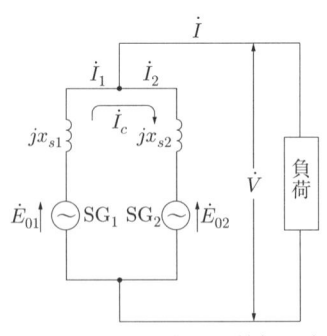

図 3.32　並行運転時の等価回路

無負荷誘導起電力 $\dot{E}_{01}$ と $\dot{E}_{02}$ の位相が一致している状態では，発電機 SG_1 の界磁

電流が増加して $\dot{E}_{01} > \dot{E}_{02}$ となる．図3.33のように，$\dot{I}_c$ は $\dot{E}_{01}$ に対して90度位相遅れの電流になり，$\dot{E}_{02}$ に対して90度位相進みの電流になることで，電機子反作用によって $\dot{I}_c$ は発電機 SG$_1$ に対しては減磁作用，SG$_2$ に対して増磁作用を生じるため，$\dot{E}_{01} > \dot{E}_{02}$ の電圧アンバランスは解消される方向に動作する．

$$\left.\begin{aligned}\dot{I}_1 &= \frac{x_{s2}}{x_{s1}+x_{s2}}\dot{I} + \dot{I}_c \text{[A]} \\ \dot{I}_2 &= \frac{x_{s1}}{x_{s1}+x_{s2}}\dot{I} - \dot{I}_c \text{[A]} \\ \dot{I}_c &= \frac{\dot{E}_{01} - \dot{E}_{02}}{j(x_{s1}+x_{s2})} \text{[A]}\end{aligned}\right\} \qquad (3.59)$$

図3.33 起電力の大きさに差が生じた場合　　図3.34 起電力に位相差が生じた場合

無負荷誘導起電力 $\dot{E}_{01}$ と $\dot{E}_{02}$ の大きさが一致している状態では，発電機 SG$_1$ の回転速度が上昇して，$\dot{E}_{01}$ の位相が $\dot{E}_{02}$ に対して δ_s だけ進んだときの電流 $\dot{I}_c$ は図3.34のように，$\dot{E}_{01}$ に対しては遅れ位相，$\dot{E}_{02}$ に対しては進み位相の電流になり，発電機 SG$_1$ から発電機 SG$_2$ に向かう有効電力が生じることにより，発電機 SG$_1$ はエネルギーを失って減速し，発電機 SG$_2$ はエネルギーを得て加速する結果，起電力の位相差が解消されて同期が保たれる．この横流を**有効横流**または**同期化電流**という．

ここで，P_c は発電機 SG$_1$ から発電機 SG$_2$ に向かう有効電力，E_0 は $\dot{E}_{01}$ と $\dot{E}_{02}$ の値とすると，両発電機を同期状態に保つ**同期化力**は次のように表される．

$$\frac{dP_c}{d\delta_s} = \frac{E_0^2}{x_{s1}+x_{s2}} \cdot \cos(\delta_s) \text{ [W/rad]} \qquad (3.60)$$

例 3.7 同じ定格の A，B という2台の同期発電機が並行運転を行い，遅れ力率0.8，電流 400 [A] の負荷に電力を供給する．A 機の励磁電流を増加して負荷電流を 250 [A] とした場合，負荷に変化がないとすると，A と B 両機の力率変化を検証

せよ.

解答 図3.35のように，A, B機の負荷を P_A, P_B としてその合成負荷を P とすると，$P = P_A + P_B = 3VI\cos(\varepsilon) = 3VI_A\cos(\varepsilon_A) + 3VI_B\cos(\varepsilon_B)$ となる.

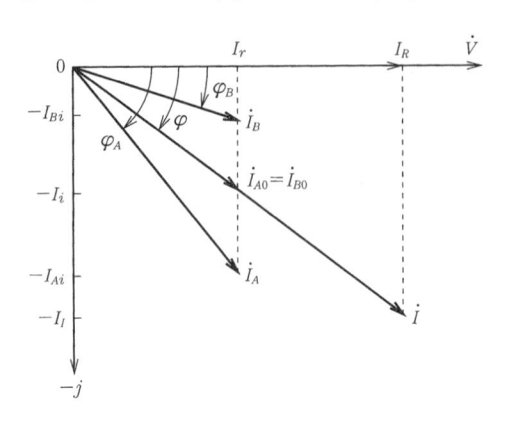

図3.35 並行運転の負荷ベクトル図

まず，両機の負荷が均等に分担されて同一力率とするとき，
$$\dot{I} = \dot{I}_{A0} + \dot{I}_{B0} = 2(I_r - jI_i)$$
$$= I_R - jI_I = I(\cos(\varepsilon) - j\sin(\varepsilon))$$
$$= 400(0.8 - j\sqrt{1 - 0.8^2})$$
$$= 320 - j240 [A]$$

次に，A機の励磁を増加して $I_A = 250$ [A] とすると，両機の分担する有効電力に変化がないため，
$$I_A\cos(\varepsilon_A) = I_B\cos(\varepsilon_B)$$
$$= I_R/2 = I_r = 320/2 = 160 [A]$$

$\dot{I}_A = I_r - jI_{Ai}, \dot{I}_B = I_r - jI_{Bi}, |I_A| = 250$ [A] であるので，次式が得られる.
$$I_{Ai} = \sqrt{I_A^2 - I_r^2} = \sqrt{250^2 - 160^2} = 192 [A], I_{Bi} = I_I - I_{Ai} = 240 - 192 = 48 [A]$$

よって，両機の力率は次のように表される.
$$\cos(\varepsilon_A) = \frac{I_r}{I_A} \frac{160}{250} \approx 0.640, \quad \cos(\varepsilon_B) = \frac{I_r}{\sqrt{I_{Bi}^2 + I_r^2}} \approx 0.957$$

(2) 有効電力の分担

上述のように同期発電機の並行運転時，界磁電流を変えても無効電力が変化するのみで有効電力は変化しない．有効電力を変化させて各発電機の負荷分担を調整す

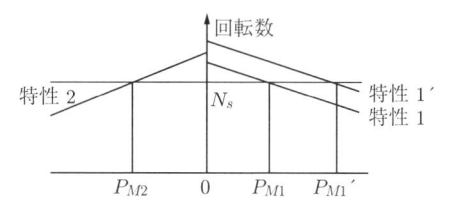

図3.36 原動機の速度特性と負荷分担

るためには，原動機からの機械入力を変化させなければならない．一般に風車・水車や蒸気タービンなどの電動機には回転速度を一定に保つため**調速機制御系**があり，図3.36のように速度変化に対して原動機出力が垂下特性を有するようになる．

原動機出力は同期速度 N_s と出力曲線の交点で与えられるために原動機1の出力を P_{M1}，原動機2の出力を P_{M2} とするとき，1号機の原動機特性を $1'$ のように変化させると発電機1の出力は P_{M1} から P'_{M1} に変化して有効電力の調整が可能になる．

******* 演習問題 *******

問題 3.1 水車同期発電機の定格が 60 [Hz] で回転速度 200 [rpm] であるとき，この同期発電機の極数を求めよ．

問題 3.2 三相同期発電機で，定格仕様が出力 300 [kVA]，電圧 600 [V]，力率 80％，効率 97％である場合，定格電流と発電機入力を計算せよ．

問題 3.3 非突極形三相同期発電機で，線間端子電圧 $\sqrt{3}$V，電機子電流 I_a，力率 $\cos(\varepsilon)$ の場合，この負荷角 δ を求めよ．ここで，同期リアクタンス x_s として電機子抵抗を無視する．

問題 3.4 同期発電機の単位法で示した同期リアクタンスが $x_s = 1.5$，負荷力率 0.8 のときの電圧変動率を算定せよ．ここで $r_a = 0$ とする．

問題 3.5 同期リアクタンス 1.2（単位法）のタービン同期発電機が定格電圧，定格力率 0.8 の遅れ電流で定格出力 [kVA] を発生するときの無負荷誘導起電力（単位法）と電圧変動率を求めよ．ただし電機子抵抗を無視する．

問題 3.6 三相同期発電機で，出力 500 [kVA]，電圧 600 [V]，励磁電流 180 [A] に相当する無負荷端子電圧が 600 [V]，短絡電流 54 [A] の場合，この同期発電機の短

絡比および同期インピーダンスを計算せよ．

第4章

同期電動機

同期電動機 (synchronous motor) は，大容量数千 kW 以上の場合，誘導電動機より効率が高いために多く使われている．例えば，大規模石油化学プラント，船舶のポッド推進装置，ビルのエレベーター，ハイブリッド自動車と電気自動車の駆動などの分野に幅広く活用されている．また，家電製品，小型精密機器にも同期電動機が不可欠なものとして存在しており，ますます期待されている．

近年，欧米では環境保全および設置などの観点から，既存の同期電動機より電力の変換効率が高いものを研究開発している．推進動力用高温超電導同期電動機は小型・軽量ながら低回転域でも高トルクと高効率が期待されるので，我が国はすでにこの研究開発を進めており，小型・軽量および大出力という特徴を活かして鉄道用電動機や風力発電用の発電機などへの波及効果も十分期待される．図 4.1 に超電導同期電動機が搭載される次世代の磁気浮上式リニアモーターカーの初期の実験車両を示す．

また，米国 NASA は，より高効率の同期電動機などの電気機器を活かした高性能なスペースシャトル（図 4.2 参照）技術の波及効果を高めるため，いろいろな分野に展開しており大きな成果が期待できる．

図 4.1 次世代の磁気浮上式リニアモーターカーの初期の実験車両

図 4.2 米国 NASA のスペースシャトル

近年，パワーエレクトロニクスの躍進により，同期電動機は高精度・高効率に制御されやすくなっている．また，永久磁石の飛躍的な発展により同期電動機が小型

化・高効率化して用途が一層広がっていくと思われる.

本章では,まず,基礎知識として従来の同期電動機についてわかりやすく説明する.次に,代表的と目されている数年内に開発されたいくつかの同期電動機をピックアップして,これらの原理と構造について述べる.

4.1 同期電動機の原理と構造

4.1.1 同期電動機の回転磁界

同期機の構造は,同期電動機と同期発電機が同じであり,エネルギーの流れが逆になるだけである.そのために同期発電機を対照すると,同期電動機がわかりやすくなる.

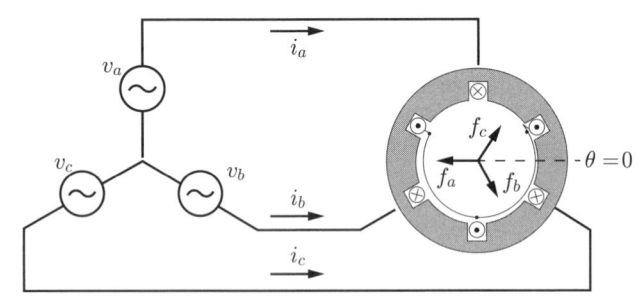

図 4.3 同期電動機の基本回路

図 4.3 のように,電源電圧の実効値を V_m [V],角周波数 ω [rad/s],電機子電流 I_a の力率角を φ [rad],回転速度を N [rpm] とすると,電源電圧と電機子電流の瞬時電圧 $v(t)$ と瞬時電流 $i(t)$ は式 (4.1),(4.2) に表される.

$$\left.\begin{aligned} v_a(t) &= \sqrt{2}V_m \sin(\omega t) \text{ [V]} \\ v_b(t) &= \sqrt{2}V_m \sin\left(\omega t - \frac{2\pi}{3}\right) \text{ [V]} \\ v_c(t) &= \sqrt{2}V_m \sin\left(\omega t - \frac{4\pi}{3}\right) \text{ [V]} \end{aligned}\right\} \quad (4.1)$$

$$\left.\begin{aligned} i_a(t) &= \sqrt{2}I_a \sin(\omega t) \text{ [A]} \\ i_b(t) &= \sqrt{2}I_a \sin\left(\omega t - \varepsilon - \frac{2\pi}{3}\right) \text{ [A]} \\ i_c(t) &= \sqrt{2}I_a \sin\left(\omega t - \varepsilon - \frac{4\pi}{3}\right) \text{ [A]} \end{aligned}\right\} \quad (4.2)$$

図 4.4 に 2 極機を示す．各相の三相電機子巻線に三相交流電流を流すと，各相の巻線の面に垂直に起磁力 $f_a(t)$, $f_b(t)$, $f_c(t)$ が生じて次のように表される．ただし，起磁力の空間分布の高調波は無視する．

$$\left.\begin{aligned}
f_a(t) &= \sqrt{2}NI_a \sin(\omega - \varphi)\cos(\theta - \pi) \\
f_b(t) &= \sqrt{2}NI_a \sin\left(\omega - \varphi - \frac{2\pi}{3}\right)\cos\left(\theta - \frac{2\pi}{3} - \pi\right) \\
f_c(t) &= \sqrt{2}NI_a \sin\left(\omega - \varphi - \frac{4\pi}{3}\right)\cos\left(\theta - \frac{4\pi}{3} - \pi\right)
\end{aligned}\right\} \quad (4.3)$$

図 4.5 にこれらの瞬時起磁力の時間的関係を示す．ここで，$F_m = \sqrt{2}NI_a$ は三相交流電流の最大値 I_m [A] を流すときの最大起磁力である．

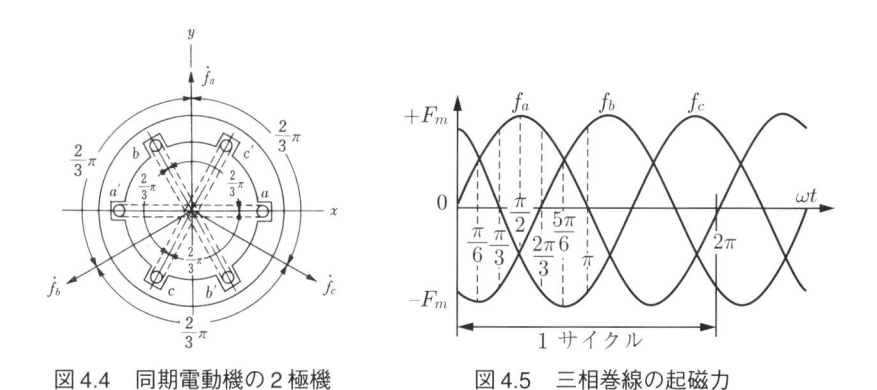

図 4.4 同期電動機の 2 極機

図 4.5 三相巻線の起磁力

式 (4.3) は三相の起磁力の時間的な変化を表している．これらの起磁力の向きは図 4.4 のように空間的に $2\pi/3$ ずつ異なっており，$\dot{f}_a$, $\dot{f}_b$, $\dot{f}_c$ で示す起磁力の方向を正方向として変化する．このような時間的変化と空間的な向きを統合してこれらの**合成起磁力** (magnetomotive force) $\dot{F}$ が次のように求められる．

$$\dot{F} = \dot{f}_a + \dot{f}_b + \dot{f}_c, \qquad F(\theta, t) = -\frac{3\sqrt{2}NI_a}{2}\sin(\omega t - \varphi - \theta) \;[\text{N}\cdot\text{m}] \quad (4.4)$$

式 (4.4) より，同期電動機では，電機子電流によって θ 方向に回転する磁界が形成されることになる．

また，図 4.6 に示すように，合成起磁力 $\dot{F}$ は一定値 $\dot{F} = (3/2)F_m$ をもって同期速度で回転する．このような三相巻線の起磁力によって作られる磁界は，図 4.6 に

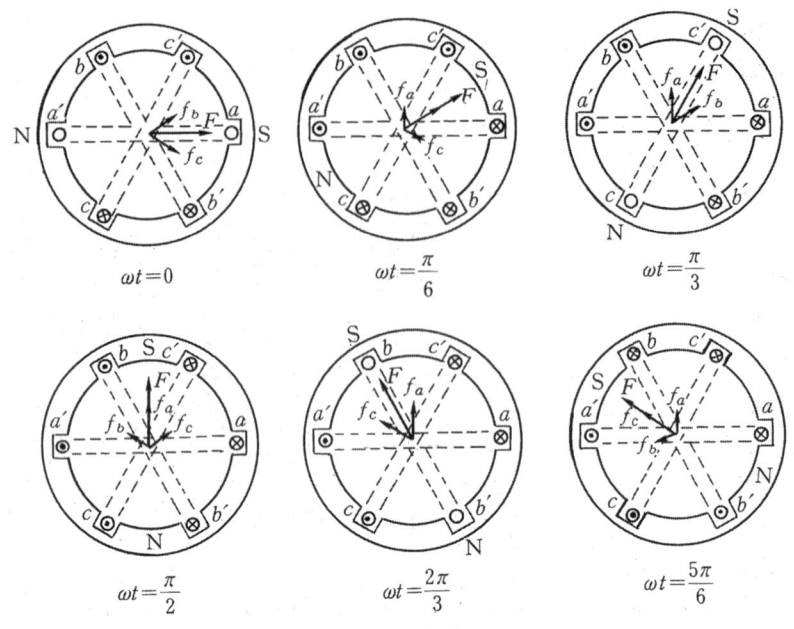

$\omega t = 0$ $\omega t = \dfrac{\pi}{6}$ $\omega t = \dfrac{\pi}{3}$

$\omega t = \dfrac{\pi}{2}$ $\omega t = \dfrac{2\pi}{3}$ $\omega t = \dfrac{5\pi}{6}$

図 4.6　回転磁界

N，S で表した磁極が電機子内周に沿って同期速度で回転することと等価になり，回転磁界 (rotating magnetic field) という．

4.1.2　同期電動機の原理

図 4.6 の回転磁界中に図 4.7 のように磁極を有する回転子を配置して同期速度まで加速すると，回転磁界と回転子磁極の間に吸引力が働くので，回転磁界に引かれて回転子が回転をし続ける．この状態では，回転子が回転磁界と磁極の間に働く力

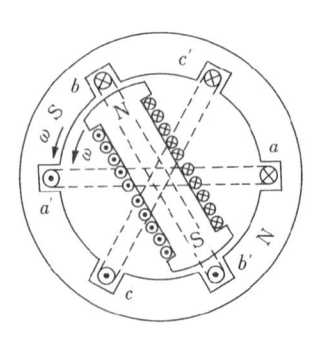

図 4.7　同期電動機の原理

だけでトルクを生じ，外部から加速していた力を取り払っても回転し続けることが**同期電動機の原理**である．

また，もし回転子を加速しないで，静止したままの状態で配置すると，回転界磁と回転子磁極の間に吸引力を生じてトルクを発生するが，回転子は慣性のため直ちに回転できず，回転磁界は速い同期速度で回転するので，大きさの等しい回転磁界方向のトルクと逆方向のトルクが速い速度で交互に繰り返して生じ，平均トルクがゼロとなり，回転子は回転することはできない．このため，同期電動機は始動時に同期速度に近くまで加速する方法が必要である．

さらに，同期電動機の原理をわかりやすく説明するため，よく混乱しやすい同期発電機と比較しながら具体的に述べる．

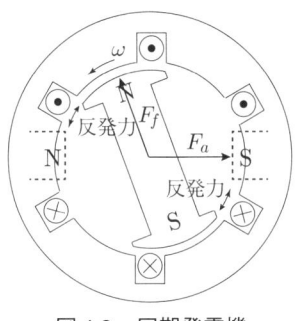

図4.8　同期発電機　　　　　　図4.9　同期電動機

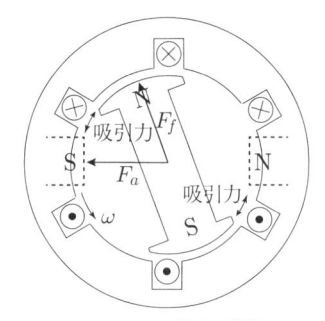

図 4.8 と 4.9 に，同期発電機と同期電動機における回転磁界と回転子の関係を示す．ここで力率角は遅れ力率で表している．図 4.8 の同期発電機では，回転子が駆動されることにより電機子巻線に起電力が生じ，負荷が接続されたときに流れる電機子電流が回転磁界を形成すると，回転子は回転磁界から磁気的な反発力を受けるため，回転子には回転方向と逆方向のトルクが働く．同期発電機では，回転子に直結した原動機からこの逆向きのトルクに平衡するような駆動トルクが与えられるので，回転磁界は回転子と同じ速度で回転する．

図 4.9 の同期電動機では，電機子電流による回転磁界は回転子を引きつけるように作用する．同期電動機はこの磁気的吸引力を利用するもので，機械的な負荷トルクと磁気的吸引力による電動機トルクが平衡して回転するため，負荷トルクが増加すると電動機トルクを増すように電機子電流も増加する．

同期電動機の定常回転では，負荷の大きさにかかわらず，回転子の回転速度は回転磁界の回転速度（同期速度）に等しいので，同期電動機の毎秒回転数を n [rps]，

毎分回転数を N [rpm], 角速度を ω [rad/s], 極数を P, 極対数を p とすると, 次のような関係式がある.

$$\left.\begin{aligned} n &= n_s = \frac{2f}{P} = \frac{f}{p} \ [\text{rps}], \\ N &= N_s = \frac{120f}{P} = \frac{60f}{p} \ [\text{rpm}] \\ \omega &= \omega_s = \frac{2\pi f}{p} \ [\text{rad/s}] \end{aligned}\right\} \tag{4.5}$$

ここで, 下付きの s は同期速度, 同期角速度を表す.

4.1.3 同期電動機の等価回路とベクトル図

前項で述べたように, 同期機では, 回転子から機械入力を加えると, 同期発電機として動作し, 電機子巻線から電気入力を加えると, 同期電動機として働く. エネルギーの流れが逆であることを除けば, 同期発電機と同期電動機の電気回路的な性質は基本的に同じであり, 同期電動機も起電力, 電機子抵抗および同期リアクタンスを用いた等価回路で表すことができるので, それぞれ図 4.10 と 4.11 となる.

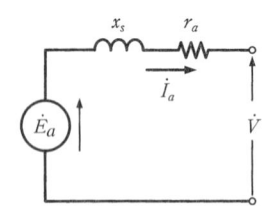

図 4.10　同期発電機の等価回路 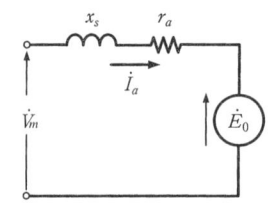　　図 4.11　同期電動機の等価回路

ここで, r_a は電機子抵抗, x_s は同期リアクタンス, I_a は電機子電流, $\dot{E}_a$ は同期発電機の誘導起電力, $\dot{E}_0$ は同期電動機の逆起電力である. 同期発電機では, 端子電圧 V が負荷の逆起電力となり, 同期電動機では, 端子電圧 V_m が印加電圧となる. それぞれの回路方程式は次のように表される.

同期発電機では, $\dot{E}_a = (r_a + jx_s)\dot{I}_a + \dot{V}$ [V] \tag{4.6}

同期電動機では, $\dot{V}_m = (r_a + jx_s)\dot{I}_a + \dot{E}_0$ [V] \tag{4.7}

同期発電機と同期電動機の等価回路より, 図 4.12, 4.13 にそれぞれベクトル図を示す.

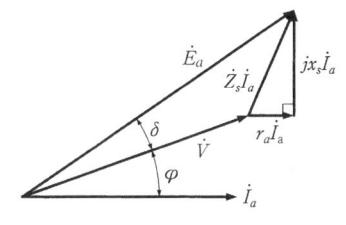

図 4.12　同期発電機のベクトル図 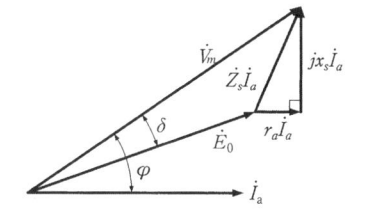　　図 4.13　同期電動機のベクトル図

4.2　同期電動機の電機子反作用

4.2.1　非突極形同期電動機の電機子反作用

　同期電動機の電機子巻線に三相交流電圧を加えると，同期速度で回転する回転磁界を発生するので，回転子を無負荷の状態で界磁を励磁するとき，回転子磁極の中心と回転磁界の磁極の中心が一致した位置を保ちながら回転し続ける．回転子軸に負荷をかけると，負荷に引かれて**負荷角** (power angle) δ だけ遅れた位置を保ったまま回転し，界磁磁束によって誘導される起電力は逆起電力 $\dot{E}_0$ となり，電機子回路には端子電圧 $\dot{V}_m$ と逆起電力 $\dot{E}_0$ の合成起電力 $\dot{E}_s$ によって電流が流れる．

(1) 交さ磁化作用

　図 4.14 のように，$V_m \simeq E_0$ で電機子電流 $\dot{I}_a$ が $\dot{V}_m$ と同相になるように励磁すると，端子電圧 $\dot{V}_m$ と逆起電力 $\dot{E}_0$ の合成起電力 $\dot{E}_s$ によって電機子電流 $\dot{I}_a$ が流れ，電機子電流 $\dot{I}_a$ によって回転界磁磁束との間にトルクを生じて回転子が回り続ける．

　また，負荷が大きくなる場合，負荷角 δ が大きくなって端子電圧 $\dot{V}_m$ と逆起電力 $\dot{E}_0$ の合成起電力 $\dot{E}_s$ が大きくなり，電機子電流 $\dot{I}_a$ が増加して大きなトルクを生じ

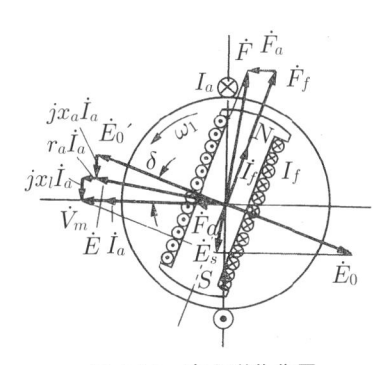

図 4.14　交さ磁化作用

て回転子が回転し続けることになる．この状態の電機子電流による電機子反作用は交さ磁化作用になる．

(2) 交さ磁化と減磁作用

図 4.15 のように，界磁電流 I_f を大きくして $V_m < E_0$ となるようにすると，端子電圧 $\dot{V}_m$ と逆起電力 $\dot{E}_0$ の合成起電力 $\dot{E}_s$ の位相が進み，それに伴って電機子電流 $\dot{I}_a$ の位相も進むので，端子電圧 $\dot{V}_m$ に対して進み電流になって電機子反作用は交さ磁化作用と減磁作用になる．

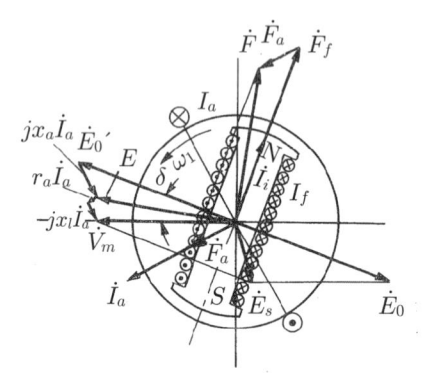

図 4.15 交さ磁化と減磁作用

(3) 交さ磁化と磁化作用

図 4.16 のように，界磁電流 I_f を小さくして $V_m > E_0$ となるようにすると，端子電圧 $\dot{V}_m$ と逆起電力 $\dot{E}_0$ の合成起電力 $\dot{E}_s$ の位相が遅れ，それに伴って電機子電流 $\dot{I}_a$ の位相も遅れるので，端子電圧 $\dot{V}_m$ に対して遅れ電流になり，この電流による電

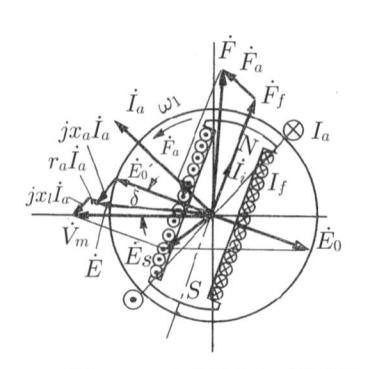

図 4.16 交さ磁化と磁化作用

機子反作用は交さ磁化作用と磁化作用になる．電機子反作用の傾向は $\dot{E}_0$ を基準にして検討すると，同期発電機と全く同じである．

図 4.16 のベクトルを電流基準にとって整理すると，図 4.17 のようになり，同期発電機の場合と入出力と電圧降下が逆になるだけで全く同じ形のベクトル図となる．そのときの同期電動機の等価回路は図 4.18 のように同期発電機の場合と全く同じ形が得られる．

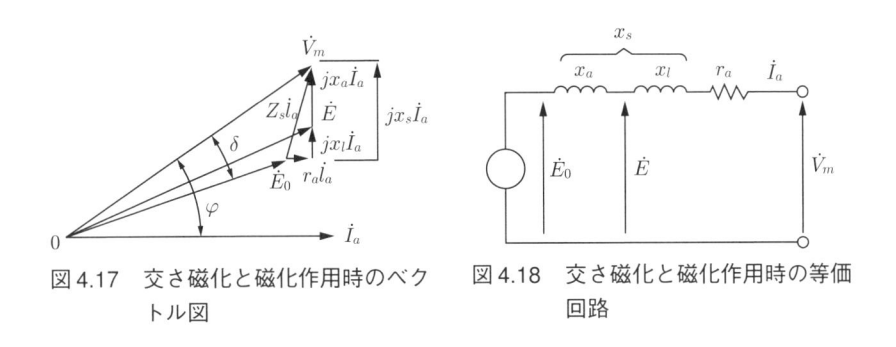

図 4.17　交さ磁化と磁化作用時のベクトル図

図 4.18　交さ磁化と磁化作用時の等価回路

4.2.2　突極形同期電動機の電機子反作用

図 4.19 のように，突極形同期電動機のベクトル図は $\dot{V}_m$ と $\dot{E}_0$ の位置関係が同期

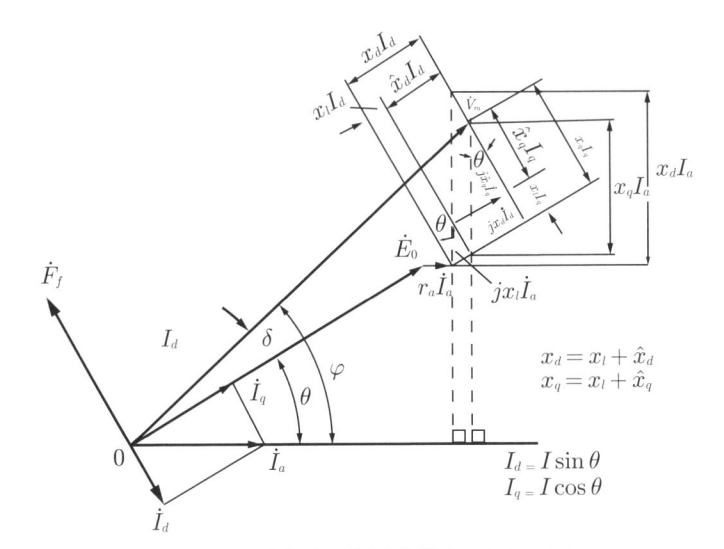

$$x_d = x_l + \hat{x}_d$$
$$x_q = x_l + \hat{x}_q$$

$$I_d = I \sin\theta$$
$$I_q = I \cos\theta$$

図 4.19　突極形同期電動機のベクトル図

発電機の場合と逆になるだけで，直軸同期リアクタンスおよび横軸同期リアクタンスによる電圧降下も全く同様になる．

非突極形（円筒形）同期電動機では，$x_d = x_q = x_s$ となり，この条件を導入して図4.19のベクトル図を求めると，リアクタンス成分をdとq軸に分割して図4.17と全く同様な結果が得られる．すなわち，図4.19のベクトル図は円筒形同期電動機にも適用することが可能になる．

4.3 同期電動機の機械出力とトルク

4.3.1 非突極形同期電動機

非突極形同期電動機の1相あたりの電気入力 P_e [W] は $P_e = V_m I_a \cos(\varphi)$ で，φ は電機子電流の力率角である．図4.13のベクトル図から，次の関係式が得られる．

$$V_m \cos(\delta) = E_0 + Z_s I_a \cos(\alpha - \varphi + \delta) \tag{4.8}$$

$$V_m \sin(\delta) = Z_s I_a \sin(\alpha - \varphi + \delta) \tag{4.9}$$

ただし，負荷角δは$\delta = \tan^{-1}(x_s/r_a)$である．式(4.8)に$\cos(\alpha + \delta)$，式(4.9)に$\sin(\alpha + \delta)$を乗じて加えると，1相あたりの電気入力 P_e [W] は次式となる．

$$V_m \cos(\alpha) = \dot{E}_0 \cos(\alpha + \delta) + Z_s I_a \cos(\varphi) \text{ [V]}, \tag{4.10}$$

$$P_e = V_m I_a \cos(\varphi) = \frac{V_m^2}{Z_s} \cos(\alpha) - \frac{V_m E_0}{Z_s} \cos(\alpha + \delta) \text{ [W]} \tag{4.11}$$

また，式(4.8)に$\cos(\alpha)$，式(4.9)に$\sin(\alpha)$を乗じて加えて，鉄損や機械損を無視すると，1相あたりの機械出力 P_m [W] は次のように表される．

$$V_m \cos(\alpha - \delta) = E_0 \cos(\alpha) + Z_s I_a \cos(\varphi - \delta) \text{ [V]} \tag{4.12}$$

$$P_m = E_0 I_a \cos(\varphi - \delta) = \frac{V_m E_0}{Z_s} \cos(\alpha - \delta) - \frac{E_0^2}{Z_s} \cos(\alpha) \text{ [W]} \tag{4.13}$$

電気入力から機械出力を引くと，1相あたりの銅損は次式となる．

$$P_e - P_m = \frac{1}{Z_s} \left\{ V_m^2 - 2 V_m E_0 \cos(\delta) + E_0^2 \right\} \cos(\alpha)$$

$$= I_a^2 Z_s \cos(\alpha) = I_a^2 r_a \text{ [W]} \tag{4.14}$$

多相回転機では，トルク T [N·m] と1相あたりの機械出力 P_m [W] の関係は式

(4.15) のように表される．ここで m は相数，ω は角速度である．

$$T = \frac{mP_m}{\omega} \text{ [N·m]} \tag{4.15}$$

三相同期電動機で，相数 $m = 3$，角速度（同期角速度）$\omega = \omega_s = 2\pi f/p$，極対数 p とするときのトルク T は次式となる．

$$T = \frac{3p}{2\pi f} \left\{ \frac{V_m E_0}{Z_s} \cos(\alpha - \delta) - \frac{E_0^2}{Z_s} \cos(\alpha) \right\} \text{ [N·m]} \tag{4.16}$$

実際には，電機子抵抗 r_a は同期リアクタンス x_s に比べて小さいので，$r_a = 0$ とすると，$\alpha = \pi/2$ になり，1相あたりの機械出力 P_m [W] と三相同期電動機のトルク T [N·m] はそれぞれ式 (4.17), (4.18) のように表される．

$$P_m = \frac{V_m E_0}{x_s} \sin(\delta) \text{ [W]} \tag{4.17}$$

$$T = \frac{3p}{2\pi f} \frac{V_m E_0}{x_s} \sin(\delta) \text{ [N·m]} \tag{4.18}$$

4.3.2 突極形同期電動機

わかりやすく説明すると，電機子抵抗 $r_a = 0$ として突極形同期電動機の1相あたりの機械出力 P_m [W] と，三相同期電動機のトルク T [N·m] はそれぞれ次式となる．

$$P_m = \frac{V_m E_0}{x_d} \sin(\delta) + \frac{V_m^2 (x_d - x_q)}{2 x_d x_q} \sin(2\delta) \text{ [W]} \tag{4.19}$$

$$T = \frac{3p}{2\pi f} \left\{ \frac{V_m E_0}{x_d} \sin(\delta) + \frac{V_m^2 (x_d - x_q)}{2 x_d x_q} \sin(2\delta) \right\} \text{ [N·m]} \tag{4.20}$$

ここで，x_d は直軸同期リアクタンス，x_q は横軸同期リアクタンスである．

4.3.3 同期電動機の最大トルクと同期はずれ

図 4.20 に同期電動機のトルクと負荷角の関係を示す．非突極形と突極形の同期電動機ともに最大トルクで規格化している．一定励磁の同期電動機において無負荷時の負荷角 δ はゼロになり，負荷を増していくと負荷角 δ は次第に大きくなる．

非突極形同期電動機では $\delta = 90°$，突極形同期電動機では $\delta = 60° \sim 70°$ でそれぞれ最大トルクに達するが，それ以上の負荷トルクをかけると，同期電動機は同

期はずれを生じて停止してしまうので，定格運転時の最大トルクを**脱出トルク**という．

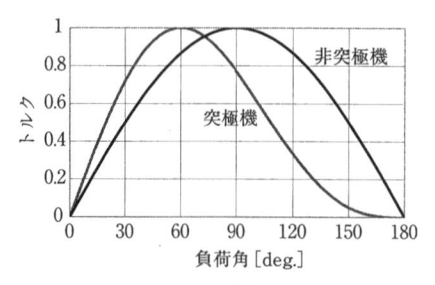

図4.20 同期電動機のトルク特性

例 4.1 三相同期電動機は，出力 $P_m = 5000$ [kW]，端子電圧実効値 $U = 6600$ [V]，力率0.85，効率97%である．この同期電動機の電機子電流 I_a を求めよ．

| 解答 | 相電圧実効値は $V = U/\sqrt{3}$ [V]，同期電動機の出力は $P_m = \sqrt{3} \cdot UI_a \cdot \cos(\phi) \cdot \eta$ である．題意より，$P_m = 5000$ [kW]，$U = 6600$ [V]，$\cos(\phi) = 0.85$，$\eta = 0.97$ であるので，電機子電流は次のように求められる．

$$I_a = \frac{P_m}{\sqrt{3} \cdot U \cdot \cos(\phi) \cdot \eta} = \frac{5000 \times 10^3}{\sqrt{3} \times 6600 \times 0.85 \times 0.97} \approx 530[\text{A}]$$

例 4.2 三相同期電動機で，同期はずれを起こすときの電力を求めよ．

| 解答 | 式(4.17)により，1相あたりの出力は $P_m = \dfrac{V_m E_0}{x_s} \sin(\delta)$ [W] となる．非突極機（円筒形）の場合，$\delta = 90°$ で同期はずれを起こすとき，
$P_m = \dfrac{V_m E_0}{x_s}$ [W] である．
突極機の場合，$\delta = 60° \sim 70°$ で同期はずれを起こすとき，
$P_m = \dfrac{V_m E_0}{x_s} \sin(60° \sim 70°)$ [W] である．

4.4 同期電動機の特性

本節では，図4.21のように同期電動機の1相等価回路を新たに書き直す．図4.21

において相電圧を V_m [V], 誘導起電力を E_0 [V], 電機子電流を I_a [A], 電機子巻線抵抗を r_a [Ω], 電機子漏れリアクタンスを x_l, 等価電機子反作用リアクタンスを x_a, 同期リアクタンスを $x_s = x_l + x_a$, 同期インピーダンスを $Z_s = r_a + jx_s$ [Ω], 同期速度を N_s [rpm], 界磁電流を I_f [A] とすると, 回路の電圧方程式は式 (4.21) となる.

$$\dot{V}_m = \dot{E}_0 + \dot{I}_a \dot{Z}_s \text{ [V]} \tag{4.21}$$

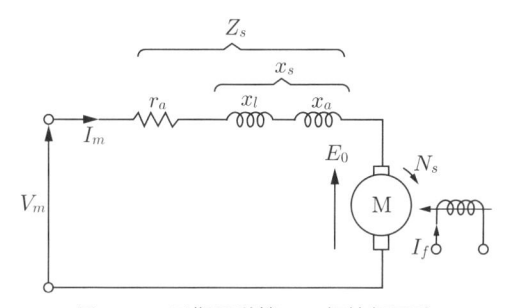

図 4.21　同期電動機の 1 相等価回路

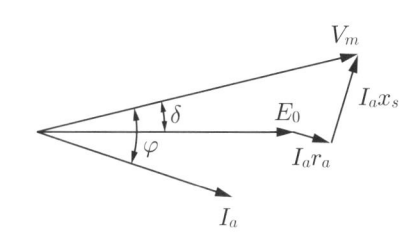

図 4.22　同期電動機の 1 相等価回路のベクトル図

図 4.21 のベクトル図は図 4.22 になり, 誘導起電力 E_0 の大きさは界磁電流 I_f にのみ比例すると考えられる.

また, 電機子巻線抵抗 r_a は同期リアクタンス x_s に比例して十分に小さいので, r_a を省略すると, 回路の電圧方程式は式 (4.22) となる.

$$\dot{V}_m = \dot{E}_0 + j\dot{I}_a x_s \text{ [V]} \tag{4.22}$$

等価回路図 4.21 およびベクトル図 4.22 によって同期電動機の入力 (電気入力) P_e [W] と出力 (機械出力) P_m はそれぞれ次のように表される.

$$P_e = \dot{V}_m \dot{I}_a = V_m I_a \cos(\varphi) \text{ [W]} \tag{4.23}$$

$$P_m = \dot{E}_0 \dot{I}_a = E_0 I_a \cos(\varphi - \delta) \text{ [W]} \tag{4.24}$$

ここで，$\dot{V}_m \dot{I}_a = \left\{ \dot{E}_0 + (r_a + jx_s)\dot{I}_a \right\} \dot{I}_a$ より，$P_e = P_m + I_m^2 r_a$ が得られ，r_a を無視すると，$P_e = P_m$ になるときの簡易ベクトル図は図 4.23 である．

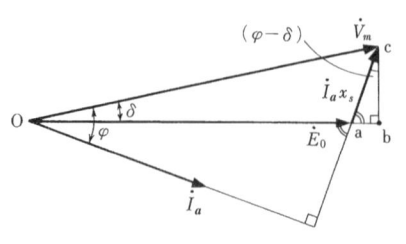

図 4.23 簡易ベクトル図

図 4.23 において $\dot{V}_m$ の先端 c 点より，$\dot{E}_0$ の延長線上に垂直線を下ろしてこの交点を b とすると，この線分 $\overline{\text{cb}}$ は $\overline{\text{cb}} = V_m \sin(\delta) = I_a x_s \cos(\varphi - \delta)$ で次式が得られる．

$$I_a \cos(\varphi - \delta) = \frac{V_m}{x_s} \sin(\delta) \tag{4.25}$$

式 (4.25) を出力式 (4.24) に代入して次式となる．

$$P_m = E_0 I_a \cos(\varphi - \delta) \approx \frac{V_m E_0}{x_s} \sin(\delta) \text{ [W]} \tag{4.26}$$

さらに，三相同期電動機のトルク T となる機械的出力 P_m は負荷角 δ に対して式 (4.27) のように表される．ただし，極対数は $p = 1$ である．

$$T = 3\frac{P_m}{\omega_s} = 3\frac{V_m E_0}{2\pi f x_s} \sin(\delta) \text{ [N·m]} \tag{4.27}$$

4.4.1 同期電動機の位相特性

同期電動機は供給電圧 V_m [V] および負荷を一定に保ちながら，界磁電磁石の界磁電流 I_f [A] を変化させると，電機子電流 I_a は図 4.24 に示すように V 字形に変化するので，これを **V 曲線** という．

電機子電流が最低値のときの力率 $\cos(\varphi)$ は 100% となり，この力率 $\cos(\varphi) = 1.0$ の界磁電流を I'_f とすると，任意の界磁電流 I_f は次の三つのケースがある．

1. $I_f < I_f'$ のとき，電機子電流は遅れ電流
2. $I_f = I_f'$ のとき，電機子電流は有効電流のみ（無効電流がゼロ）
3. $I_f > I_f'$ のとき，電機子電流は進み電流

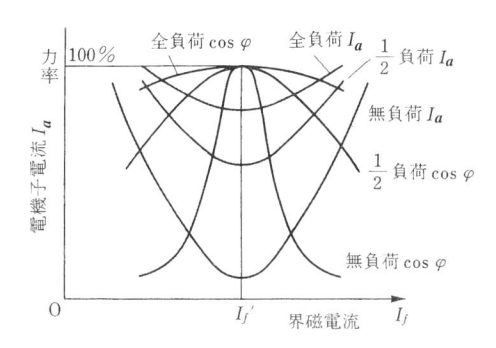

図4.24 同期電動機の位相特性

電磁石形界磁を用いた同期電動機では，負荷の如何にかかわらず力率を100%で運転することが可能となる．同期電動機自体が電源に対して遅れ力率負荷や進み力率負荷となりうることから，電力系統の力率改善用の同期調相機としても利用される．

また，同期電動機の位相特性をベクトル図を用いて検討することができる．供給電圧 V_m と負荷が一定であり，すなわち，出力 P_m が一定であることから，さらに電機子巻線抵抗 r_a も無視し，同期リアクタンス x_s も一定として，入力 P_e も一定と考えると，入力と出力はそれぞれ式 (4.28)，(4.29) となる．

$$P_e = V_m I_a \cos(\varphi) \text{ [W]} \tag{4.28}$$

$$P_m = \frac{V_m E_0}{x_s} \sin(\delta) \text{ [W]} \tag{4.29}$$

式 (4.28)，(4.29) より，$I_a \cos(\varphi) = $ 一定，$E_0 \sin(\delta) = $ 一定 と考えられる．このような条件では，界磁電流 I_f，すなわち，E_0 を変化させたときのベクトル軌跡は図4.25のようになる．

図4.25において E_0 の先端から V_m に垂線を下ろした交点までの長さが $E_0 \sin(\delta)$ であり，I_a から V_m に垂線を下ろしたときの V_m 線上の長さが $I_a \cos(\varphi)$ を表す．したがって，$E_0 \sin(\delta)$ を一定に保つ E_0 の軌跡は V_m と平行であり，$I_a \cos(\varphi)$ を一定に保つ I_a の軌跡は V_m と直行する．

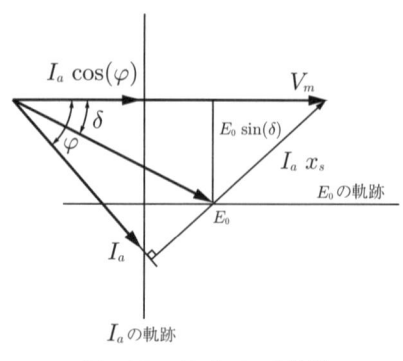

図 4.25　E_0 と I_a の軌跡

さらに，界磁電流を変化させたときの図 4.26 のベクトル図より，**V 曲線**または**力率調整**が可能であることがわかる．界磁電流が小さい場合，誘導起電力 E_{01} のとき，V_m とバランスをとる大きなリアクタンス降下 $I_{a1}x_s$ が必要となり，この $I_{a1}x_s$ を保つ方向の遅れ電流 I_{a1} が電源から供給されると，その力率 $\cos(\varphi)$ は非常に小さくなる．この遅れ電流 I_{a1} の有効電流成分 $I_{a1}\cos(\varphi)$ はトルク成分であり，無効電流 $I_{a1}\sin(\varphi)$ は直流界磁電流による主磁束が小さくなることから増磁作用によって磁束の不足分を補っていると考えられる．

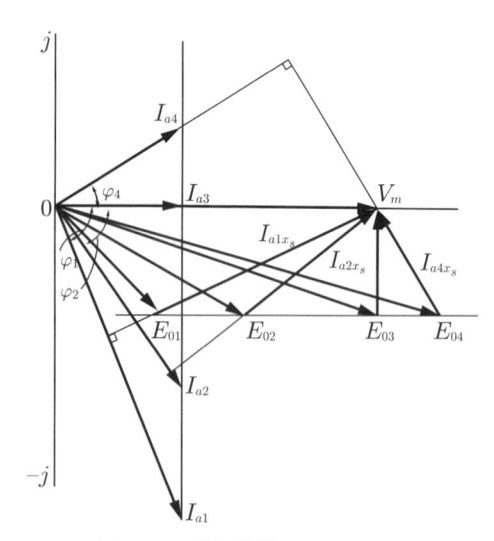

図 4.26　位相特性のベクトル図

次に，界磁電流を増加して起電力が E_{02} となった場合，電圧とのバランスに必

要な $I_{a2}x_s$ は減少するために電機子電流 I_{a2} の無効電流成分が減少する．さらに界磁電流を増加させて起電力 E_{03} になったときのリアクタンス降下は V_m と直角となり，電機子電流は有効電流のみの I_{a3} となる．つまり，力率が100%となり，**V曲線**の電流最小値になると，界磁電流による主磁束のみで三相電源から磁束を補う必要がない．

そして，界磁電流がさらに増加し起電力が E_{04} の場合，$V_m < E_0$ となるために電圧とのバランスからリアクタンス降下 $I_{a4}x_s$ はこれまでと方向が異なり，電機子電流 I_{a4} は電圧に対して進み電流となり，無効電流も進む結果，**V曲線**上の電機子電流が増加して力率が進むことになる．この界磁電流による磁束は減磁作用を行っていると考えられる．

4.4.2 同期電動機の負荷特性

図 4.27 に示すようなベクトル図で同期電動機の供給電圧 V_m と界磁電流 I_f を一定として負荷トルクを変化したときの誘導起電力，電機子電流の振舞いを説明する．界磁電流が一定であるために誘導起電力 E_0 の大きさは一定である．

まず，軽負荷の要求トルクに応じた負荷角 δ_1 で，起電力 E_1 とリアクタンス降下 I_1x_s のベクトル和が電圧 V_m とバランスするような電機子電流 I_1 が流れるときの力率角は φ_1 である．

次に，負荷トルクが増加したときの要求トルクに応ずるべく負荷角 δ が増加するが，界磁電流が一定であるために起電力 E_0 は軌跡を描いて負荷角 δ_2，E_2 の位置でバランスする．そのための電流は I_2 となり，I_2x_s の大きさに見合った電流の増加となる．また，力率角は φ_2 に減少して力率は向上する．さらに負荷増加に対しては起電力 E_3 の位置に移動した負荷角 δ_3 で安定するので，電流は I_3 に増加して力率角は φ_3 に減少する．

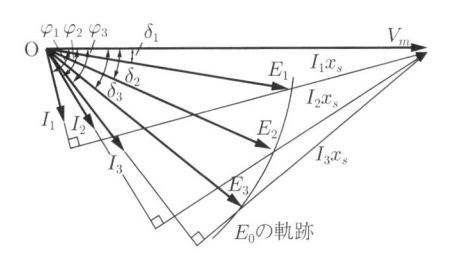

図 4.27　負荷特性のベクトル軌跡

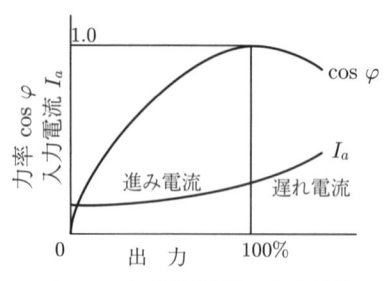

図 4.28　同期電動機の負荷特性

　上述より，負荷の増加に対して負荷角は増加して入力電流も増加，力率は向上する．負荷角の限度は理論的には $\pi/2$ となるので，電圧 V_m，界磁電流 I_f が一定で出力 100% のときの力率が 1 となるように界磁電流を調整したときの負荷特性は図 4.28 である．

　軽負荷時の界磁磁束が強すぎると過励磁状態となるので，電機子電流は進み電流を流して減磁作用を行い，過負荷では不足励磁のために遅れ電流を流して増磁作用を行う．この場合のベクトル図は図 4.27 と異なり，軽負荷では V_m より起電力 E_0 が進み位相となり，電機子電流は進み力率の領域にあるが，過負荷状態で図 4.28 の領域に移行することになる．

例 4.3　三相同期電動機で，線間端子電圧 200 [V]，電機子電流 8 [A]，遅れ力率 0.8，同期リアクタンス 5 [Ω]，電機子抵抗を無視する場合，相誘導起電力 E_0 [V] および出力 P_out [W] を計算せよ．

　解答　三相同期電動機の 1 相分の端子電圧は $V = 100/\sqrt{3} \approx 115.5$ [V] である．題意から等価回路図 4.29 とこの等価回路のベクトル図 4.30 が書ける．
　等価回路図 4.29 では，電機子抵抗 $r_a = 0$ として，ベクトル図 4.30 の $\triangle \text{OAB}$ に着目すれば，相誘導起電力 E_0 は次のように計算される．

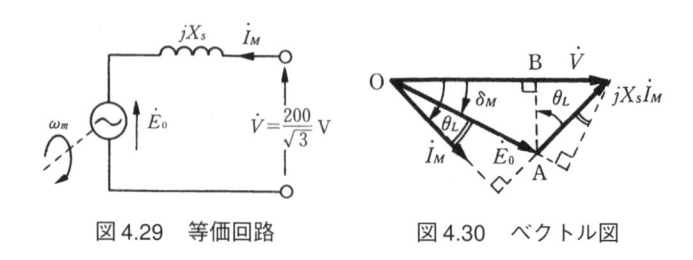

図 4.29　等価回路　　図 4.30　ベクトル図

$$E_0 = \sqrt{(V - X_s I_M \sin(\theta_L))^2 + (X_s I_M \cos(\theta_L))^2}$$
$$= \sqrt{(115.5 - 5 \times 8 \times 0.6)^2 + (5 \times 8 \times 0.8)^2} \text{ [V]}$$

次に，電機子抵抗を無視するので，ベクトル図4.30より，$E_0 \sin(\delta_M) = X_s I_M \cos(\theta_L) = 5 \times 8 \times 0.8 = 32$ が得られると，出力 P_out は次のように求められる．

$$P_\text{out} = \frac{3VE_0}{X_s} \sin(\delta_M)$$
$$= \frac{3 \times 115.5 \times 32}{5} = 2217.6 \text{ [W]}$$

4.5　同期電動機の始動

　同期電動機では，同期速度以外の回転速度では平均トルクがゼロになり有効トルクは生じない．回転子が停止している状態で電圧を供給しても，慣性のために回転子は回転しない．すなわち，同期電動機は始動トルクをもたないために下記のような方法で始動させることになる．

4.5.1　自己始動法

　一般に同期機では，出力が急変したときに回転数が同期速度からずれることがあり，これを抑制するために回転子に制動巻線を設けている．これは誘導機（第6章参照）のかご形巻線と同様の構造であり，始動時には巻線に誘導電流が流れて回転磁界との間でトルクが生じる．自己始動法はこのトルクを利用して始動させるもので，このときの制動巻線を**始動巻線**という．

4.5.2　始動用電動機による方法

　誘導電動機や直流電動機など，始動トルクを有する電動機を同期電動機に連結し，始動して徐々に回転数を上げて同期速度に達したときに同期電動機の界磁を励磁して電源に同期化させる方法である．

4.5.3　低周波始動法

　インバータなどの可変周波数で駆動できるときは，低周波で同期電動機を始動して同期状態を保ったまま周波数と回転数を上昇させ，定格周波数に達したときに主電源（商用電源）に切り換える方法を**低周波始動法**という．

　最近では，大容量のインバータが容易に実現できるようになったので，主電源に

切り換えずインバータで周波数を変えて可変速運転を行うケースが増えている．

4.6 永久磁石同期電動機

永久磁石同期電動機は，界磁に永久磁石を用いた電動機であり，永久磁石界磁が回転する．本節では，正弦波で駆動するものを永久磁石同期電動機として扱って，これらの基礎知識を説明する．

4.6.1 永久磁石同期電動機の原理

図 4.31 に永久磁石同期電動機の原理を示す．回転子（界磁）永久磁石位置に対応して，固定子（電機子）の巻線電流による回転磁界を回転させる．界磁は回転磁界と θ の角をなし，この角 θ により特性が変わるので，角 θ を一定あるいは望みの値に調整する必要があるため，永久磁石同期電動機は永久磁石（界磁）の位置により電流位相（電機子）を制御するインバータを含めた永久磁石同期電動機の制御システムが必要となる．

図 4.32 に示すような永久磁石同期電動機の制御システムでは，インバータが回転子の磁極位置の信号に応じて電機子電流の位相を制御するものである．

回転子の永久磁石の配置と構造により，永久磁石同期電動機は**表面磁石形** (SPM: Surface Permanent Magnet) と**埋込み磁石形** (IPM: Interior Permanent Magnet) に分類される．

図 4.33(a) のように，表面磁石形は鉄心の表面に永久磁石を貼り付ける．永久磁石の透磁率は真空の透磁率とほぼ同じなので，永久磁石の部分は一様なエアギャッ

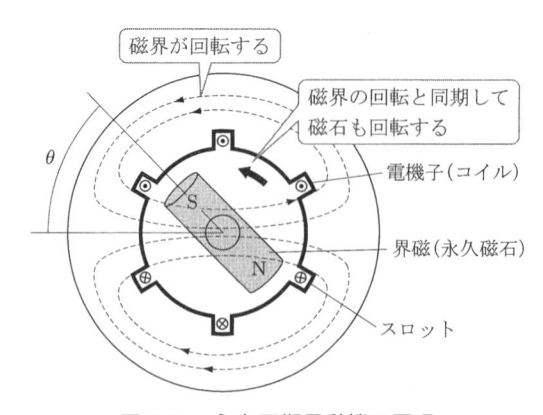

図 4.31　永久同期電動機の原理

プ（空隙）とみなせるため，表面磁石形は円筒形同期機と同様に取り扱われる．

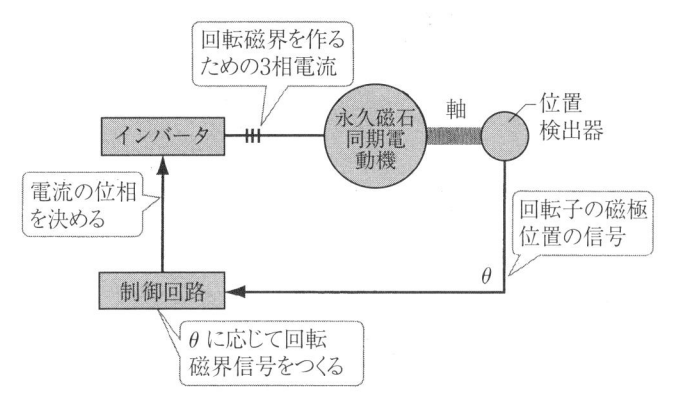

図4.32 永久磁石同期電動機の制御システム

そして，図4.33(b)のように，埋込み磁石形は鉄心の内部に永久磁石を埋め込んでいる．永久磁石は透磁率が低いので，図4.33(b)でd軸と表した方向は磁束が通りにくいため，このd軸方向のインダクタンスL_dは小さくなる．図4.33(b)のq軸と表した方向は鉄心だけなので，透磁率が高く磁束が通りやすいため，このq軸方向のインダクタンスL_qは大きくなる．このように位置により磁気抵抗が異なるので**突極性**があることになる．

また，埋込み形回転子では，永久磁石が目的に応じた仕様に合わせるよう，磁場解析を行った結果によって配置されるので，同じ永久磁石を使っても配置の位置により突極性は大きく変わることがある．図4.34にいくつかの永久磁石の配置例を示している．

4.6.2 永久磁石同期電動機のトルク

永久磁石同期電動機は表面磁石形と埋込み磁石形に大別され，それぞれの発生トルクが異なっている．本節ではその概要を説明する．

表面磁石形同期電動機は円筒形であり，インダクタンスは回転子の全周方向で一様なので，発生トルクは左手法則で決まる．電機子巻線に鎖交する永久磁石の磁束数でトルクが決まることになり，電機子と界磁の位置関係，角θによって鎖交磁束が変化すると，トルクも変わることになる．

図4.35のように永久磁石による発生トルクを**同期トルク**として示す．同期トルクは電機子と界磁がなす電気角δがゼロのとき最大であり，電磁力である．このト

(a) 表面磁石形回転子　　　　(b) 埋込み形回転子

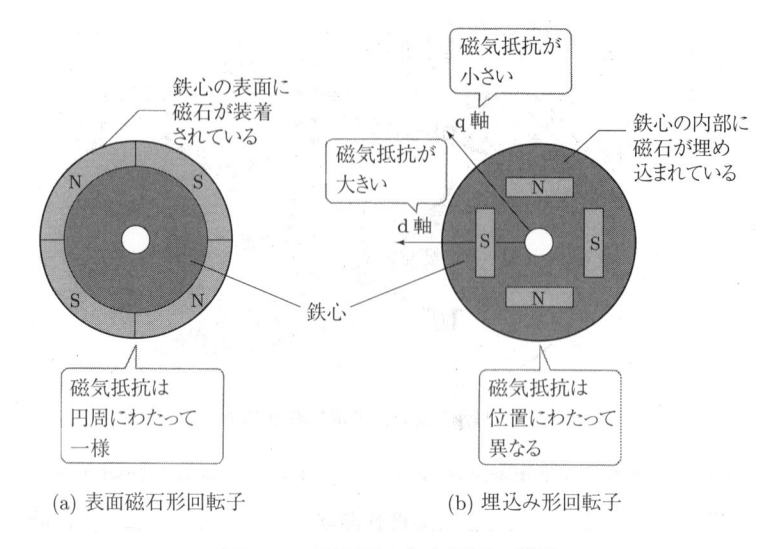

図 4.33　回転子の永久磁石の構造

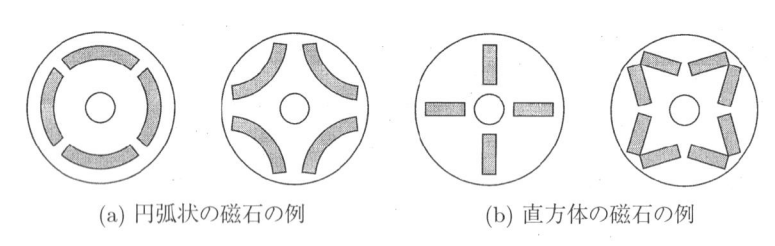

(a) 円弧状の磁石の例　　　　(b) 直方体の磁石の例

図 4.34　埋込み形回転子の永久磁石の配置例

ルクは永久磁石が発生するトルクなので**マグネットトルク**という．

埋込み形同期電動機は突極性があるため，突極のマクスウェル応力による鉄心トルクは図 4.35 で**リラクタンストルク**として示している。このリラクタンストルクにマグネットトルクを加えると，図 4.35 に示すような埋込み形同期電動機に発生する**合成トルク**となる．

上述の各トルクはそれぞれ次のように表される[1]．

$$\text{マグネットトルク} = \Phi \cdot I_a \sin(\beta) \tag{4.30}$$

$$\text{リラクタンストルク} = \frac{1}{2}(L_d - L_q) \cdot I_a^2 \sin(2\beta) \tag{4.31}$$

---

[1] 武田 洋次ほか：「埋込磁石同期モータの設計と制御」，オーム社．

4.7 同期リラクタンス電動機

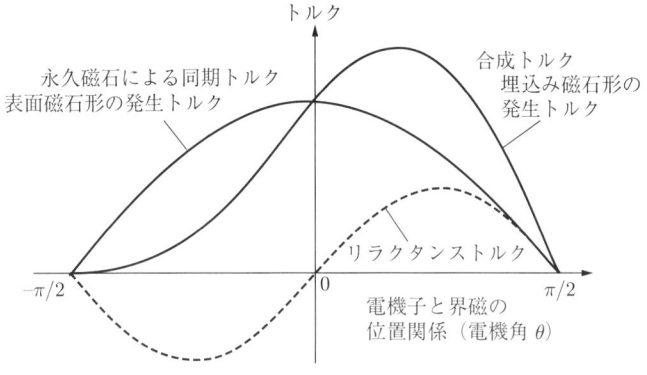

図4.35 永久磁石同期電動機の発生トルク

$$合成トルク = 2P\left\{\Phi \cdot I_a \sin(\beta) + \frac{1}{2}(L_d - L_q) \cdot I_a^2 \sin(2\beta)\right\} \quad (4.32)$$

- $2P$：極数
- Φ：鎖交磁束数 [Wb]
- I_a：電機子巻線の電流
- β：界磁と回転界磁のなす角
- L_d：d軸方向のインダクタンス
- L_q：q軸方向のインダクタンス

　図4.33(a)の表面磁石形同期電動機では，インダクタンスが一様な円筒形なので$L_d = L_q$であるため，リラクタンストルクはゼロである．埋込み磁石形同期電動機では，合成トルクが発生する．

4.7 同期リラクタンス電動機

　同期リラクタンス電動機は，界磁が無く突極性回転子のみをもつ同期電動機であり，三相交流による回転磁界で駆動される．そのほか，パワーエレクトロニクス回路と組み合わせてパルスで駆動するスイッチリラクタンス電動機がある．本節では，これらの原理を述べる．

4.7.1 同期リラクタンス電動機

　図4.36に同期リラクタンス電動機の回転原理を示す．回転子は突極形状の鉄心であり，回転子に巻線がなく，固定子は通常の三相巻線であり，三相交流電流を流すことによって回転磁界が発生して同期リラクタンス電動機を回転させる．

　図4.36のように回転磁界の磁極中心と突極の中心がδだけずれているとき，磁束は固定子のN極から磁気抵抗が小さい回転子の突極に向かい，回転子の反対側から回転磁界のS極に向けて進む場合，図4.36のように回転子突極に斜めに侵入した磁

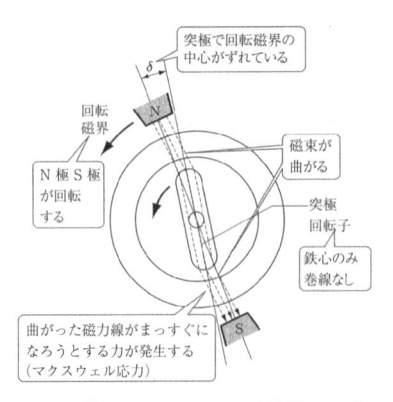

図4.36 同期リラクタンス電動機の回転原理

束は回転子内では回転子の磁極方向に曲がり，回転子から回転磁界 S 極に向けて出ていくときにも曲がる．

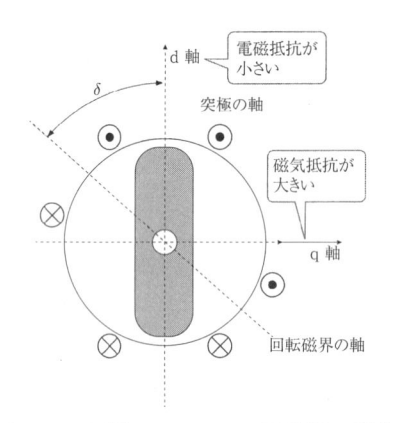

図4.37 同期リラクタンス電動機の動作

このように，曲げられた磁力線はまっすぐに最短距離を進むような方向に鉄心に力を発生するため，回転子に図4.36のように反時計回り方向のトルクを発生して回転する．これが突極によって発生するリラクタンストルクであり，同期リラクタンス電動機はマクスウェル応力による鉄心トルクだけで回転するものである．

同期リラクタンス電動機では，磁気抵抗のもっとも小さい方向，すなわち突極中心を通る軸を d 軸，磁気抵抗のもっとも大きい方向を q 軸とする[2]．電動機の端子

---

[2] 一般的な同期リラクタンス電動機の場合は $L_d > L_q$ となり，具体的な仕様によって異なることがある．

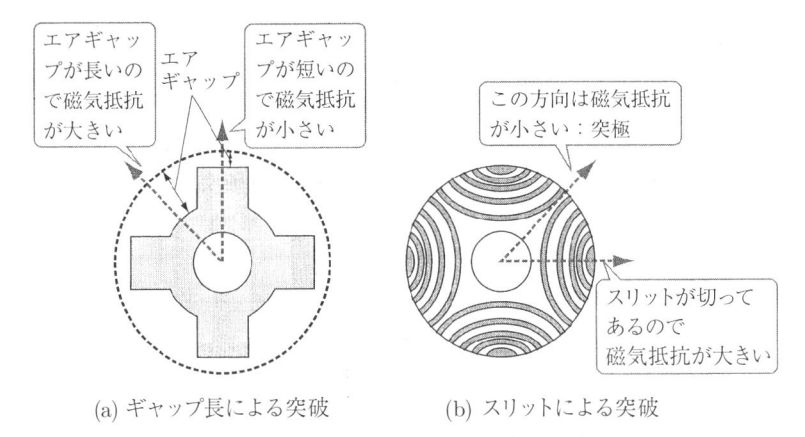

(a) ギャップ長による突破　　(b) スリットによる突破

図 4.38　同期リラクタンス電動機の回転子

電圧を V_m, 図 4.37 のように突極と回転磁界の間の角度を δ, それぞれのリラクタンスを x_d, x_q とすると，同期リラクタンス電動機の出力 P_m [W] は次式のようにリラクタンストルクのみである．

$$P_m = (3/2)V_m^2 \{(x_d - x_q)/(x_d x_q)\}\sin(2\delta) \text{ [W]} \tag{4.33}$$

式 (4.33) から $\delta = 45°$ のときの出力が最大であることが明らかである．

　実際の同期リラクタンス電動機の回転子では，エアギャップ長だけでなく磁気抵抗を大きくするために回転子内部にスリットを入れる図 4.38 のような構造がよく使われている．

4.7.2　スイッチトリラクタンス電動機

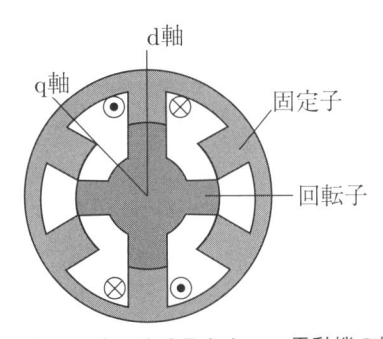

図 4.39　スイッチリラクタンス電動機の構造

図4.39に**スイッチトリラクタンス**(SRM: Switched Reluctance Motor)電動機の構造を示す．スイッチトリラクタンス電動機は同期リラクタンス電動機と類似の回転子をもち，突極性によってリラクタンストルクを発生させる．しかし，固定子が突極構造であり，回転磁界が利用されず，その代わりにパルス電流により磁界を断続させる．図4.39のように，両突極の相対的な位置関係θにより回転子磁極と固定子磁極の対向面積が異なり，図4.39のd軸位置のように磁極が対向すると鎖交磁束数が増加し，q軸位置のように非対向位置になると低下する．磁極の相対的位置関係によって鎖交磁束数が変化するため，蓄えられる磁気エネルギーも変化するのでインダクタンス$L(\theta)$が変化することを利用して電流I_aを流すと，次のようなトルクT_{srm}が得られる．

$$T_{srm} = (1/2)I_a^2 \cdot dL(\theta)/d\theta \text{ [N·m]} \tag{4.34}$$

******* **演習問題** *******

問題 4.1 三相同期電動機の定格仕様が出力3000 [kW]，電圧3000 [V]，効率95％，力率85％である場合，この電動機の定格電流を計算せよ．

問題 4.2 三相同期電動機で，端子電圧および無負荷誘導起電力は線間で7000 [V]および6400 [V]，同期リアクタンスは10 [Ω]で電機子抵抗を無視する．負荷角30°のとき，出力P [kW]と電機子電流I_a [A]を求めよ．

問題 4.3 三相同期電動機で，極数12極，周波数50 [Hz]，電圧6000 [V]，1相あたりの同期リアクタンス9 [Ω]，電機子抵抗は無視する．この同期電動機を1相の無負荷誘導起電力が2500 [V]になるように励磁した場合の脱出トルク [kgf·m] を求めよ．

問題 4.4 三相同期電動機で，極数12極，周波数50 [Hz]，同期リアクタンス5 [Ω]，線間端子電圧7000 [V]，線間無負荷誘導起電力6500 [V]，負荷角25°，電機子抵抗を無視する場合，この同期電動機の出力，トルク，電機子電流，力率をそれぞれ求めよ．

問題 4.5 三相突極形同期電動機で，極数12極，周波数50 [Hz]，定格電圧7000 [V]，定格電流250 [A]，無負荷誘導起電力6500 [V]，直軸同期リアクタンス$x_d = 1.1$[pu]，

横軸同期リアクタンス $x_q = 0.7$[pu] である.この同期電動機の最大出力 P_m [kW] と最大出力時の負荷角 δ_m および $\delta = 30°$ で運転するときのトルク [kgf·m] を計算せよ.ただし,電機子抵抗は無視する.

第5章
変圧器

電力エネルギーの伝送には，直流も交流も使用できる．しかし，交流には，①電圧 V を増加し電流 I を減少させる高電圧送電（$V \times I$ は同じでも，送電線の抵抗 r によるエネルギー損失 $I^2 \times r$ を低下させる），②電流の遮断（1周期ごとに2回あるゼロポイントでは遮断しやすい），③電圧の昇降が変圧器によって容易に実現できる，といった利点があり広く使われている．もちろん，電圧の調節に半導体素子を使うことも広く行われているが，銅と鉄で構成される変圧器の堅牢性・信頼性は重要である．また，通信系で使用される変成器も変圧器と同一の原理であり，信号を扱うかエネルギーを扱うかの相違である．

図5.1 電柱の上に設置されている柱上変圧器

5.1 変圧器の動作原理

5.1.1 電流と磁束

図5.2は，電流による磁束の発生を示している．電流と磁束の関係は，式(5.1)で表現できる．

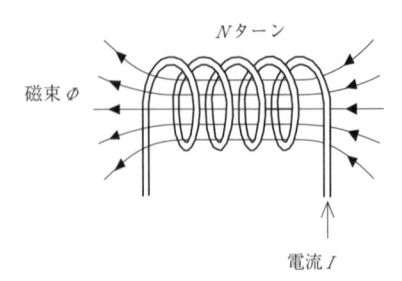

図 5.2　電流による磁束の発生

$$\Phi = k \times N \times I \tag{5.1}$$

- I: 電流
- N: 巻数
- k: 比例係数
- Φ: 磁束

磁路（磁束が通る経路）をわかりやすくするため，コイルを図5.3のように鉄心に巻く．電気回路のオームの法則が式(5.2)で表されるように，磁気回路のオームの法則が式(5.3)で表される．磁気抵抗は，式(5.4)で与えられる．

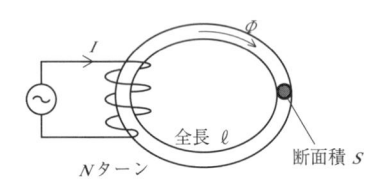

図 5.3　磁路に流れる磁束

$$E = R \times I \tag{5.2}$$

- I: 電流
- R: 電気抵抗
- E: 起電力（電気抵抗に逆らって電流を流す力）

5.1 変圧器の動作原理

$$I \times N = R_m \times \Phi \tag{5.3}$$

- 磁束
- 磁気抵抗 (Magnetic Resistance)
- 起磁力（磁気抵抗に逆らって磁束を流す力）

$$R_m = \ell/(\mu \times S) \tag{5.4}$$

- 磁路（磁束が通る経路）の断面積
- 透磁率
- 磁路の全長

$$\mu = \mu_s \times \mu_0$$

- 真空の透磁率 $4\pi \times 10^{-7}$ [H/m]
- 比透磁率

さらに，式 (5.5) の自己インダクタンス L と式 (5.3) から，

$$L = N^2/R_m \tag{5.5}$$

$$\frac{N \times i_{(t)}}{\phi_{(t)}} = \frac{N^2}{L}$$

$$L \times i_{(t)} = N \times \phi_{(t)} \tag{5.6}$$

となり，時間的に変化する電流 $i_{(t)}$ と時間的に変化する磁束 $\phi_{(t)}$ が対応している．

ここで，図 5.3 を見て交流電流による磁束の発生を瞬時値から考えてみよう．電圧 $v_{(t)}$ を印加すると電流 $i_{(t)}$ がコイルに流れる．

$$v_{(t)} = V_m \sin(\omega t)$$

- 時間
- 角速度 $\omega = 2\pi f$
  - 周波数
- 最大値 m: maximum

$$i_{(t)} = \frac{V_m}{\omega L} \sin\left(\omega t - \frac{\pi}{2}\right) \tag{5.7}$$

式 (5.3) と式 (5.7) より，

$$\phi_{(t)} = \frac{N}{R_m} i_{(t)} = \left\{ \frac{\mu_0 \mu_s SN}{\ell} \frac{V_m}{\omega L} \right\} \sin\left(\omega t - \frac{\pi}{2}\right)$$
$$= \{\Phi_m\} \sin\left(\omega t - \frac{\pi}{2}\right) \quad (5.8)$$

└── 変化する磁束の最大値

R_m の m：磁気 magnetic
V_m, Φ_m の m：最大値 maximum

となり，電圧に対して電流は π/2[rad](90°) 遅れ位相，電流と磁束は同相であることがわかる．

ファラデーの電磁誘導の法則では，コイルの中を通る磁束が変化するとコイルに起電力が発生することが知られている．図 5.4 に電磁誘導による起電力の発生を示す．式 (5.9) は，電磁誘導により発生した起電力 $e_{(t)}$ は，電流を流すために印加した電圧 $v_{(t)}$ と逆相になることを示している．

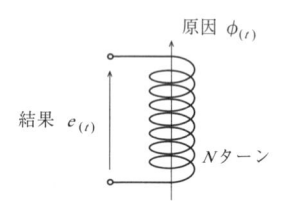

図 5.4 電磁誘導による逆起電力の発生

$$e_{(t)} = -N \frac{d\phi_{(t)}}{dt} = -\{N_\omega \Phi_m\} \sin(\omega t)$$
$$= -\{V_m\} \sin(\omega t) \quad (5.9)$$

└── マイナス (−) 記号，逆向きであることを示す．

ここで扱っている磁気回路についても電気回路のオームの法則や逆起電力を考えることができる．図 5.5 に電気回路と磁気回路の対応を示す．

5.1.2 変圧器の原理

変圧器の基本的な構成要素は，図 5.6 のように磁路（鉄心）とこれを共有する二

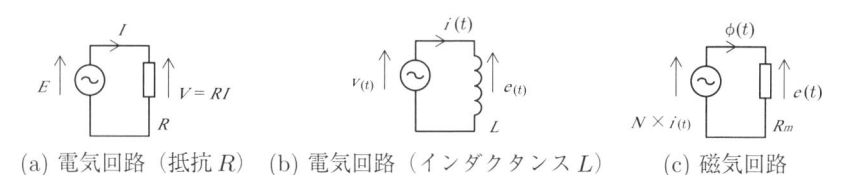

(a) 電気回路（抵抗 R）　(b) 電気回路（インダクタンス L）　(c) 磁気回路

図 5.5　逆起電力

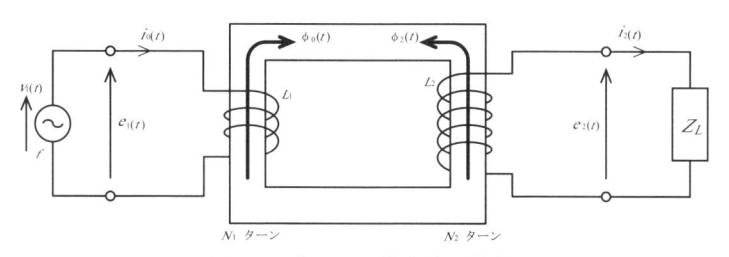

図 5.6　変圧器の基本的な構成

つのコイル（巻線）である．まず，1 次側（左側）のコイルに交流電源 $v_1(t)$ を接続した場合を考える．

$$v_1(t) = \sqrt{2}V_1 \sin(\omega t) \tag{5.10}$$

瞬時値
$\sqrt{2}V_1$：最大値　V_1：実効値
角速度 $\omega = 2\pi f$　f：周波数

$$i_0(t) = \frac{1}{L_1}\frac{\sqrt{2}V_1}{\omega}\sin\left(\omega t - \frac{\pi}{2}\right) \tag{5.11}$$

$$= \sqrt{2}I_0 \sin\left(\omega t - \frac{\pi}{2}\right) \tag{5.12}$$

$$I_0 = \frac{V_1}{\omega L_1} \tag{5.13}$$

流れる電流 $i_0(t)$ は，式 (5.11) となるが，係数を I_0 にまとめれば式 (5.12) となる．これを実効値で表せばよく見慣れた式 (5.13) に他ならない．（後ほど，記号 I_1 を別の意味で使用するから，ここでは I_0 を使う．）

この励磁電流 $i_0(t)$ によって鉄心内に磁束 $\phi_0(t)$ が発生する．磁束 $\phi_0(t)$ は 1 次側巻線を通るので，巻線に起電力 $e_1(t)$ が発生する．この $e_1(t)$ が電源電圧 $v_1(t)$ と平衡する（同じ大きさで逆向き，図 5.5 参照）．また，磁束 $\phi_0(t)$ は，2 次側巻線（右

側のコイル）も通過しているので，同様に起電力 $e_2(t)$ も発生している．

$$\phi_0(t) = \frac{N_1 i_0(t)}{R_m}$$

$$i_0 = \frac{\sqrt{2} V_1}{L_1 \omega} \sin\left(\omega t - \frac{\pi}{2}\right)$$

$$R_m = \frac{\ell}{\mu_0 \mu_s S} \quad 鉄心の磁気抵抗$$

$$L_1 = \frac{\mu_0 \mu_s (N_1)^2 S}{\ell} \quad 1次側巻線の自己インダクタンス$$

$$\phi_{0(t)} = \frac{\mu_0 \mu_s S}{\ell} N_1 \frac{1}{L_1} \frac{\sqrt{2} V_1}{\omega} \sin\left(\omega t - \frac{\pi}{2}\right)$$

$$= \frac{\sqrt{2} V_1}{N_1 \omega} \sin\left(\omega t - \frac{\pi}{2}\right)$$

$$= \sqrt{2} \Phi_0 \sin\left(\omega t - \frac{\pi}{2}\right) \tag{5.14}$$

$$\text{実効値} \quad \Phi_0 = \frac{V_1}{2\pi f N_1} \tag{5.15}$$

$$e_1(t) = -N_1 \frac{\mathrm{d}\phi_0(t)}{\mathrm{d}t} = -\sqrt{2} E_1 \sin(\omega t)$$

$$= v_1(t) \qquad \text{実効値} \quad E_1 = \omega N_1 \Phi_0 \tag{5.16}$$

$$e_2 = -N_2 \frac{\mathrm{d}\phi_0(t)}{\mathrm{d}t} = -\sqrt{2} E_2 \sin(\omega t)$$

$$\text{実効値} \quad E_2 = \omega N_2 \Phi_0 \tag{5.17}$$

電源から 2 次側には電線がつながっていないにもかかわらず，磁気的作用によって電圧 E_2 が現れる．式 (5.16) と式 (5.17) の比 a を変圧比，電圧比，巻数比という．

$$\frac{E_1}{E_2} = \frac{\omega N_1 \Phi_0}{\omega N_2 \Phi_0} = \frac{N_1}{N_2} = a \tag{5.18}$$

E：電圧　　N：巻数

さて，2 次側（右側）には電圧 E_2 があるので，負荷インピーダンス Z_L を接続すれば負荷電流 I_2 が流れる．I_2 によって，鉄心内に磁束 Φ_2 が発生する．

$$I_2 = \frac{E_2}{Z_L}$$

$$N_2 I_2 = \Phi_2 R_m \tag{5.19}$$

Φ_2 が新たに加わることによって，図 5.6 のように鉄心内の磁束は $\{\Phi_0 - \Phi_2\}$ になってしまいそうであるが，電源電圧 V_1 が一定であれば，式 (5.15) より，鉄心内の磁束も一定でなければならないことになる．

$$\Phi_0 = \frac{V_1}{2\pi f N_1} \tag{5.15 再掲}$$

$\Phi_0 \propto V_1$

この矛盾を解決するために，Φ_2 を打ち消す Φ_1 が必要となる．Φ_1 を発生させる I_1' が，I_0 に加えて電源からさらに流れ込むことになる（Z_L を接続すると，自動的に I_1' が増加する）．図 5.6 に I_1' と Φ_1 を加えると，図 5.7 である．すなわち，式 (5.20) となる．

$$N_1 I_1' = \Phi_1 R_m$$

起磁力 = 磁束 × 磁気抵抗

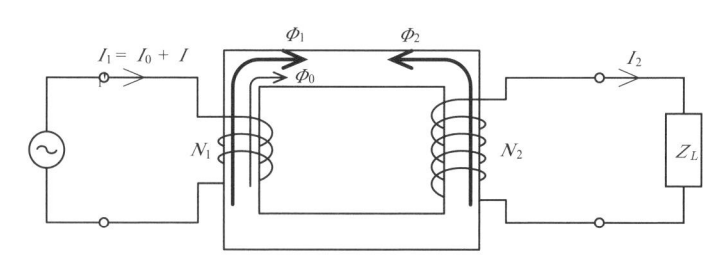

図 5.7 負荷電流による磁束の発生

$$\Phi_0 + \Phi_1 - \Phi_2 = \Phi_0 \tag{5.20}$$

$$\underbrace{I_0 \quad I_1'}_{I_1} \quad \vdots \\ \qquad\qquad I_2$$

負荷 Z_L の接続によって流れる 2 次側（右側）の電流 I_2 による磁束 $\Phi_2 = \dfrac{N_2 I_2}{R_m}$

と，Φ_2 を打ち消すための $\Phi_1 = \dfrac{N_1 I_1'}{R_m}$ を発生させる1次側（左側）の電流 I_1' が釣り合う．ここで，

$$\frac{I_2}{I_1'} = \frac{N_1}{N_2} = a \qquad (5.21)$$

（巻数比　式 (5.18)）

の関係がある．また，$I_1 = I_0 + I_1'$ ではあるが，変圧器では一般に $I_0 \ll I_1'$ であるから，$I_1' \fallingdotseq I_1$ と近似し，

$$\frac{I_2}{I_1} \fallingdotseq \frac{N_1}{N_2} = \frac{E_1}{E_2} = a \qquad (5.22)$$

と扱う（このように励磁電流を無視する近似は，変圧器だけではなく類似した動作原理の誘導電動機でも行う）．

変圧器における電力エネルギーの流れを図 5.8 で考える．電源から変圧器の1次

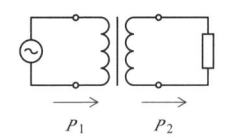

図 5.8　変圧器に流れる電力

側へ供給される有効電力 $P_1 = E_1 I_1 \cos\theta_1$ と変圧器の2次側から負荷へ供給される有効電力 $P_2 = E_2 I_2 \cos\theta_2$ は，変圧器内で失われるエネルギー（損失）を無視すれば，$P_1 = P_2$ である．

ここで，$\cos\theta$：力率．皮相電力と有効電力の比．
　　　　（皮相電力は，有効電力と無効電力からなる．）
また，損失がない理想的な変圧器の電圧と電流の関係は，図 5.9，式 (5.23) のようになっている．

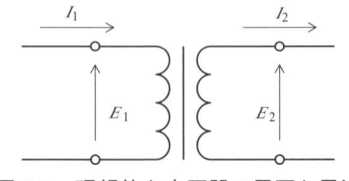

図 5.9　理想的な変圧器の電圧と電流

$$\frac{E_1}{E_2} = \frac{N_1}{N_2} = \frac{I_2}{I_1} = a \tag{5.23}$$

電圧比　巻数比　電流比　巻数比

5.2　現実の変圧器

5.2.1　変圧器における損失

前節ではエネルギー損失を考慮しない理想的な変圧器を想定したが，現実の変圧器では次の事項を考慮する．

(1) 巻線の抵抗

超電導材料を使うのでもない限り，巻線の材料（銅など）には電気抵抗がある．1次側巻線の抵抗を r_1，2次側巻線の抵抗を r_2 で表す．抵抗に電流 I を流すと，電力損失 $P = I^2 \times r$ が発生し発熱する．この損失は一般に銅で発生するので銅損 (copper loss) と呼ばれ，記号 P_c で表す．

(2) 漏れ磁束と漏れリアクタンス

一般に導体の電気抵抗は周囲の空気などの絶縁物と比較して十分に小さく，導体から絶縁物である周囲の空気へ漏洩（ろうえい）する電流を考える必要はない．これに対して，鉄などの強磁性体の磁気抵抗は周囲の空気などに比較して十分に大きいわけではなく，鉄の磁路から漏洩する磁束を無視できない．磁束のすべてが1次側巻線と2次側巻線の両方を通過するわけではない．これを漏れリアクタンスとして考え，各巻線のインピーダンスを式 (5.24)，式 (5.25) として表す．

$$\text{1次側巻線（コイル）のインピーダンス } Z_1 = r_1 - jx_1 \tag{5.24}$$

$$\text{2次側巻線（コイル）のインピーダンス } Z_2 = r_2 - jx_2 \tag{5.25}$$

(3) 鉄心内の渦電流

変圧器は交流で使用されるので，鉄心を通る磁束も時間的に変化する．鉄は導体（これまで，鉄は磁束を通す磁性体として扱っているが，同時に電流が流れる導体でもある）であるから，磁束が変化すれば，この変化を妨げる向きに渦電流が流れる（図 5.10，ファラデーの電磁誘導の法則）．渦電流によって熱（ジュール熱）が発生し損失となる．この損失は，渦電流損 (eddy current loss) と呼ばれ，記号 P_e で表す．P_e を低減させるため，鉄心を鉄の塊ではなく，絶縁被膜を施した薄い鉄板（例えば，厚さ 0.35[mm]）を重ねて図 5.11 のような積層鉄心にする．磁束を通

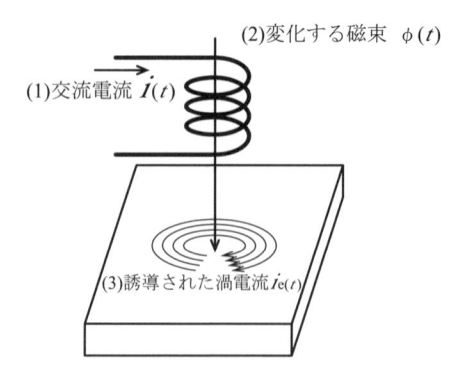

図 5.10　磁束の時間的変化によって誘導される渦電流

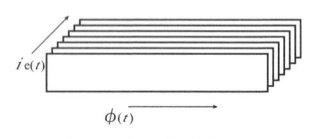

図 5.11　積層鉄心

過させる方向を面方向とし，直交する厚み方向の渦電流を遮る．

(4) 鉄心の磁気特性

変圧器鉄心材料の磁気特性は，図 5.12 (a) に示すように，印加した磁界 H と磁束密度 B の関係が直線になっている（透磁率 μ（ミュー）が一定である）ことが望ましい．しかしながら，現実の鉄では，同図 (b) のように，磁束密度に飽和（磁界の増加にともなって，透磁率が減少する）が存在する．さらに，鉄の磁気特性には，同図 (c) のようなヒステリシス（履歴）特性がある．

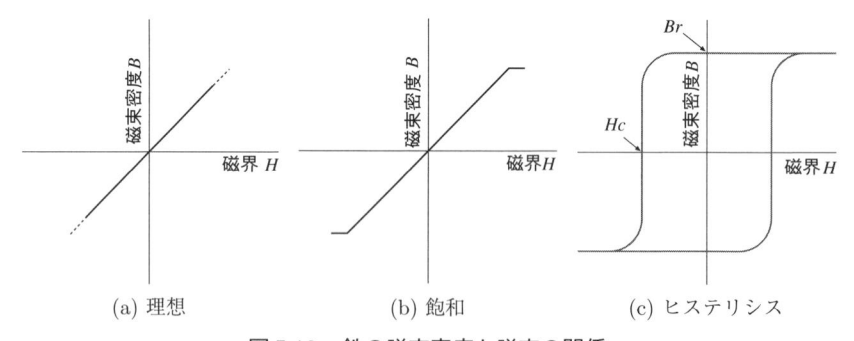

(a) 理想　　(b) 飽和　　(c) ヒステリシス

図 5.12　鉄の磁束密度と磁束の関係

交流の 1 周期ごとに図 5.12 (c) のループを一回りし，囲んだ面積が損失となる．この損失は，ヒステリシス損 (hysteresis loss) と呼ばれ，記号 P_h で表す．変圧器

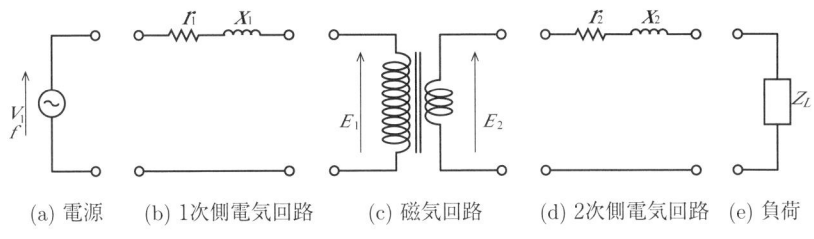

(a) 電源　(b) 1次側電気回路　(c) 磁気回路　(d) 2次側電気回路　(e) 負荷

図 5.13　変圧器の電気回路と磁気回路

の性能を向上させるためには，図 5.12 (b) の飽和に到達する磁界 H を大きくし，同図 (c) のヒステリシスループを小さくすることが求められる（永久磁石材料では，逆に同図 (c) の保磁力 H_c と残留磁束密度 B_r の大きいことが望まれる）．渦電流損とヒステリシス損を合わせて，鉄損 (iron loss) といい，記号 P_i で表す．一般に，周波数 f，磁束密度 B，電圧 V として，式 (5.27) の関係がある．

$$P_i = P_e + P_h \tag{5.26}$$

$$P_e = KfB^2, P_h = K'(fB)^{1.6}, P_i \doteqdot K''\frac{V^2}{f}, B = K'''\frac{V}{f} \tag{5.27}$$

比例係数

5.2.2　変圧器の等価回路

変圧器では，1次側が電源から受け取った電気エネルギーを磁気エネルギーに変換し，さらに磁気エネルギーを2次側が電気エネルギーに再変換して接続された負荷に供給する．エネルギーが電気 → 磁気 → 電気と変換される流れを直接表現するのは容易ではないので，磁気回路を隠蔽して電気回路のみとして取り扱えるよう等価回路を考える．

(1) 1次側の電気回路，磁気回路，2次側の電気回路

図 5.13 のように，

(a) 電源（電圧 V_1，周波数 f），

(b) 式 (5.24) で想定したインピーダンス Z_1，

(c) 磁気回路，

(d) 式 (5.25) で想定したインピーダンス Z_2，

(e) 負荷 Z_L

を並べる．同図を元に等価回路を構成していく．

図 5.14　励磁回路

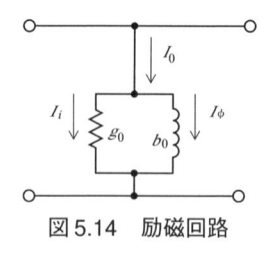

(2) 励磁回路

図 5.13 (c) の磁気回路では，鉄損としてのエネルギー消費と磁束の発生を考える．これらのために式 (5.28) の励磁電流 I_0 を流す電気回路として，アドミタンスを用いて，図 5.14 および式 (5.29) を想定できる．

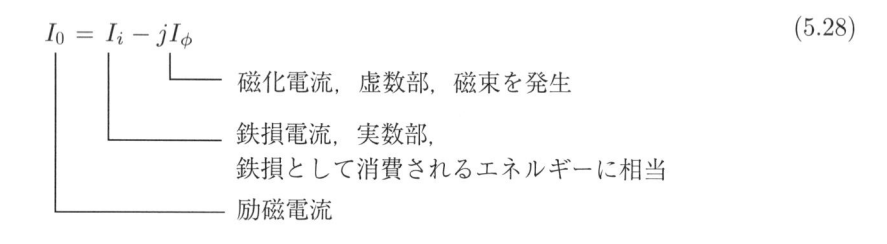

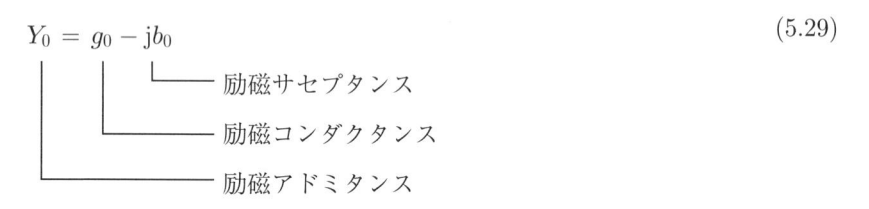

$$I_0 = I_i - jI_\phi \tag{5.28}$$

- 磁化電流，虚数部，磁束を発生
- 鉄損電流，実数部，鉄損として消費されるエネルギーに相当
- 励磁電流

$$Y_0 = g_0 - jb_0 \tag{5.29}$$

- 励磁サセプタンス
- 励磁コンダクタンス
- 励磁アドミタンス

(3) 1 次側の電気回路と 2 次側の電気回路を接続

図 5.13 (c) を図 5.14 に置き換えて，電源から負荷までを接続したいところではあるが，図 5.13 (c) の磁気回路 1 次側の電圧 E_1 は 2 次側の電圧 E_2 とは一致しない（そもそも，電圧を変えることが変圧器の役割である）ので，電気的に 1 次側と 2 次側を接続することができない．そこで，以下のように 2 次側を変換していく．

2 次側の電気回路は，図 5.15 (a) のようになっている．この電圧 E_2 を 1 次側と同じ $E_1 = aE_2$ にしたいので，等価的に同じエネルギー（消費電力）にするため電流は $\dfrac{1}{a}$ になる．すなわち，$E_1 = aE_2$，$I_1 = \dfrac{1}{a}I_2$ である．このためには，インピーダンス

を a^2 倍にする．これらにより，$I_2^2 \times r_2$ は $\left(\dfrac{1}{a}I_2\right)^2 \times a^2 r_2$ となり，エネルギーは同じである．あるいは，$E = Z \times I$ と書かれたオームの法則が $a \times E = a^2 Z \times \left(\dfrac{1}{a}I\right)$ と書き換えられたと考えてもよい．以上により，図 5.15 (b) が同図 (a) と等価であることがわかる．

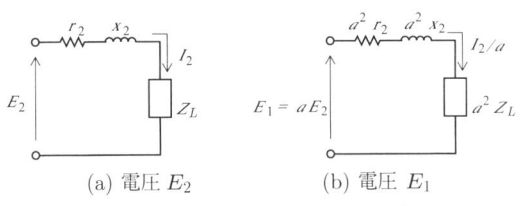

(a) 電圧 E_2　　　　(b) 電圧 E_1

図 5.15　2 次側電気回路の変換

(4) T形をL形で近似

磁気回路に相当する電気回路と 1 次側に接続できる 2 次側の電気回路が得られたので，図 5.13 は図 5.16 となる．この書き換えにより，磁気現象を考慮せず，電気回路のみとして変圧器を考察できることになる．

しかしながら，図 5.16 ではインピーダンスが 1 次側，励磁回路，2 次側の 3 カ所に T 形に存在し回路方程式が複雑になる．そこで，図 5.17 に示すように 1 次側を移動するとインピーダンスの配置が L 形（「L」を時計回りに 90°回転した「⌐」形）になり，インピーダンスを 2 カ所に集約でき回路方程式が簡略になる．もちろん，T 形と L 形は明らかに異なる回路である．しかし，現実の変圧器においては励磁電流 I_0 は小さいので T 形を L 形として近似する．1 次側インピーダンス Z_1 に流れる電流が I_1 から $I_2' = I_1 - I_0$ に変わってしまうが，$I_0 \ll I_1$ なので，$I_2' \fallingdotseq I_1$ とみなす．励磁回路の電圧 $\{V_1 - I_1 Z_1\}$ が $\{V_1\}$ に変わってしまうが，これも $Z_1 \fallingdotseq 0$ であるとみなして問題にしない．近似誤差は一般的には無視できるが，厳密な特性を計

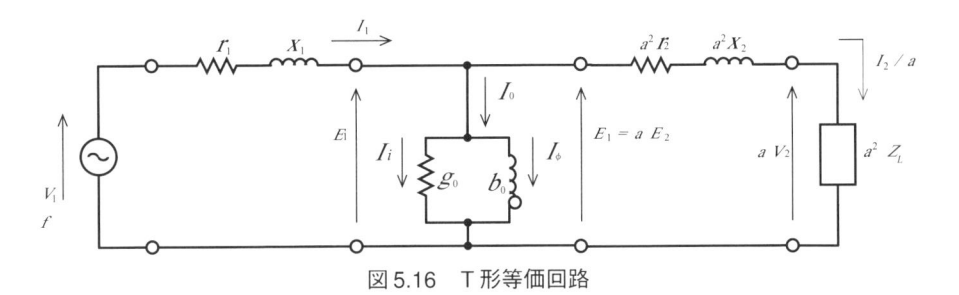

図 5.16　T 形等価回路

算する場合にはT形等価回路を用いる必要がある．

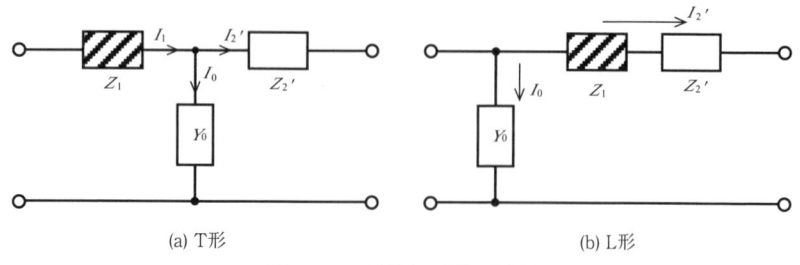

(a) T形

(b) L形

図 5.17　T形とL形の異同

(5) 簡易形等価回路

完成したL形（簡易形）等価回路を図5.18に示す．変圧比 a を記述するのは煩雑なので式 (5.30) のように「′」を使って記号を簡略にする．また，励磁アドミタンス Y_0 については式 (5.31) の関係が成り立つ．なお，鉄損は g_0 に，銅損は $r_1 + r_2'$ に，磁束を発生させる磁化電流は I_ϕ に対応している．このように簡易な回路になれば，電圧，電流や電力などの計算が簡単になる．

$$r_2' = a^2 r_2, \quad x_2' = a^2 x_2, \quad Z_L' = a^2 Z_L,$$
$$V_2' = aV_2, \quad I_2' = \frac{1}{a} I_2 \tag{5.30}$$

$$|Y_0| = \sqrt{g_0^2 + b_0^2} = \frac{I_0}{V_1}, \quad I_i = g_0 V_1, \quad I_\phi = b_0 V_1,$$
$$P_i = V_1 I_i = g_0 V_1^2, \quad g_0 = \frac{P_i}{V_1^2} \tag{5.31}$$

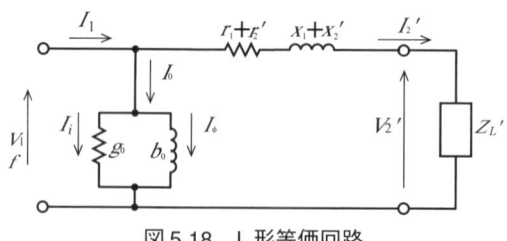

図 5.18　L形等価回路

5.2.3 変圧器の特性

変圧器は，エネルギー変換装置としての効率がよいこと，すなわち銅損と鉄損の少ないことが重要である．同時に，電力の供給を受ける負荷からは電源として見えるので，供給電圧変動の小さいことも重要である．特性を考えやすいよう図5.18を図5.19のように単純化する．

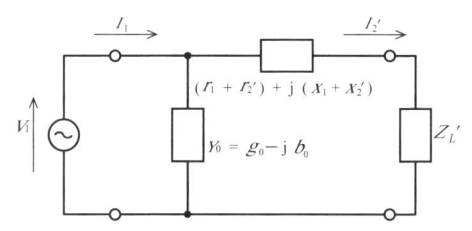

図5.19 変圧器の特性を電気回路として考える

(1) 電圧変動率 ϵ

2次側の出力電流 I_2' が増加すると，図5.19からわかるように直列インピーダンスが存在するので，図5.20 (a) に示すように出力電圧 V_{out} が低下する（同図の横軸は，一般に出力電力 P_{out} とするが，電圧 V_{out} の変動はわずかなので，電流増加にともなう電圧低下の傾向は変わらない）．電圧変動率 ϵ を式 (5.32) で定義する．もし，電圧変動が過大であれば，出力（電流）が大きい場合に電圧が低下し接続されている負荷装置の動作に悪影響が生じる可能性があり，出力（電流）が小さい場合には電圧が上昇して危険である．したがって，電圧変動率は許容できる程度に小さいことが望ましい．

$$\epsilon = \frac{V_0 - V_r}{V_r} \tag{5.32}$$

ここで，V_0 は無負荷電圧（出力が0（ゼロ）のときの電圧），V_r は定格電圧，分母の V_r は定格電圧で正規化する．

(2) 効率 η

効率 η とは，入力（電源から変圧器の1次側へ供給される有効電力）に対する出力（変圧器の2次側から負荷へ供給される有効電力）の割合であり式 (5.33) で定義される．鉄損は図5.19の g_0 で表され，2次側に接続された負荷とは無関係に，無負荷時でも発生するので無負荷損ともいう．銅損は，同図の $(r_1 + r_2')$ で表され負荷

(a) 電圧の変動 (b) 効率

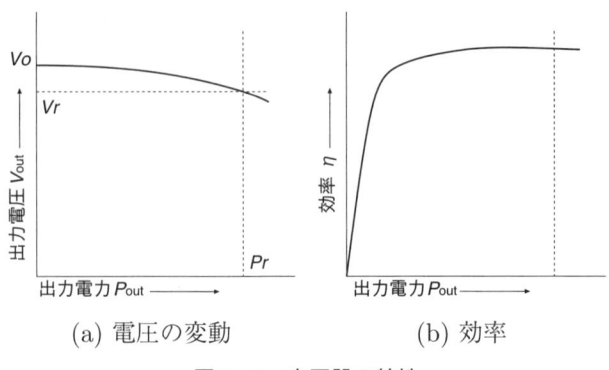

図 5.20　変圧器の特性

電流に応じて変動するので負荷損ともいう．2次側の出力電力が小さいと鉄損のため効率は低い．出力電流 I_2 が増加すると銅損が増加し効率が低下する．したがって，出力と効率の関係は図 5.20 (b) のようになる．

$$\eta = \frac{P_{\text{out}}}{P_{\text{in}}} = \frac{P_{\text{out}}}{P_{\text{out}} + (P_i + P_c)} \tag{5.33}$$

出力　$P_{\text{out}} = V_2 I_2 \cos(\theta_2)$
　　　└ 力率
　　　└ 出力電流
　　　└ 出力電圧

銅損　$P_c = I_1^2 r_1 + I_2^2 r_2$
鉄損　$P_i = P_e + P_h$
入力　$P_{\text{in}} = V_1 I_1 \cos(\theta_1)$
　　　└ 力率
　　　└ 入力電流
　　　└ 入力電圧

(3) 出力変動と効率

出力が $1/n$ に変化した場合の効率 $\eta_{1/n}$ は，式 (5.34) で与えられる．このとき，電圧が一定で電流が $1/n$ になるので，銅損は $(1/n)^2$ になる．鉄損は一定である．効率が最大になるのは，$P_i = (1/n)^2 \times P_c$ のときである．

$$\eta_{1/n} = \frac{P_{\text{out}}/n}{(P_{\text{out}}/n) + P_i + (1/n)^2 \times P_c} \tag{5.34}$$

> [計算例] 定格容量 500000[VA]，1次側定格電圧 6600[V]，2次側定格電圧 100[V]，鉄損 5000[W]，全負荷時の銅損 3000[W] の単相変圧器がある．

注：変圧器の容量は，皮相電力 [VA（ボルトアンペア）] で表示する．計算がわかりやすいような値を使っている．実在変圧器の数値例ではない．全負荷とは，定格の 100% で使用している状態をいう．鉄損は 1 次電圧に依存し，負荷の影響を受けない．銅損は負荷によって変化するので，全負荷時の値が示されている．

① この変圧器が，負荷率 0.18719，力率 0.4 で運転されるときの効率 η_1

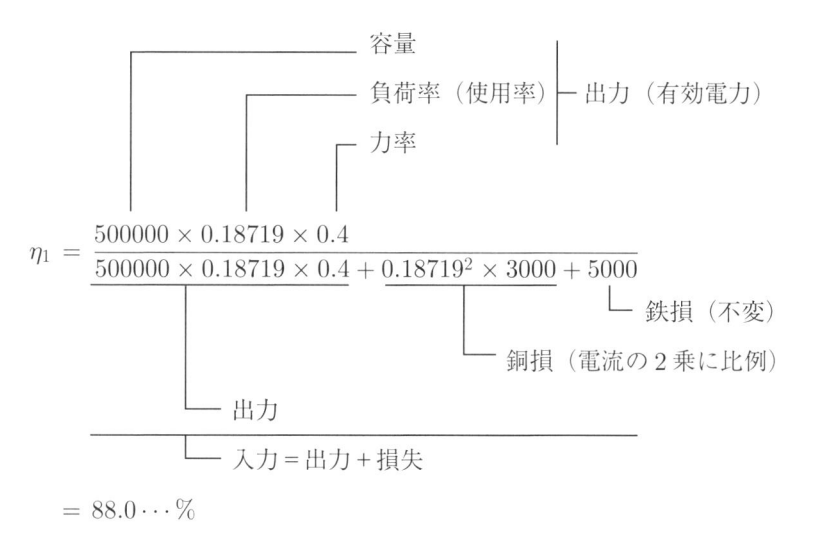

$$\eta_1 = \frac{500000 \times 0.18719 \times 0.4}{500000 \times 0.18719 \times 0.4 + 0.18719^2 \times 3000 + 5000}$$

（分子：出力　容量・負荷率（使用率）・力率＝出力（有効電力））
（分母：入力＝出力＋損失，$0.18719^2 \times 3000$ は銅損（電流の 2 乗に比例），5000 は鉄損（不変））

$= 88.0 \cdots \%$

② この変圧器が，全負荷，力率 0.784 で運転されるときの効率 η_2

$$\eta_2 = \frac{500000 \times 1 \times 0.784}{500000 \times 1 \times 0.784 + 1^2 \times 3000 + 5000}$$

（負荷率 100%，$1^2 \times 3000$ は銅損）

$= 98.0 \cdots \%$

可動部分がないため，使用条件が変化しても一般に変圧器の効率は高い．発電は大規模なほうがエネルギー効率を向上させやすいため，遠隔地に発電所を集約する傾向にある．一方，需要家まで電力を輸送する経路（送電と配電）は，

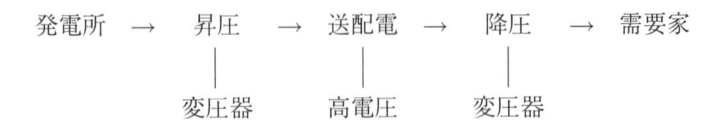

発電所　→　昇圧　→　送配電　→　降圧　→　需要家
　　　　　　｜　　　　｜　　　　｜
　　　　　変圧器　　高電圧　　変圧器

という流れになる．遠距離の送配電を高電圧で行い電流を小さくして（$P = V_{高} \times I_{小} = V_{低} \times I_{大}$），ジュール熱 $I^2 r$ の損失を低減する．発電機の高圧化には限界があるので，変圧器による昇圧が欠かせない．需要家では高電圧をそのまま使用できないため，変圧器による降圧は必須である．系統全体のエネルギー損失低減のためには，昇圧と高圧に用いる変圧器も低損失，高効率であることが望まれる．

(4) 全日効率

変圧器は定格（機器を使用可能な限度）時に効率が最大になるように設計するとは限らない．例えば，送配電系統での使用を考えると，日中の最大負荷時のみ高効率であっても，夜間の低負荷時に低効率であれば，1日を通じた総合的な効率が上がらない．このため1日中の効率を考え，これを全日効率 η_{day} という．

［計算例］定格容量 200[kVA]，1次電圧 6.6[kV]，2次電圧 200[V]，鉄損 2[kW]，
　　　　全負荷銅損 5[kW] の変圧器が1日のうち，
　　　　　① 力率 0.8 の全負荷で8時間,
　　　　　② 力率 0.9 の 1/2 負荷で 12 時間,
　　　　　③ 力率 1.0 の 1/4 負荷で 2 時間,
　　　　　④ その他の時間は無負荷,
　　　　で使用する場合の全日効率を求める．

5.2 現実の変圧器

- 1日中の出力電力量

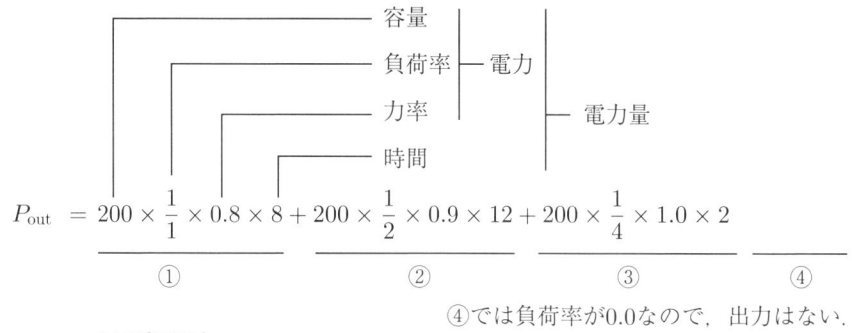

$$P_{\text{out}} = \underbrace{200 \times \frac{1}{1} \times 0.8 \times 8}_{①} + \underbrace{200 \times \frac{1}{2} \times 0.9 \times 12}_{②} + \underbrace{200 \times \frac{1}{4} \times 1.0 \times 2}_{③} + \underbrace{}_{④}$$

ここで、容量・負荷率・力率・時間の積が電力量（電力×時間）となる。

④では負荷率が0.0なので、出力はない。

$$= 2460 [\text{kWh}]$$

- 1日中の鉄損電力量

鉄損は負荷の状態によらず、一定であるから

$$P_i = 2 \times 24 = 48 [\text{kWh}]$$

ここで、2 [kW]、24時間（1日）、電力量 = 電力×時間。

- 1日中の銅損電力量

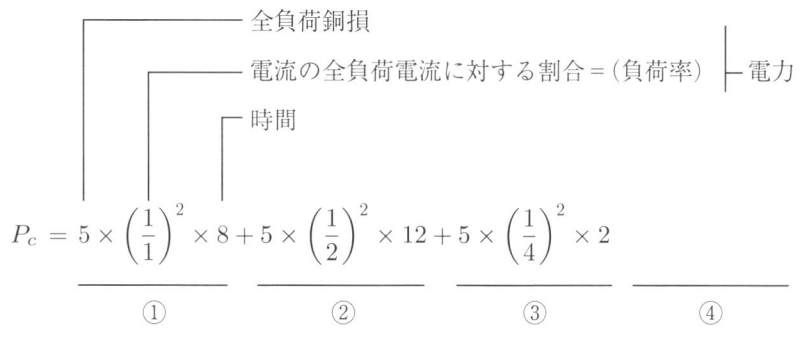

$$P_c = \underbrace{5 \times \left(\frac{1}{1}\right)^2 \times 8}_{①} + \underbrace{5 \times \left(\frac{1}{2}\right)^2 \times 12}_{②} + \underbrace{5 \times \left(\frac{1}{4}\right)^2 \times 2}_{③} + \underbrace{}_{④}$$

ここで、全負荷銅損・電流の全負荷電流に対する割合＝（負荷率）・時間の積が電力となる。

④では負荷率が0.0で電流がないため、銅損はない。

$$= 55.625 [\text{kWh}]$$

- 1日中の入力電力量 = 出力 + 損失

$$P_{\text{in}} = P_{\text{out}} + P_i + P_c = 2563.625 [\text{kWh}]$$

- 全日効率

$$\eta_{\text{day}} = \frac{P_{\text{out}}}{P_{\text{in}}} = \frac{2460}{2563.625} = 0.9595787\cdots = 96.0\cdots\%$$

5.2.4 等価回路定数の算出

図 5.19 に等価回路が得られているが，特性を計算で求める場合には，個別の変圧器ごとに g_o，b_0，r，x の具体的な実測値が必要である．すなわち，図 5.21 のアドミタンス Y_0 とインピーダンス Z を 1 次側の U 端子，V 端子と 2 次側の u 端子，v 端子から測定することになる．ただし，等価的な回路を想定しているのであるから，同図中の (a) 点を切り離せないという制約がある．

$$Y_0 = g_0 - \mathrm{j}b_0 \tag{5.35}$$

$$Z = r + \mathrm{j}x = (r_1 + r_2') + \mathrm{j}(x_2 + x_2') \tag{5.36}$$

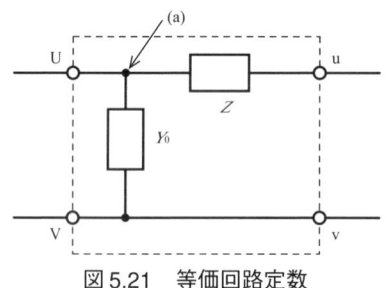

図 5.21　等価回路定数

(1) 巻線抵抗の測定

銅損となる巻線抵抗は図 5.22 のように測定する．インピーダンスではなく抵抗を測定するので，ここでは直流電源を用いる．式 (5.36) のオームの法則により 1 次側の巻線抵抗 r_1 と 2 次側の巻線抵抗 r_2 を計算すれば，$(r_1 + r_2') = (r_1 + ar_2)$ が得られる．

$$R = \frac{V\ \text{←電圧}}{I\ \text{←電流}} \quad \text{←抵抗} \tag{5.37}$$

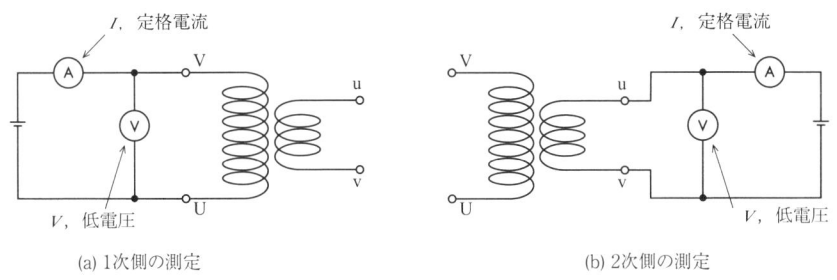

図 5.22　抵抗測定

(a) 1次側の測定　　　(b) 2次側の測定

(2) 開放試験（無負荷試験）

図 5.23 (a) のように 2 次側端子を開放して無負荷とし，1 次側端子には定格電圧 V_1，定格周波数 f の電源を接続して電流 I_0，電力 P_i を測定する．負荷がないので，等価回路は同図 (b) となり，アドミタンス Y_0 を決定することができる．

$$I_i = g_0 V_1, \quad I_\phi = b_0 V_1$$

$$P_i = V_1 I_i = g_0 V_1^2$$

励磁アドミタンス　$|Y_0| = \sqrt{g_0^2 + b_0^2} = \dfrac{I_0}{V_1}$

励磁コンダクタンス　$g_0 = \dfrac{P_i}{V_1^2}$

励磁サセプタンス　$b_0 = \sqrt{Y_0^2 - g_0^2}$ 　　　　　　　(5.38)

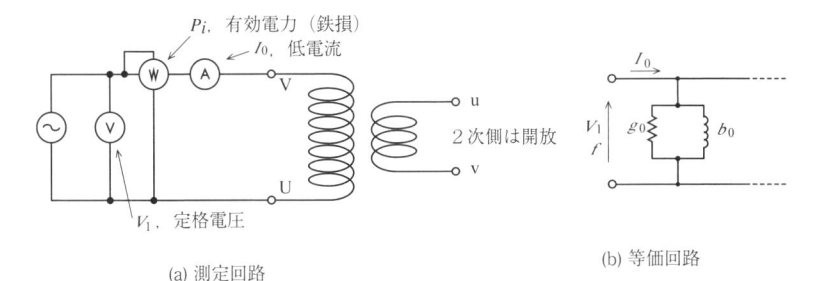

(a) 測定回路　　　(b) 等価回路

図 5.23　開放試験

ここでは，1次側を電源に接続して定格電圧を印加すると説明したが，高電圧の場合には，2次側から測定し変圧比 a で換算することも行われる．高電圧よりも大電流のほうが扱いが容易だからである．

(3) 短絡試験

図 5.24 (a) のように 2 次側端子を短絡し，1 次側端子には低電圧 V_Z（インピーダンス電圧），定格周波数 f の電源を接続して定格電流を流す（定格電圧を印加すると過電流により供試変圧器を焼損する）．インピーダンス電流 I_Z，インピーダンスワット P_Z を測定する．等価回路は同図 (b) となる．ここで，短絡状態のため I_Z は大きいが，励磁電流 I_{0s} が小さいため Y_0 を無視できる．すなわち，

$$I_{0s} \ll I_Z, \qquad I_{0s} \fallingdotseq 0$$

とみなして，測定済みの巻線抵抗 $r = (r_1 + r_2')$ を用いて

$$\text{インピーダンス } Z_s = \frac{V_Z}{I_Z}$$

$$x = (x_1 + x_2') = (x_1 + ax_2) = \sqrt{Z_s^2 - r^2} \tag{5.39}$$

が得られる．なお，x_1 と $x_2' = ax_2$ を個別には用いないので，これらを分離する必要はない．

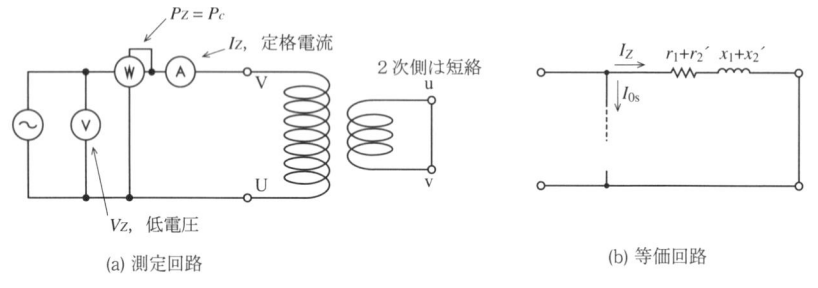

(a) 測定回路

(b) 等価回路

図 5.24　短絡試験

5.2.5　等価回路を用いた特性の算定

等価回路定数を確定できたので，図 5.25 のように，1 次側に電源，2 次側に負荷 Z_L' を接続した状態を想定して，回路の電圧，電流，電力，力率，電圧変動率，効率などを計算することができる（ただし，厳密に考える場合には，磁気回路の非線形性，発熱などによる特性の変化や，近似誤差にも留意しなければならない）．も

ちろん，変圧器の特性は実測によっても得られるが，大容量，高電圧，大電流の供試器を実測するのは容易ではない．

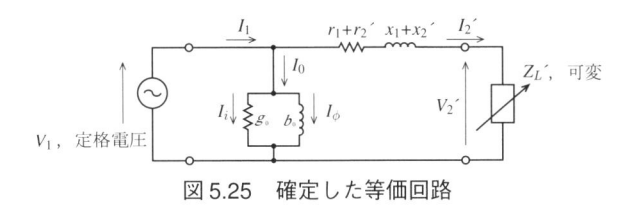

図 5.25　確定した等価回路

5.3　変圧器の構造

5.3.1　主な構成要素

変圧器の重要な構成要素は巻線と磁気回路，すなわち銅と鉄である．変圧器のほか，電動機や発電機のように主に銅と鉄で構成される機器を銅鉄機器と呼ぶことがある．過電流やサージなどに対する耐障害性があるので，電力設備での使用において高い信頼性を期待できる．

積層した鉄板による磁気回路と図 5.26 (a) のような巻線の配置では，同図 (b) に示すような C 字形（コの字形）の鉄と I 字形の鉄心で磁路を形成し両脚に 1 次側と 2 次側の巻線を配置する内鉄形と，同図 (c) のように E 字型と I 字形の鉄心の内側に巻線を配置する外鉄形がある．また，同図 (d) のように鉄板を成形した巻鉄心もある．

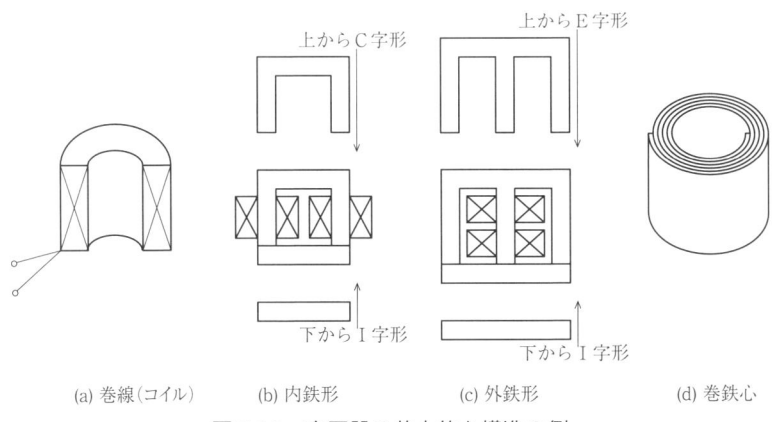

(a) 巻線（コイル）　　(b) 内鉄形　　(c) 外鉄形　　(d) 巻鉄心

図 5.26　変圧器の基本的な構造の例

(1) 巻線材料

巻線は一般に抵抗率の低い銅を材料とする．ただし，表5.1に示すように，銅は密度が大きいので，重量を軽減したい送電線や，慣性を低減させたい電動機の可動子といった場合には，抵抗率は多少増加するが密度が低いアルミニウムを用いる．

銅線の断面形状は図5.27 (a) のような円形が一般的であるが，同図 (b) のような方形断面とすることもある．限られた巻線配置空間にどれだけ多くの巻線を納められるかを占積率というが，平角銅線では図5.28 (b) のように1.0に近づけることができる．一方，丸銅線では線間に隙間が残り，同図 (a) のように配置すれば占積率は，

$$\frac{\pi r^2}{2r \times 2r} = \frac{\pi}{4} = 0.785$$

に低下する．

変圧器では電源側に接続される1次巻線と負荷側に接続される2次巻線を必要とする．これら複数の巻線を鉄心の複数脚に図5.26 (b) のように配置することができる．図5.26 (c) のように，1脚に複数の巻線を配置する場合には，図5.29 (a) のように同心に，または同図 (b) のように交互に配置することができる．

表5.1 銅とアルミニウムの比較

材料	密度 $[\mathrm{g \cdot cm^{-3}}]$	電気抵抗率 $[\mathrm{n\Omega \cdot m}]$
銅	8.94	16.78
アルミニウム	2.70	28.2

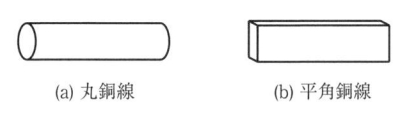

(a) 丸銅線　　(b) 平角銅線

図5.27　銅線の断面形状

(2) 鉄心材料

§5.2.1 (4) で述べたように，鉄心の磁気特性は透磁率 μ が大きく，高い磁束密度まで磁気飽和に至らず，B–H ヒステリシス曲線の囲む面積が小さいことが望ましい（これらの要求条件は，永久磁石材料とは異なる）．さらに，渦電流損を低減するため導電率 σ の低い，すなわち抵抗率 ρ の高いことが望まれる．

そこで，単なる鉄材ではなくケイ素（珪素，シリコン）を添加して磁気特性を改

(a) 丸銅線　　　(b) 平角銅線

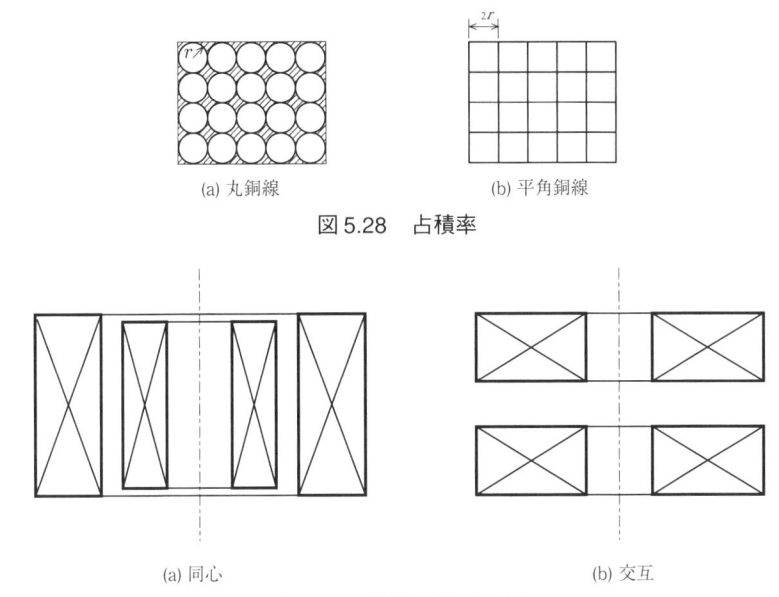

図 5.28　占積率

(a) 同心　　　(b) 交互

図 5.29　複数巻線の配置

善した電磁鋼板（電磁鋼帯，電気鉄板）が用いられる．電磁鋼板は，製造時の圧延方向の磁気特性が特に優れている方向性電磁鋼板と方向によって磁気特性が変わらない無方向性電磁鋼板がある．前者は変圧器や電磁石など磁束の方向が一定の機器に用い，後者は電動機の回転子などのように鉄心内の磁束の方向が変化する箇所に用いる．

さらに良好な磁気特性を実現するためにアモルファス材料を用いることもある．また，電動機の鉄心において電磁鋼板の積層では困難な形状を実現するために圧粉磁心の利用が試みられている．本材料は抵抗率が高く複雑な形状を成形できるが，透磁率を上げにくい．また，電動機ではトルクや推力は低下するがその脈動を防ぐため，あるいは慣性質量を低減して応答性を向上させるため，あえて空心（磁路に鉄を用いず，空気など非磁性のまま）とすることもある．

(3) 絶縁材料

変圧器の主要な構成材料は銅と鉄であるが，電線相互のほか，電線と鉄心・筐体，渦電流を阻止するための積層鉄板表面などに絶縁が必要である．損失による温度上昇を考慮し，使用条件で劣化しない絶縁材料を使用する．標準規格では，耐熱によって以下のように区分される．

- Y 種　　許容温度 90℃

天然繊維など

〈例〉紙, 布, 木材

- A種　許容温度 105℃

    Y種をワニスで含浸, 絶縁油中で用いる.

- E種　許容温度 120℃

    樹脂など

    〈例〉ポリウレタン, エポキシ

- B種　許容温度 130℃

    無機材料, 高耐熱の樹脂

    〈例〉ガラス, マイカ, アスファルト, メラミン, フェノール, 架橋ポリエステル

- F種　許容温度 155℃

    B種を強化したもの

- H種　許容温度 180℃

    無機材料をケイ素樹脂やシリコンゴムなどの耐熱材料で強化したもの

- C種　許容温度 180℃を超える

    無機材料のみ

    〈例〉ガラス, マイカ, 陶磁器, 石英

5.3.2　その他の構成要素

(1) ブッシング

　変圧器の入出力端子であり, 外部から電線が接続されるとともに, 電線を外箱から離隔して絶縁を確保する. 磁器の筒内に導体を通す構造である（低い電圧の場合には不要である）.

(2) 絶縁油

　小形・低電圧の変圧器は空気中で使われ乾式と呼ばれるが, 大形・高電圧の変圧器は絶縁の確保や冷却を考慮して電気絶縁油に浸され油入と称される. すなわち, 空気の絶縁耐力は油に比較して小さく, また塵埃の付着, 水分の影響によりさらに絶縁破壊を生じやすくなるからである. 絶縁油には, 鉱油（原油を精製したもので炭化水素が主成分）, ポリブデン, アルキルベンゼン, アルキルナフタレン, アルキルジフェニルアルカン, メチルポリアルメタン, シリコーン油, やこれらに酸化防止剤, 流動点降下剤, 流動帯電抑制剤, を添加して用いる. 油には,

- 絶縁耐力が高いこと，
- 引火しにくいこと，
- 低温でも粘度が低いこと，
- 蒸発が少ないこと，
- 他の材料を腐食しないこと，
- 混入した水分を沈下させるため水よりも軽いこと，
- 経年劣化が少ないこと，

などが求められる．

(3) コンサベータ

　絶縁油が大気と接していると，水分の混入や酸化などによる劣化が大きい．そこで，図 5.30 (a) のように密閉した外箱に不活性ガスを封入する．熱膨張による内圧の変動が問題であれば，同図 (b) のようなコンサベータを設ける．油と空気の接触面積が小さく，熱した油が空気に触れないため劣化を抑えられる．膨張収縮によって出入りする空気の水分を除くため，呼吸口には乾燥剤を設置し，底面に排水弁を設けて外箱内への水分の進入を防止する．さらに，油と空気との接触面に柔軟な隔膜を設けることもある．

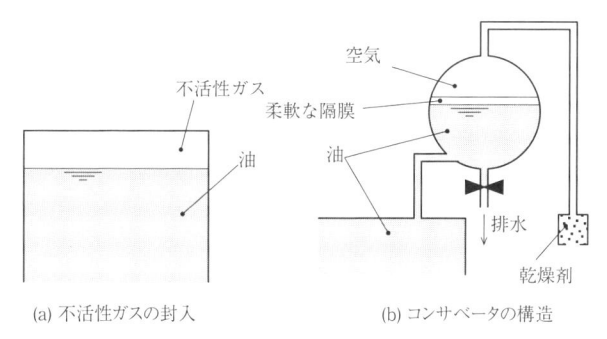

図 5.30　絶縁油の劣化防止

(4) 冷却

　変圧器は静止器であるため，回転機のような自らの動きを利用した気流による冷却はできない．

- 乾式自冷式

　熱の輻射と対流による冷却を図るので，大容量の変圧器には適用が困難である．放熱面積を大きくするため，外箱にフィン（ひれ状の凹凸）を設けたり，

波形の鉄板を張る．
- 乾式風冷式

  送風機により，通風を確保する．
- 油入自冷式，油入風冷式

  油入は，乾式に比べて熱伝導がよい．
- 油入水冷式

  冷却水を変圧器内に送り，熱交換によって冷却する．
- 送油式

  ポンプによって油を変圧器の外部へ導き，冷却して循環させる．放熱器による自冷，風冷，水冷など規模に応じて選択される．

(5) 保護

過電流などの事故が発生した場合には，変圧器を電力系統から遮断し保護する．

5.4 変圧器の三相結線

5.4.1 三相交流の利点
(1) 電力エネルギーの伝送

電源から負荷へ電気エネルギーを伝送するには閉回路が必要であり，図 5.31 (a) のように往路と復路の2線を要する．電線は絶縁を確保しなければならないので使用電圧には上限があり，電流も発熱の観点から制限される．そこで，2倍のエネルギーを伝送するには4線が，3倍のエネルギーを伝送するには同図 (b) のように6線が必要になる．ところが，平衡三相交流の場合には，中央の3本の電線を1本に接続すると流れる電流の総和は0となる（0となるように各相の電圧・電流を平衡させている）．電流が流れないのであればこの電線（中性線と呼ぶ）は不要である．そこで，同図 (c) のように6倍のエネルギーを3線で伝送できることになる．すなわち，同図 (a) に1本だけ追加すれば3倍のエネルギーが伝送可能となるので，三相交流は有用である．

(2) 回転磁界の発生

誘導電動機の章で述べるように，固定子巻線に多相交流を通ずることによって容易に回転磁界を発生させることができる．したがって，電動機を商用電源に直接接続するだけで回転させられるのが，三相交流電源の大きな利点である．ただし，最近ではパワーエレクトロニクスの発展により商用電源に直結して駆動することは必

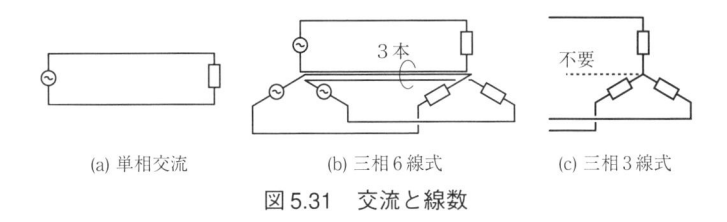

(a) 単相交流　　　　(b) 三相6線式　　　　(c) 三相3線式

図 5.31　交流と線数

須ではない.

5.4.2　線間電圧と線電流，相電圧と相電流

電気回路で学習した三相交流について，電気機器での重要な項目を再確認する.

(1) 線間電圧と線電流

前述のように，三相交流では電源と負荷の間を3本の電線で接続している．図5.32のように，各電線に流れる電流を線電流，電線2本の間の電圧を線間電圧という．平衡三相交流であれば，これらの値（大きさ，絶対値）はどの電線で測定しても同一である.

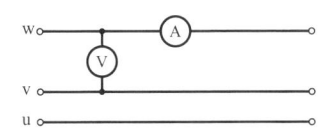

図 5.32　三相交流の線間電圧と線電流

(2) 相電圧と相電流

三相では，電源，負荷インピーダンスともに3個ずつある．図5.33のような，一つずつの電圧を相電圧，相電流という．3個の接続には，Y結線とΔ結線がある.

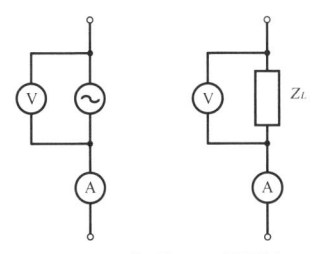

図 5.33　相電圧と相電流

(3) Y結線

三つの電源を放射状に接続する（図5.34）．各電線には各相の電源が1個ずつつ

ながっているので，線電流と相電流は同一である．一方，線間電圧は同図中に矢印で示す2個の電源電圧の和である．ただし，電源電圧には位相差があるので，線間電圧は相電圧の$\sqrt{3}$倍であり，2倍にはならない．

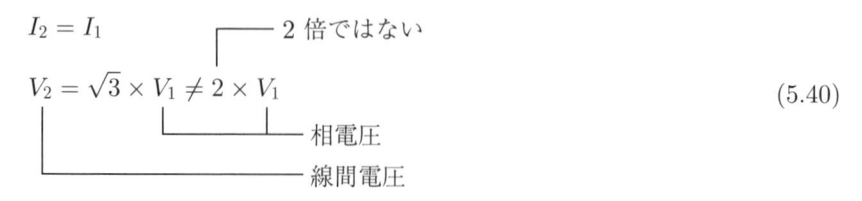

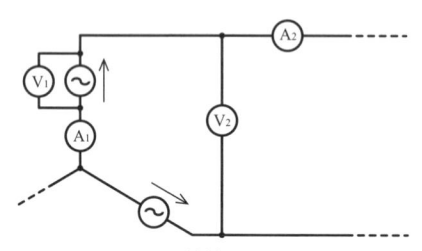

$$I_2 = I_1$$
$$V_2 = \sqrt{3} \times V_1 \neq 2 \times V_1 \quad \text{(2倍ではない)}$$
（相電圧，線間電圧） (5.40)

図 5.34　Y 結線の電圧と電流

(4) Δ 結線

三つの電源を環状（三角形状）に接続する（図 5.35）．線間には各相の電源が1個ずつつながっているので，線間電圧と相電圧は同一である．一方，線電流は同図中の矢印で示すように，w 点に隣接する2個の電源から（へ）流入（流出）する相電流の差となる．位相差を考慮し，線電流が相電流の$\sqrt{3}$倍になる．

$$V_2 = V_1$$
$$I_2 = \sqrt{3} \times I_1$$
（相電流，線電流） (5.41)

5.4.3　三相結線

三相で変圧を行うには，単相変圧器3台を組み合わせて用いる．1次側と2次側それぞれについて Y 結線と Δ 結線が可能である．

(1) Y–Y 結線

1次側と2次側をともに Y 結線とする．結線は図 5.36 (a) となる．単相変圧器はT_1，T_2，T_3 の3台あり，各巻線に「・」を記して高電位側を区別している．同図

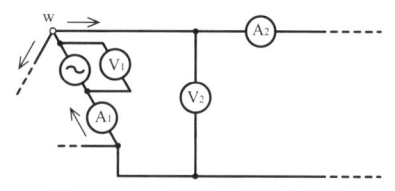

図 5.35　Δ 結線の電圧と電流

(b) では，各変圧器の 1 次側巻線と 2 次側巻線を平行に記して対応を明らかにしている．

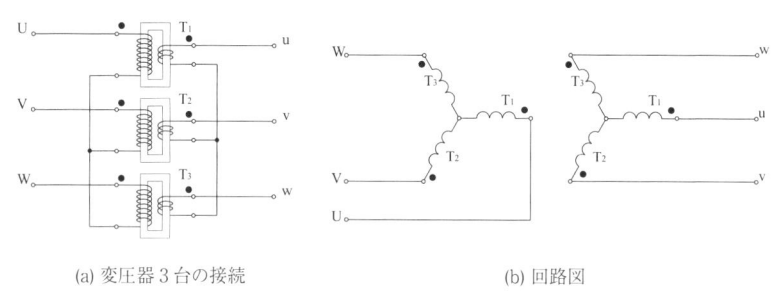

(a) 変圧器 3 台の接続　　　　　(b) 回路図

図 5.36　Y–Y 結線

(2) Δ–Δ 結線

1 次側と 2 次側をともに Δ 結線とする．Y–Y 結線と同一の記法で図 5.37 に示す．

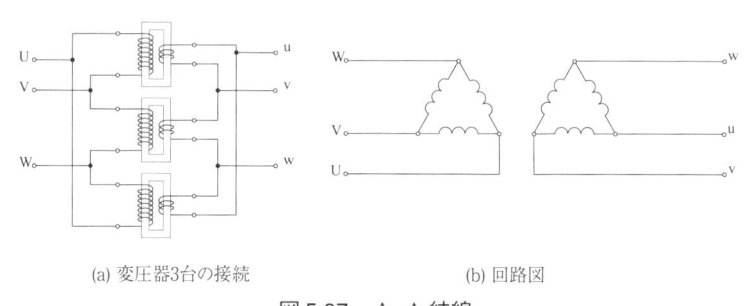

(a) 変圧器3台の接続　　　　　(b) 回路図

図 5.37　Δ–Δ 結線

(3) Y–Δ 結線

1 次側を Y 結線に，2 次側を Δ 結線とする．1 次側と 2 次側は同じ結線にする必要はなく，利用目的に応じて選択可能である．図 5.38 に示す．

(4) Δ–Y 結線

1 次側を Δ 結線に，2 次側を Y 結線とする．図 5.39 に示す．

(a) 変圧器 3 台の接続　　　　　　　　(b) 回路図

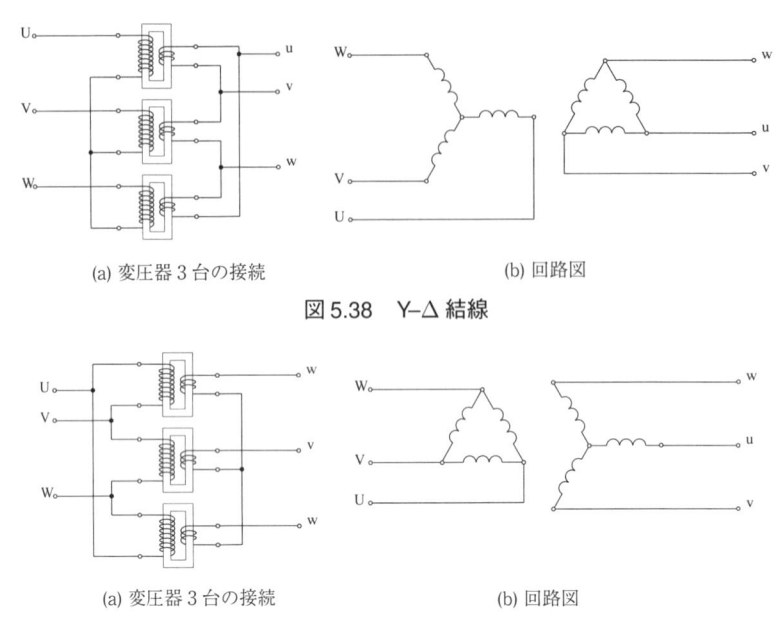

図 5.38　Y–Δ 結線

(a) 変圧器 3 台の接続　　　　　　　　(b) 回路図

図 5.39　Δ–Y 結線

(5) V 結線

Δ–Δ 結線変圧器 3 台中の 1 台を除いた，図 5.40 のような三角形の 1 辺がない「V」字形である．この回路では，一見 w − u 間には電圧源がないようにも見えるが，他 2 台の変圧器に接続されているので，三相平衡負荷を接続すれば三相平衡電圧・電流を供給することができる．

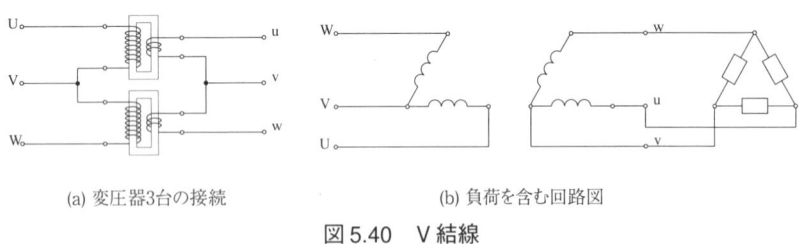

(a) 変圧器3台の接続　　　　　　　　(b) 負荷を含む回路図

図 5.40　V 結線

5.4.4　各結線の特徴

各結線の特徴を述べる．

(1) Y–Y 結線の特徴

Y 結線では図 5.41 に示す相電圧 V_1 は線間電圧 V_2 の $1/\sqrt{3} = 0.577$ であるから，変圧器巻線の耐電圧は線間電圧の 0.577 で間に合う．このため，高電圧を扱うのに都合がよい．また，中性点があり接地できるため，系統保護を行いやすい．

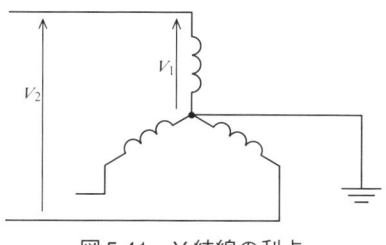

図 5.41 Y 結線の利点

(2) △–△ 結線の特徴

△ 結線では図 5.42 に示す線電流 I_2 は相電流 I_1 の $\sqrt{3} = 1.73$ 倍であるから，巻線耐電流の 1.73 倍の線電流を流すことができる．このため，大電流（低電圧）を扱うのに都合がよい．また，ひずみ波の第 3 次高調波を抑制することができる．ただし，中性点接地ができない．

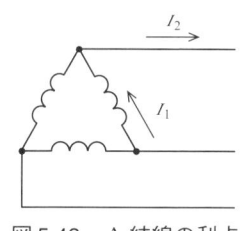

図 5.42 △ 結線の利点

(3) Y–△ 結線と △–Y 結線の特徴

Y 結線と △ 結線の特徴をもつ．

- 高電圧（Y 結線側）と低電圧（△ 結線側）の変換に都合がよい．
- Y 結線側で中性点接地が可能である．
- 第 3 次高調波を抑制できる．
- 1 次電圧と 2 次電圧に 30° の位相差があるため，後述の並行運転（5.5 節）に用いる際には注意が必要である．

(4) V 結線の特徴

Δ–Δ 結線が 3 台の変圧器を使用するのに比較して，V 結線では 2 台の変圧器で三相平衡電流を供給できる．このとき，供給可能な電力は $2/3 = 0.667$ ではなく，$1/\sqrt{3} = 0.577$ になる．本方式の用途例として，次のような場合を想定できる．

- Δ–Δ 結線での運用中に 1 台が故障しても，残りの 2 台で電力供給を継続できる．
- Δ–Δ 結線の保守時に，電力を供給しながら 1 台ずつ保守が可能である．
- 当初 2 台を設置して運用を開始し，需要電力の増加が見込まれるときに 1 台を追加する．先の 2 台を有効活用できる．

5.5 変圧器の並行運転

5.5.1 並行運転とは

電力は発電所から送電線で送り，変電所で降圧して，配電線で需要家へ届けられる．図 5.43 に示すように，送電線−配電線間に変圧器 T_A を設置して運用を開始する．その後，需要が増加して T_A だけで賄えなくなれば，さらに T_B を増設して電力容量を増加させる．また，冗長な変圧器を設置しておけば，事故や配電線保守の際に有用である．配電線が長距離に渉る場合には電圧降下に対処するため，末端側に設置する変圧器 T_C が有効である．

複数の変圧器を設置して並行運転する際には，

$$送電線 \to 変圧器 T_A \to 配電線 \to 変圧器 T_B$$

のような電流の循環は抑制したい．また，それぞれの変圧器の容量に応じて負荷を分担させることが望まれる．

5.5.2 変圧器の極性

1 次側巻線と 2 次側巻線の巻き方向を変えると，図 5.44 のように，2 次側出力電圧の方向が異なる．変圧器を並行運転する場合には，極性をどちらかに統一する必要があり，混在を避けるため日本では減極性を使用する．変圧器の動作原理はどちらも同じであるが，実際の使用にあたっては絶縁確保のために減極性が有利だからである．

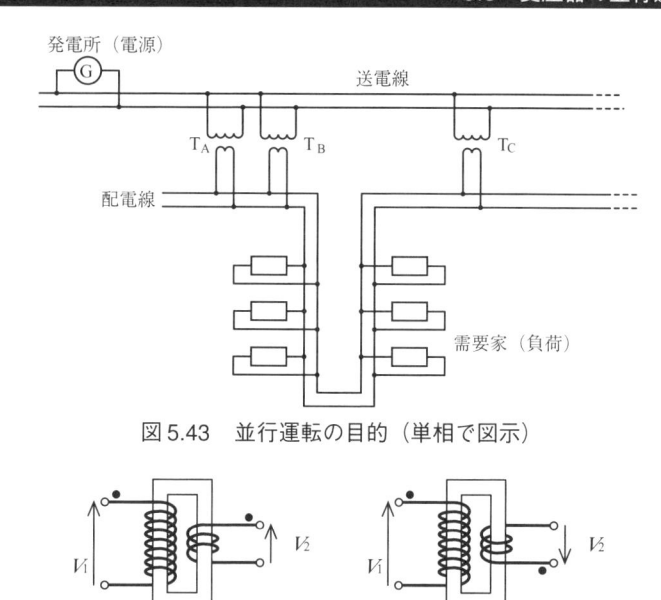

図 5.43　並行運転の目的（単相で図示）

(a) 減極性　　　(b) 加極性

図 5.44　極性

5.5.3　単相変圧器の並行運転

単相変圧器を並行運転する場合には，以下の条件を満足する必要がある．

① 各変圧器の極性が統一されていること．
　混在すると大きな循環電流によって焼損する．
② 各変圧器の1次側と2次側の定格電圧が（巻数比が）等しいこと．
　異なると循環電流（横流）によって銅損が増加する．
③ 各変圧器の特性が等しいこと．
　巻線抵抗／漏れリアクタンスの比が異なると，電流の位相差のため，銅損が増加する．百分率インピーダンス降下が異なると，各変圧器の容量に応じた負荷の分担ができない．

5.5.4　三相変圧器の並行運転

三相変圧を並行運転する場合には，単相変圧器での条件 ①，②，③ に加えて，以下の2項が必要である．

④ 相順（相回転）が統一されていること．
⑤ 各変圧器の1次と2次の線間電圧の位相が等しいこと．

統一できないと，大きな循環電流が発生する．このため，変圧器の三相結線の組合せは表5.2のように限定される．

表5.2 並行運転時に注意すべき三相結線の組合せ

可能	不可能
Δ–Δ と Δ–Δ	
Y–Y と Y–Y	
Y–Δ と Y–Δ	
Δ–Y と Δ–Y	
Δ–Δ と Y–Y	Δ–Δ と Δ–Y
Δ–Y と Y–Δ	Δ–Y と Y–Y

5.6　各種変圧器

変圧器の動作原理や構造は，以上述べてきたとおりであるが，実際にはこれらを発展させた各種の変圧器も用いられている．何例かを紹介する．

5.6.1　三相変圧器

単相変圧器3台を一体化して製作する．鉄心やブッシングを共用可能で，容積低減により絶縁油も少なく，小形軽量化を実現できる．

5.6.2　負荷時タップ切換変圧器

図5.45のように巻線に複数のタップを設けており，負荷電流が流れているままの状態で，タップを切り替えることができる．切り替えることで，巻数比が変わり，出力電圧を調整する．軽負荷時と重負荷時では，2次側出力電圧の変動や配電線の電圧降下による電圧変動があるため，これらを調節して需要家へ供給する電圧を許容範囲内に維持する．

5.6.3　単巻変圧器

図5.46 (a) のように，1次側と2次側で一つの巻線を共用する．共通部分を分路巻線，他を直列巻線という．小形化でき，電圧変動率や銅損も小さいが，1次側と2次側が絶縁されていないため注意が必要である．電力系統の電圧降下の補償など

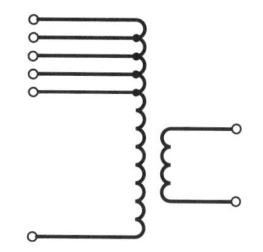

図 5.45　負荷時タップ切換変圧器

に用いられる．同図 (b) のように，摺動によってタップの位置を可動にすれば，出力電圧を連続的に可変できる．この方式による交流可変電圧電源は，構造が簡単で出力電圧ひずみの少ないことが利点である．

単巻に対して，これまで述べてきた1次側と2次側の巻線が独立しているものを，複巻ということがある．

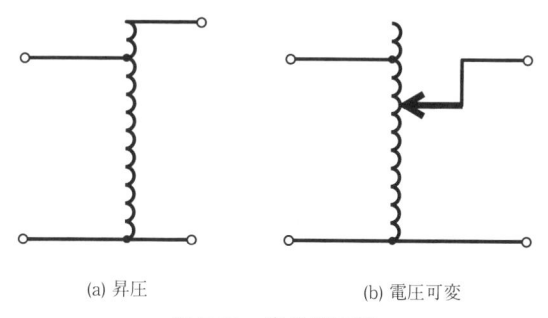

(a) 昇圧　　　(b) 電圧可変

図 5.46　単巻変圧器

5.6.4　計器用変成器

(1) 計器用変圧器

電圧を監視する際には母線に電圧計を接続すればよいが，電圧が高い場合や電線から電圧計まで距離が長い場合には，直結することは避けたい．そこで，図 5.47 のように母線には計器用変圧器 (VT: voltage transformer, PT: potential transformer) を接続し，100V または 110V に降圧して計器盤まで延長する．

(2) 変流器

電流計は電流の経路に直列に接続しなければならないが，電圧の高い系統や電流の大きい系統では，電流計まで母線を迂回させ，また電流計自体に大電流を通ずるのは避けたい．そこで，図 5.47 のように母線には変流器 (CT: current transformer)

を設置し，1次側の大きな電流を2次側定格5Aに小さく変換して計器盤まで延長する．1本の母線が1次側の巻線に相当している．なお，通電中に変流器の2次側を開放すると高電圧が発生して危険であるため，2次側を開放してはならない．

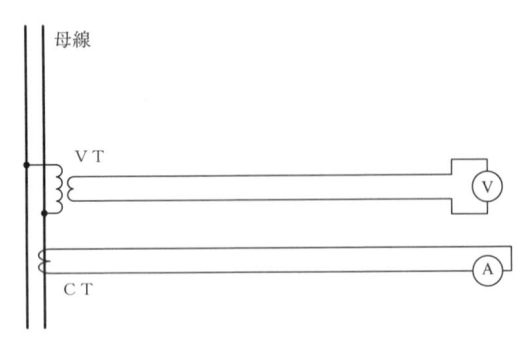

図5.47 計器用変成器

5.6.5 試験用変圧器

送電ケーブルや電気機器の絶縁耐力試験に用いるためなど，特に高い電圧を発生させる．

******* 演習問題 *******

問題 5.1 単相変圧器の無負荷試験を行った．電力計の読みは96[W]，電流計の読みは0.8[A]，電圧計の読みは200[V]であった．この変圧器の励磁アドミタンスの大きさY_0[mS]，励磁コンダクタンスg_0[mS]，励磁サセプタンスb_0[mS]を求めよ．ただし，測定器の内部インピーダンスは無視せよ．

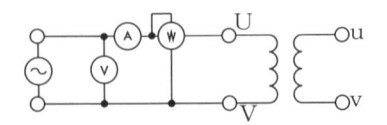

問題 5.2 単相変圧器の等価回路を図のように想定して短絡試験を行った．電力計，電流計，電圧計の読みは各々50[W]，10.1[A]，5.4[V]であった．図中の1次側換算抵抗値R[Ω]と漏れリアクタンスX[Ω]を求めよ．変圧器の1次側と2次側定格電圧は各々200[V]，100[V]である．1次側と2次側の巻線抵抗は，各々0.212[Ω]，

0.0473[Ω] とする．ただし，励磁電流，温度係数，測定器の内部インピーダンスは考慮しなくてよい．

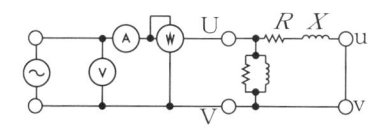

問題 5.3 定格容量 500[kVA]，鉄損 5[kW]，全負荷銅損 3[kW] の単相変圧器がある．
① この変圧器が全負荷（負荷率 1.0），力率 0.784 で運転されるときの効率 η_1[%] を求めよ．
② この変圧器が負荷率 0.10061，力率 0.4 で運転されるときの効率 η_2[%] を求めよ．

問題 5.4 定格容量 200[kVA]，鉄損 2[kW]，全負荷時の銅損 5[kW] の変圧器がある．この変圧器を 1 日のうち，
　① 力率 80% の全負荷で 6 時間，
　② 力率 90% の 1/2 負荷で 10 時間，
　③ 力率 100% の 1/4 負荷で 4 時間，
　④ その他の時間は無負荷，
で使用する場合の全日効率等を求めよ．

1 日中の出力電力量 $P_\mathrm{out} =$	[kWh]
1 日中の鉄損電力量 $P_i =$	[kWh]
1 日中の銅損電力量 $P_c =$	[kWh]
1 日中の入力電力量 $P_{in} =$	[kWh]
全日効率 $\eta_{day} =$	%

問題 5.5 図に示す Y-Δ 結線の三相変圧器に，Δ 結線の三相平衡負荷が接続されている．2 次側線間電圧が $200 + j0$[V]，負荷インピーダンス $\dot{Z} = 4 + j3$[Ω] である．変圧器 2 次側の相電流の大きさ I_1 と，変圧器－負荷間の線電流の大きさ I_2 を求めよ．

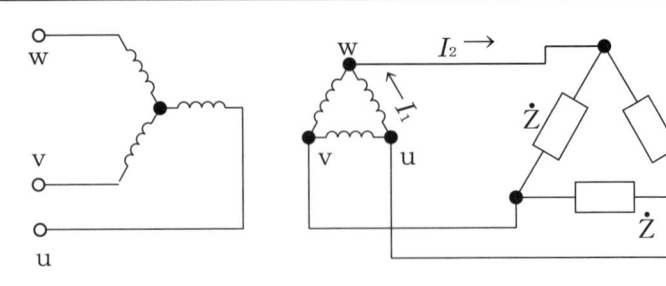

第6章

誘導電動機

　誘導電動機は，電磁誘導作用によって回転部分にエネルギーを伝達するので直流機のような摺動部品は不要であるため，保守性がよく長寿命である．一方，インダクタンスが大きいので力率を上げにくく，渦電流が必要であるため効率も上げにくい．さらに，負荷（電動機の回転軸に連結される機械）へ供給する回転力に応じてわずかに回転速度が変動するため，完全な定速回転を維持するには制御が必要となる．しかし，ブラシがないため静穏，構造が簡単であるため堅牢かつ安価であり，交流電源に直結すれば回転するので容易に使用可能という利点もあって，産業用の生産機械，電車，家庭電化製品では換気扇，扇風機，冷蔵庫などを始めとして広く使われている．

6.1　誘導電動機の位置付け

　直流電源で動作する電動機を直流電動機，交流電源で動作する電動機を交流電動機と単純に分類できる．また，動作原理の観点から，直流電動機，同期電動機，誘導電動機，ステッピングモータ，他とも大別できる．

(1) 直流電動機，同期電動機

　永久磁石によるか直流電流によるかの違いはあっても，直流磁界（大きさ，方向が一定の磁界）中の電流に働く力によって回転する．直流電動機では，ブラシと整流子によって作られた交流電流の流れる電機子が回転子となる．同期電動機では，固定された電機子に交流電流を通ずると回転磁界が発生し，回転磁界に同期した回転速度で直流磁石（永久磁石または電磁石）が回転する．

(2) 同期電動機のインバータ駆動とブラシレスモータ

　直流電動機の弱点であるブラシと整流子の摺動を電子回路で置き換えたものを一般にブラシレスモータと呼ぶ．電子回路と一体になった電動機へ直流を供給するので直流ブラシレスモータ (DC Brushless Motor) と称する．一方，直流を交流に変換するインバータと電動機そのものを電線で接続すれば，インバータによる同期電

動機の駆動になる．どちらも動作原理に差はない．

(3) 誘導電動機

　誘導電動機は同期電動機と同様に固定子が電機子であり，交流電流を通ずると回転磁界を発生する．ここに導体を配置すると渦電流が誘導され，渦電流が回転磁界から受ける力によって回転する．これは，他の電動機の動作原理とは大きく異なる．

(4) ステッピングモータ

　ステッピングモータ（歩進電動機）は，電流パルス一つで1ステップずつ動作する．ステップの大きさは各モータそれぞれの固定子と回転子の寸法によって決まっている．

(5) その他

　さらに利用形態によっても，①直流電磁石における銅損が発生しない永久磁石形，②制御における応答性を重視するサーボ (Servo) モータ，③小形電動機，④内側が回転するインナロータ形と外側が回転するアウタロータ形，⑤直動・多次元・球面など多種多様な電動機が提案され，実際に商品化されているものも，発展途上のものもある．

6.2　誘導電動機の構造

　図6.1は誘導電動機の内部であり，固定子（電機子）巻線の断面と円筒形の回転子を見ることができる．図6.2は各部品を示している．巻線は磁路を形成して磁束を導くための鉄心に納められており，鉄心の内側に回転子を配置する．回転子外径は鉄心内径よりも若干小さく製作されており，軸受で支持された回転子が自由に回転可能になっている．これらが外箱に入っている．回転子と固定子鉄心とのすきまをギャップ（Gap, 空隙）といい，回転時に接触しないよう，ある程度の寸法を確保する必要がある．一方，磁路として見るとギャップは非磁性体の空気であるから，なるべく小さいほうが電動機の特性が向上する．

6.2.1　電機子

　電機子の構造は，前述のように同期電動機と同じである．同期電動機は回転子が磁石（永久磁石，または電磁石）であるのに対し，誘導電動機の回転子は渦電流が誘導される導体であることが異なる．

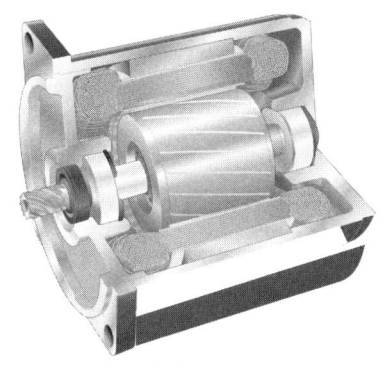

図 6.1　誘導電動機の内部（提供：オリエンタルモーター株式会社）

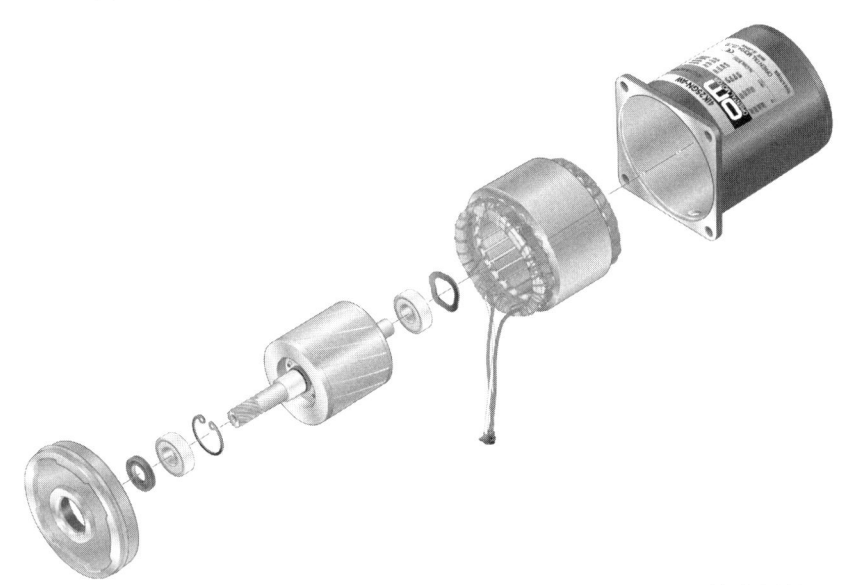

図 6.2　誘導電動機を構成する部品（提供：オリエンタルモーター株式会社）

6.2.2　回転子

　回転子の導体は，図 6.3 のように軸方向の導体棒と終端を短絡する環状導体で構成されている．このような形態をかご形回転子いう．この名称の由来は「リスのかご (squirrel cage)」とされているが，日本では「回し車（ハムスターホイール）」というほうがわかりやすいかもしれない．磁気抵抗を低下させて磁束を通すため，導体と導体の間は変圧器の鉄心と同様に鉄板を積層した鉄心とするのが一般的である．

　旧来は巻線形回転子も使われていたが，近年では他の手段によって代替できるよ

図6.3　かご形回転子

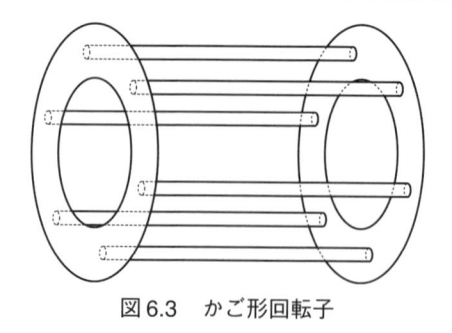

うになったので，本書では取り上げない．

6.3　力の発生原理

電気エネルギー（電力）が，機械的な運動エネルギーに変わる仕組みを電磁現象として説明する．

6.3.1　関連する法則
(1) ファラデーの電磁誘導の法則
　導体内の磁界が変化すると起電力が発生する．変圧器でもこの現象は利用しており，図5.4に示した．誘導電動機で起電力の発生する導体は，巻線ではなく，図6.3の回転子である．

(2) レンツの法則
　図5.10と同様に，固定子巻線が作る交流磁界の中にある回転子導体には渦電流が発生している．この渦電流の方向は，磁界の変化を妨げる向きであり，レンツの法則として知られている．すなわち，交流磁界の瞬時値が減少するときに，渦電流は磁界を強める向きになる．交流磁界の瞬時値が増加するときに，渦電流は磁界を打ち消す向きになる．交流電流によって生じた交流磁界の作用で発生する渦電流も交流電流になる．

(3) フレミングの法則
　図6.4 (a) は，直交する座標軸を示しており，

- 左手の中指　　　... 電流（原因）
- 左手の人差し指 ... 磁界（原因）
- 左手の親指　　　... 力（結果）

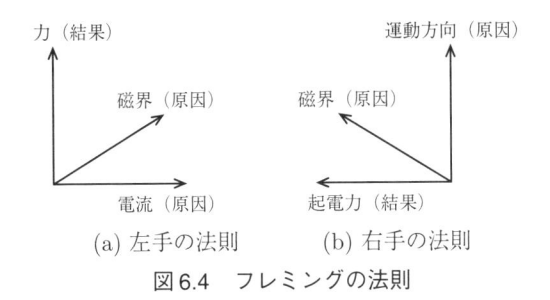

```
          力（結果）              運動方向（原因）
             ↑                      ↑
             |  ↗磁界（原因）       |  ↖磁界（原因）
             | /                    | \
             |/                     |\
             +————→                 +————←
               電流（原因）           起電力（結果）
          (a) 左手の法則            (b) 右手の法則
```

図6.4　フレミングの法則

の方向に対応する．磁界の中にある電流に力が発生するのであり，電動機の基本原理になる．

同図 (b) の差異は，因果関係であり，

- 右手の中指　　　... 起電力（結果）
- 右手の人差し指 ... 磁界（原因）
- 右手の親指　　　... 運動（原因）

の方向に対応する．磁界の中を運動する導体に起電力が発生するのであり，発電機の基本原理として知られる．同じく誘導電動機の場合も，2次側回転子の渦電流が右手の法則によって発生している．電磁誘導によって回転子にエネルギーが伝わるため，ブラシと整流子やスリップリングのような摺動部品の不要なところが誘導電動機の利点の一つである．

誘導電動機の1次側固定子巻線に
交流電流を通ずると，
　　　↓
回転磁界が発生し，────────────┐
　　　↓   │
この時間的に変動する磁界によって， │
2次側の回転子導体に渦電流が発生する．│
　　　　　　　　　　　　│   │
　　　　　　　　　　　　└────┬────┘
　　　　　　　　　　　　　　↓
　　　　　　　　　　　　渦電流と磁界によって
　　　　　　　　　　　　力が発生して回転する．

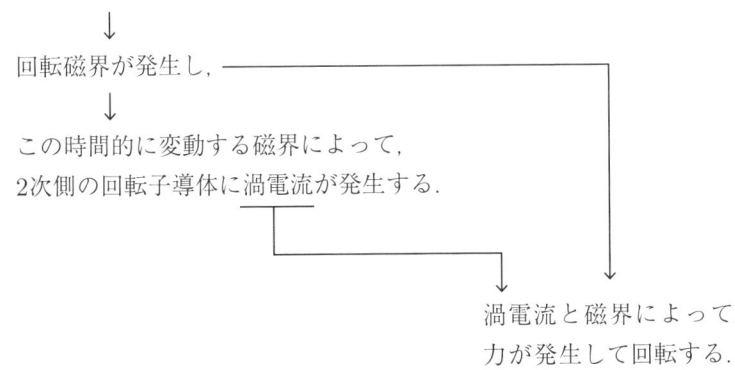

したがって，渦電流は誘導電動機にとって欠かすことができない．

6.3.2 回転磁界の発生

本項では，図 6.5 に示すように，角度は $+x$ 軸方向を 0 とし，反時計回りに増加する．a 相，b 相，c 相の三相電流を通じる三つのコイル（電機子巻線）a,b,c を，図 6.6 (a) のように $2\pi/3[\text{rad}](=120°)$ ずつずらして配置する．各コイルには，大きさが同じで位相を $2\pi/3[\text{rad}]$ ずつずらした交流電流（平衡三相）を通ずる．各相の電流 $i_\text{a}(t), i_\text{b}(t), i_\text{c}(t)$ によって，コイルを貫く磁界 $h_\text{a}(t), h_\text{b}(t), h_\text{c}(t)$ が図 6.6 (b) のように発生する．

まず，a 相について考える．電流は，

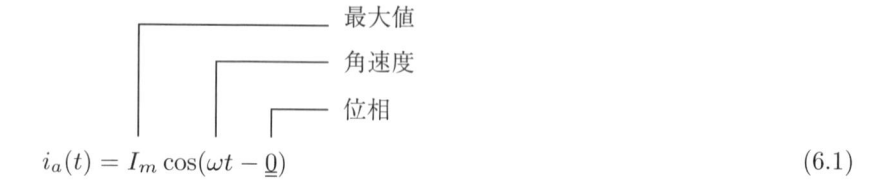

$$i_a(t) = I_m \cos(\omega t - \underline{0}) \tag{6.1}$$

（最大値／角速度／位相）

電流による磁界は，

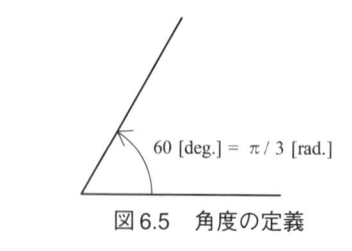

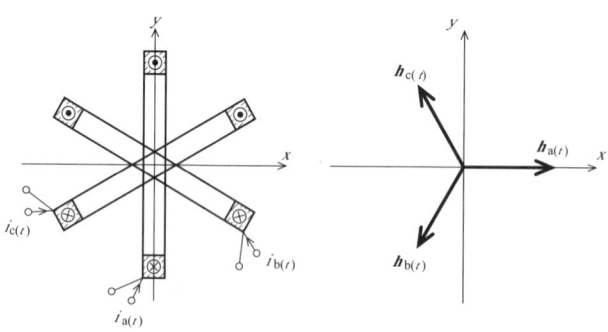

図 6.5　角度の定義

図 6.6　三相交流による磁界

(a) $2\pi/3[\text{rad}]$ ずれて配置されたコイル　(b) 各コイルによる磁界

$$h_a(t) = H_m \cos(\omega t - \underline{\underline{0}}) \tag{6.2}$$

この磁界ベクトルの x 方向成分と y 方向成分は,

$$h_{ax}(t) = h_a \times \cos\underwave{(0)} = H_m \cos(\omega t) \tag{6.3}$$

$$h_{ay}(t) = h_a(t) \times \sin\underwave{(0)} = 0 \tag{6.4}$$

である.二重下線を付した角度は電流の時間的ずれ(位相)を表しており,波下線を付した角度はコイルが配置された機械的ずれ(場所)を示している.位相と場所の角度を対応させておくことで回転磁界を得る.

同様に,a 相に対して $2\pi/3$[rad] 遅れている b 相について考える.

$$i_b(t) = I_m \cos\left(\omega t - \underline{\underline{\frac{2\pi}{3}}}\right) \tag{6.5}$$

$$h_b(t) = H_m \cos\left(\omega t - \underline{\underline{\frac{2\pi}{3}}}\right) \tag{6.6}$$

$$h_{bx}(t) = h_b(t) \times \cos\underwave{\left(-\frac{2\pi}{3}\right)} = -\frac{1}{2} H_m \cos\left(\omega t - \frac{2\pi}{3}\right) \tag{6.7}$$

$$h_{by}(t) = h_b(t) \times \sin\underwave{\left(-\frac{2\pi}{3}\right)} = -\frac{\sqrt{3}}{2} H_m \cos\left(\omega t - \frac{2\pi}{3}\right) \tag{6.8}$$

a 相に対して $4\pi/3$[rad] 遅れている c 相については,次式のようになる.

$$i_c(t) = I_m \cos\left(\omega t - \underline{\underline{\frac{4\pi}{3}}}\right) \tag{6.9}$$

$$h_c(t) = H_m \cos\left(\omega t - \underline{\underline{\frac{4\pi}{3}}}\right) \tag{6.10}$$

$$h_{cx}(t) = h_c(t) \times \cos\underwave{\left(-\frac{4\pi}{3}\right)} = -\frac{1}{2} H_m \cos\left(\omega t - \frac{4\pi}{3}\right) \tag{6.11}$$

$$h_{cy}(t) = h_c(t) \times \sin\underwave{\left(-\frac{4\pi}{3}\right)} = +\frac{\sqrt{3}}{2} H_m \cos\left(\omega t - \frac{4\pi}{3}\right) \tag{6.12}$$

ここで,余弦の加法定理

$$\cos(\alpha \pm \beta) = \cos(\alpha) \times \cos(\beta) \mp \sin(\alpha) \times \sin(\beta) \quad \text{(複合同順)}$$

を用いて, 式 (6.13) と式 (6.14) を導いておく.

$$\left\{\cos\left(\omega t - \frac{2\pi}{3}\right)\right\} + \left\{\cos\left(\omega t - \frac{4\pi}{3}\right)\right\}$$

$$= \left\{\cos(\omega t) \times \cos\left(\frac{2\pi}{3}\right) + \sin(\omega t) \times \sin\left(\frac{2\pi}{3}\right)\right\}$$

$$+ \left\{\cos(\omega t) \times \cos\left(\frac{4\pi}{3}\right) + \sin(\omega t) \times \sin\left(\frac{4\pi}{3}\right)\right\}$$

$$= \left\{-\frac{1}{2}\cos(\omega t) + \frac{\sqrt{3}}{2}\sin(\omega t)\right\}$$

$$+ \left\{-\frac{1}{2}\cos(\omega t) - \frac{\sqrt{3}}{2}\sin(\omega t)\right\}$$

$$= -\cos(\omega t) \tag{6.13}$$

$$\left\{\cos\left(\omega t - \frac{4\pi}{3}\right)\right\} - \left\{\cos\left(\omega t - \frac{2\pi}{3}\right)\right\}$$

$$= \left\{\cos(\omega t) \times \cos\left(\frac{4\pi}{3}\right) + \sin(\omega t) \times \sin\left(\frac{4\pi}{3}\right)\right\}$$

$$- \left\{\cos(\omega t) \times \cos\left(\frac{2\pi}{3}\right) + \sin(\omega t) \times \sin\left(\frac{2\pi}{3}\right)\right\}$$

$$= \left\{-\frac{1}{2}\cos(\omega t) - \frac{\sqrt{3}}{2}\sin(\omega t)\right\}$$

$$- \left\{-\frac{1}{2}\cos(\omega t) + \frac{\sqrt{3}}{2}\sin(\omega t)\right\}$$

$$= -\sqrt{3}\sin(\omega t) \tag{6.14}$$

磁界の x 方向成分 $h_x(t)$ は, 式 (6.3), (6.7), (6.11) の合計として,

$$h_\mathrm{x}(t) = h_\mathrm{ax}(t) + h_\mathrm{bx}(t) + h_\mathrm{cx}(t)$$

$$= H_m \cos(\omega t) - \frac{1}{2}H_m \cos\left(\omega t - \frac{2\pi}{3}\right) - \frac{1}{2}H_m \cos\left(\omega t - \frac{4\pi}{3}\right)$$

$$= H_m \cos(\omega t) - \frac{1}{2}H_m \left\{\cos\left(\omega t - \frac{2\pi}{3}\right) + \cos\left(\omega t - \frac{4\pi}{3}\right)\right\}$$

$$= H_m \cos(\omega t) - \frac{1}{2}H_m \left\{-\cos(\omega t)\right\}$$

$$= \frac{3}{2}H_m \cos(\omega t) \tag{6.15}$$

となる.同様に,y 方向成分 $h_\mathrm{y}(t)$ は,式 (6.4),(6.8),(6.12) の合計である.

$$\begin{aligned}
h_\mathrm{y}(t) &= h_\mathrm{ay}(t) + h_\mathrm{by}(t) + h_\mathrm{cy}(t) \\
&= 0 - \frac{\sqrt{3}}{2}H_m \cos\left(\omega t - \frac{2\pi}{3}\right) + \frac{\sqrt{3}}{2}H_m \cos\left(\omega t - \frac{4\pi}{3}\right) \\
&= \frac{\sqrt{3}}{2}H_m \left\{\cos\left(\omega t - \frac{4\pi}{3}\right) - \cos\left(\omega t - \frac{2\pi}{3}\right)\right\} \\
&= \frac{\sqrt{3}}{2}H_m \left\{-\sqrt{3}\sin(\omega t)\right\} \\
&= -\frac{3}{2}H_m \sin(\omega t) \tag{6.16}
\end{aligned}$$

x 方向成分 $h_\mathrm{x}(t)$ と y 方向成分 $h_\mathrm{y}(t)$ で構成される磁界ベクトル $\boldsymbol{h}(t)$ を考える(単振動の合成).

$$\boldsymbol{h}(t) = \boldsymbol{i}_x\, h_\mathrm{x}(t) + \boldsymbol{i}_y\, h_\mathrm{y}(t)$$

　　　　　　└──── y 方向の単位ベクトル
　　└──────── x 方向の単位ベクトル

$\boldsymbol{h}(t)$ の大きさ $h(t)$ は,$\cos^2(\alpha) + \sin^2(\alpha) = 1$ を用いて

$$\begin{aligned}
h(t) &= \sqrt{h_\mathrm{x}(t)^2 + h_\mathrm{y}(t)^2} \\
&= \sqrt{\left(\frac{3}{2}H_m\right)^2 \cos^2(\omega t) + \left(-\frac{3}{2}H_m\right)^2 \sin^2(\omega t)} \\
&= \sqrt{\left(\frac{3}{2}H_m\right)^2 \{\cos^2(\omega t) + \sin^2(\omega t)\}} \\
&= \frac{3}{2}H_m \tag{6.17}
\end{aligned}$$

となって,磁界ベクトル $\boldsymbol{h}(t)$ の大きさは,時間的に変化しないことがわかる.一方,回転角 $\phi(t)$ は,$\tan(-\alpha) = -\tan(\alpha)$,$\tan(\beta) = \dfrac{\sin(\beta)}{\cos(\beta)}$ を用いて

$$\phi(t) = \tan^{-1}\left\{\frac{h_y(t)}{h_x(t)}\right\} = \tan^{-1}\left\{\frac{-\frac{3}{2}H_m\sin(\omega t)}{\frac{3}{2}H_m\cos(\omega t)}\right\}$$

$$= \tan^{-1}\left\{-\frac{\sin(\omega t)}{\cos(\omega t)}\right\} = -\tan^{-1}\left\{\frac{\sin(\omega t)}{\cos(\omega t)}\right\} = -\tan^{-1}\{\tan(\omega t)\}$$

$$= -\omega t \tag{6.18}$$

であり，時間とともに減少する．角速度（回転速度）は，回転角を時間 t で微分すると

$$\frac{\partial \phi(t)}{\partial t} = -\omega\,[\mathrm{rad/s}] \tag{6.19}$$

└── 1秒間あたりの回転角度［ラジアン］，radian per second

となって，時間的に変動せず一定である．図 6.5 で定義したように，反時計回りを正方向としたので，負の角速度は，時計回りを意味している．すなわち，三相交流によって作られる磁界ベクトル $\boldsymbol{h}(t)$ は，図 6.7 に示すように

- 大きさは $\frac{3}{2}H_m$ 一定，
- 角速度 ω で，
- 時計回りに回転する．

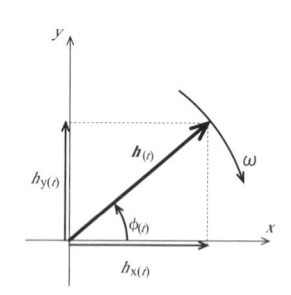

図 6.7　回転する磁界ベクトル

6.3.3　力の発生

　誘導電動機において，回転磁界が回転力を発生する仕組みを考える．誘導電動機の断面を図 6.8 のように示す．外側の固定子は鉄心の溝（スロット）に三相巻線を

納めてあり，三相交流電流を通ずると回転磁界 $\phi(t)$ を発生する．同期電動機と同様に，磁界の回転速度を同期速度 (synchronous speed) といい，記号 N_s で表す．固定子の内側には，鉄心とかご形導体からなる回転子がある．誘導電動機回転子の回転速度は同期速度とは一致せず，これを記号 N で表す．

$$N \neq N_s \tag{6.20}$$

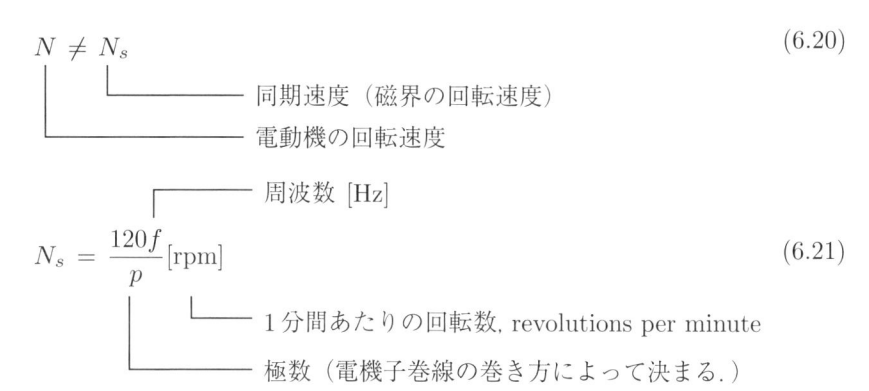

- N_s ── 同期速度（磁界の回転速度）
- N ── 電動機の回転速度

$$N_s = \frac{120f}{p}[\mathrm{rpm}] \tag{6.21}$$

- f ── 周波数 [Hz]
- rpm ── 1分間あたりの回転数, revolutions per minute
- p ── 極数（電機子巻線の巻き方によって決まる．）

図 6.9 での説明のため，円筒形の電動機に切り込みを入れて平らに押し広げた形状にする（これは，2次側が直線運動をするリニアモータである）．

同図 (a) は，2次側導体から見て磁束 ϕ が速度 N_s で右方向へ移動するところを表している．相対速度は同じであるが，磁界を止めて逆に2次側導体を速度 N_s で左方向へ移動させると考えると同図 (b) となる．フレミングの右手の法則にしたがって紙面裏側から手前方向への渦電流が導体内に発生する．この渦電流と磁束 ϕ との関係を考えると，フレミングの左手の法則にしたがった電流の流れる導体に右方向の力 F が作用する．そこで，同図 (c) に示すように，力を受けた2次側導体は速度 N で移動することになる．

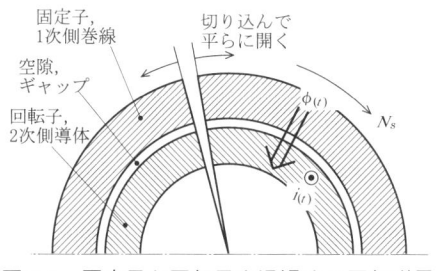

図 6.8 固定子と回転子を通過する回転磁界

磁界の回転速度（同期速度）N_s と回転子の回転速度 N との差をすべり (slip) と呼び記号 s で表す．誘導電動機では，常に $N_s > N$ であるから，s は $0 < s \leqq 1$ の

(a) 回転磁界　(b) 誘導電流の発生　(c) 回転力の発生

図 6.9　固定子と回転子を通過する回転磁界

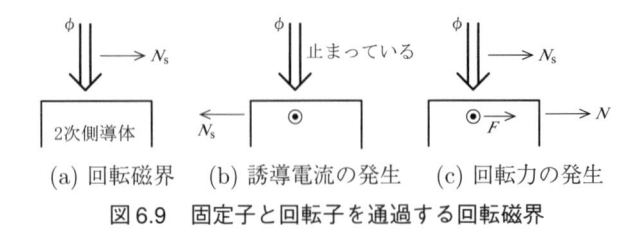

範囲にある．定格回転時では一般にすべり s は数％前後である．

$$s = \frac{N_s - N}{N_s} \tag{6.22}$$

ここで，$s = 0$ すなわち $N = N_s$ について考える．図 6.9 (c) で示したように，2次側導体は力 F を受けて加速する．回転速度 N は N_s まで上昇しそうであるが，N が同期速度 N_s に近づくと，同図 (b) で考えた相対速度が 0（ゼロ）になり，2次側導体から見て磁束 ϕ の移動がなくなる．磁束の変化がなくなれば渦電流が発生しなくなり，力 F も発生しないので $N = N_s$ まで加速することはできない．すなわち，すべりは誘導電動機において重要である．

6.3.4　2次側が回転する変圧器

1次側巻線に電圧 V_1，周波数 f_1 の電源を接続すると逆起電力 $E_1 = V_1$ が発生する．

$$E_1 = \sqrt{2}\pi \times k_1 \times w_1 \times f_1 \times \phi_0 \tag{6.23}$$

- ϕ_0：1極あたりの磁束
- w_1：1次側巻線の1相あたりの巻数
- k_1：1次側巻線の巻線係数

2次側導体に発生する起電力 E_2 は，

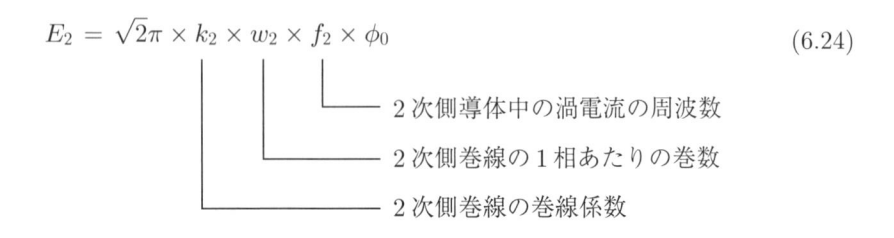

$$E_2 = \sqrt{2}\pi \times k_2 \times w_2 \times f_2 \times \phi_0 \tag{6.24}$$

- f_2：2次側導体中の渦電流の周波数
- w_2：2次側巻線の1相あたりの巻数
- k_2：2次側巻線の巻線係数

となる．磁束は1次側と2次側に流れるので ϕ_0 は共通であるが，1次側と2次側の速度差を考慮して，ここでは $f_1 \neq f_2$ としておく．

(1) 静止時，拘束時（変圧器の短絡試験に相当）

電源を投入した直後は，機械的には回転し始めていないので，回転速度 $N=0$ である．また測定のため，電動機が回転しないように意図的に拘束する場合もある．このときには式 (6.22) より $s=1$ になる．速度差がないため，

$$f_2 = f_1 \tag{6.25}$$

となる特殊な場合である．さらに，2次側が静止していれば変圧器と同様であり，巻数比 a を

$$a = \frac{E_1}{E_2} = \frac{k_1 w_1}{k_2 w_2} \tag{6.26}$$

と考えることができる．

(2) 理想的な無負荷時（変圧器の開放試験に相当）

前述のように現実には，すべりがなければ回転しないが，ここでは理想的な場合を考えている．$N = N_s$, $s = 0$ となる．2次側が同期速度（磁束の回転速度）で回転していれば，2次側では磁束の変化がなく，

$$f_2 = 0$$

である．

(3) 通常の運転時

静止時と無負荷時の間に通常運転時がある．回転数 N，すべり s は，

$$0 < N < N_s$$
$$1 > s > 0$$

の範囲であり，2次側の周波数は，

$$f_2 = \underset{\text{すべり}}{s} \times f_1 \tag{6.27}$$

となる．変圧器では2次側が回転しないため $s=1$ であり1次側と2次側の周波数が同じであるが，誘導電動機では式 (6.27) のように異なる．これが変圧器と誘

導電動機の大きな違いである．周波数が変化すれば，式 (6.24) より

$$E_2' = s \times E_2 \tag{6.28}$$

である．リアクタンス $x = 2\pi f L$ であるから，L が一定でも周波数が変化することによって，

$$\begin{aligned} f_2 &= f_1 \text{ のとき} &&\to x_2 \\ f_2 &= s \times f_1 \text{ のとき} &&\to s \times x_2 \end{aligned} \tag{6.29}$$

となる．

6.3.5 誘導電動機の電流

図 6.10 に示すように，1次側固定子巻線に周波数 f_1 の電流を通ずると式 (6.21) で示した速度

$$N_s = \frac{120f}{p} \tag{6.21 再掲}$$

の回転磁界が発生する．2次側回転子は速度 $N < N_s$ で回転しており，誘導された渦電流の周波数 f_2 は，すべりを式 (6.22) の s として，

$$f_2 = s \times f_1 \tag{6.27 再掲}$$

となる．静止状態と回転状態を表 6.1 で比較する．回転数が 0 から N に変わると，すべりが 1 から $0 < s < 1$ に変化する．一般的な誘導電動機では，$s = 0.05(5\%)$ 程度である．電源周波数 f_1 を 50 [Hz] とすれば，回転時の渦電流の周波数 f_2 は 2.5 [Hz] と低い値になる．リアクタンス $x = 2\pi f L$ も周波数に応じて低下するが，抵抗 r は周波数の影響を受けない．起電力 E_2 も式 (6.28) のように低下する．

回転時の2次側の電流 I_2 は，起電力とインピーダンスから式 (6.30) となる．

$$I_2 = \frac{s \times E_2}{\sqrt{r_2^2 + (s \times x_2)^2}} \tag{6.30}$$

1次側の周波数 f_1 は電源周波数と同一のため変化しない．電源電圧 V_1 も一定であるから，式 (6.23) より磁路に流れる磁束 ϕ_0 も一定でなければならない．

$$\phi_0 \propto \frac{V_1}{f_1} \tag{6.31}$$

└── 磁束は，電圧に比例し，周波数に反比例する．

表6.1 誘導電動機パラメータの対比

	静止，拘束状態	回転状態
回転数	0 [rpm]	N [rpm]
すべり	$s = 1 (100\%)$	$0 < s < 1$
周波数	$f_2 = f_1$	$f_2 = s \times f_1$
インピーダンス	$Z_2 = r_2 + \mathrm{j} x_2$	$Z_2 = r_2 + \mathrm{j}(s \times x_2)$
起電力	E_2	$s \times E_2$

そこで，2次側導体に流れる電流 I_2 による磁束変化を打ち消すように1次側に流れる電流 I_1 が変化する．これは，5.1.2項で述べた変圧器の原理と同じである．

$$\dot{I}_1 = \dot{I}_0 + \dot{I}_1' \tag{6.32}$$

- I_2 による磁束変化を打ち消す分
- I_2 がないとき（無負荷時）

電源電圧は変化しないので，電源側から見たインピーダンスが変化することになる．電流の増加分 I_1' は，変圧器では2次側からの出力電力エネルギーになっており，誘導電動機では回転エネルギーとなる．

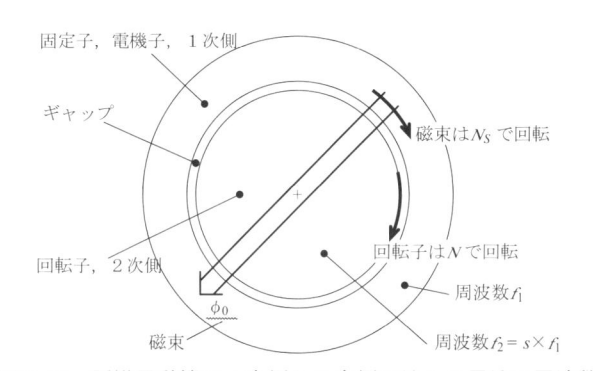

図6.10 誘導電動機の1次側と2次側に流れる電流の周波数

6.3.6 発生力の分布

図6.9で説明した力の発生を詳しく調べる．図6.11 (a) は，ある時刻 $t = t_1$ における磁束密度の分布である．横軸は時間ではなく空間的な位置（場所）を示しており，回転形電動機であれば回転角であり，リニア形であれば距離となる．磁束密度

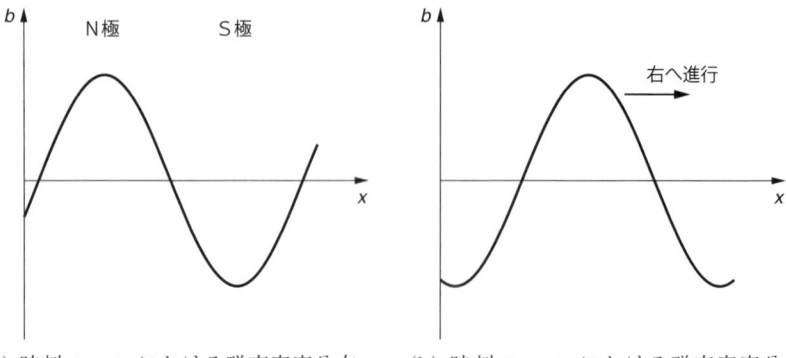

(a) 時刻 $t = t_1$ における磁束密度分布

(b) 時刻 $t = t_2$ における磁束密度分布 ($t_2 > t_1$)

図 6.11 進行磁界

が正の範囲が磁石の N 極,負の範囲が S 極に相当し,N 極と S 極が交互に並んでいる.時間が経過した時刻 $t = t_2 (t_2 > t_1)$ における磁束密度分布を示すのが図 6.11 (b) である.磁束密度の分布は図上で右方向に移動しており,N 極と S 極の位置が移動している.このような磁界を回転形電動機であれば回転磁界(図 6.7)と呼び,リニア形であれば進行磁界となる.

図 6.11 に示すような磁束密度の空間的な分布 $b(x)$ を式 (6.33) で表す.

$$b(x) = B_m \sin(x) \tag{6.33}$$

ここで,B_m は磁束密度の最大値,x は位置,場所.

2 次側導体に誘導された電流 $i_2(x)$ は,磁界の進行に対して Δx 遅れるので,

$$i_2(x) = I_m \sin(x - \Delta x) \tag{6.34}$$

ここで,I_m は 2 次電流の最大値.

発生する力 $f(x)$ は,

$$f(x) = b(x) \times i_2(x) \times l \tag{6.35}$$

ここで,l は導体の長さ.

(注:ここで,f は力 (force) であり,周波数 (frequency) ではない.)

であり,回転力(トルク,torque)τ は回転子の直径を D とすると,図 6.12 のように,

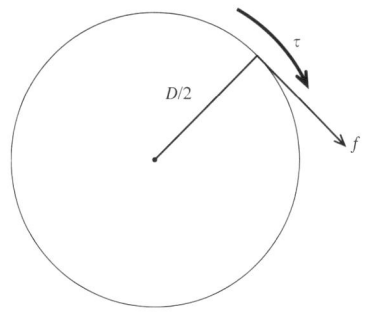

図 6.12　直径と回転力

$$\tau(x) = f(x)\frac{D}{2} \tag{6.36}$$

となる．式 (6.33), 式 (6.34), 式 (6.35) より，式 (6.36) は，

$$\tau(x) = b_m \sin(x) \times I_m \sin(x - \Delta x) \times l \times \frac{D}{2}$$
$$= \frac{b_m\, I_m\, l\, D}{2} \{\sin(x) \times \sin(x - \Delta x)\}$$

となり，ここで積和公式 $\sin(\alpha) \times \sin(\beta) = -\dfrac{1}{2}\{\cos(\alpha+\beta) - \cos(\alpha-\beta)\}$ を用いて，

$$\tau(x) = \frac{B_m\, I_m\, l\, D}{2}\left[-\frac{1}{2}\{\cos(x+(x-\Delta x)) - \cos(x-(x-\Delta x))\}\right]$$
$$= \frac{B_m\, I_m\, l\, D}{4}\left[-\cos(2x-\Delta x) + \cos(\Delta x)\right]$$
$$\tau(x) = \underbrace{\frac{B_m\, I_m\, l\, D}{4}\cos(\Delta x)}_{\text{第1項：}\tau_s,\text{平均値，一定}} - \underbrace{\frac{b_m\, I_m\, l\, D}{4}\cos(2x-\Delta x)}_{\text{第2項：}\tau_r(x),\text{脈動分}} \tag{6.37}$$

を得る．式 (6.37) は，位置 x の関数として回転力 $\tau(x)$ を表している．磁束密度 $b(x)$ と電流 $i_2(x)$ のずれ（位相差）Δx は一定であるから，第1項は x によって変化しない平均値 τ_s である．第2項は位置 x に応じて変化する $\tau(x)$ の脈動（リップル，ripple）分 $\tau_r(x)$ である．

$b(x), i_2(x), \tau(x), \tau_s, \tau_r(x)$ を図 6.13 に示す.横軸は,位置 x である.各分布は全体的に右方向に進行するので,磁束密度分布に対して遅れる 2 次電流の分布は左にずれている.磁束密度 b と電流 i_2 の積が回転力 τ になっており,回転力 τ は平均値 τ_s と脈動分 τ_r に分離できる.回転力 τ は脈動しているが,平均値は正(プラス)であるから回転できる.

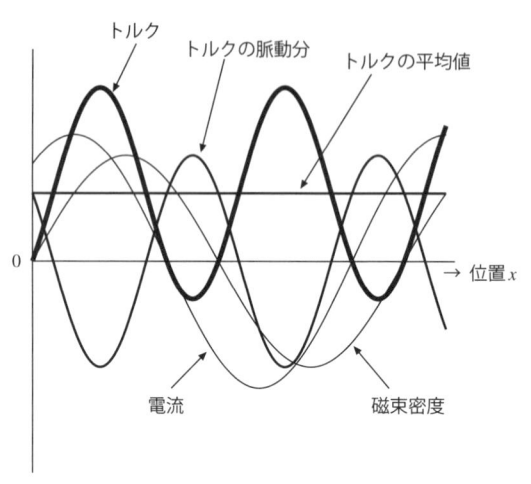

図 6.13 ある時刻における力の分布

以上は,2 次導体 1 本あたりに作用する力についてであった.

 w_2:2 次側の 1 相あたりの巻数(導体数)
 m_2:2 次側の相数
 $w_2 \times m_2$:2 次側の導体の数

とすれば,全回転力 τ_all は,

$$\begin{aligned}
\tau_\text{all} &= w_2 \times m_2 \times \tau_s \\
&= w_2 \times m_2 \times \frac{B_m\, I_m\, l\, D}{4} \cos(\Delta x) \\
&= w_2 \times m_2 \times \left\{\frac{\pi}{2} B_a\right\} \frac{\{\sqrt{2} I\} l\, D}{4} \cos(\Delta x)
\end{aligned} \quad (6.38)$$

$$I_m:\text{最大値}, \quad I:\text{実効値}, \quad I_m = \sqrt{2} I$$
$$B_m:\text{最大値}, \quad B_a:\text{平均値}, \quad B_m = \frac{\pi}{2} B_a$$

となる．ここで，図 6.12 に示した回転子の直径 D と円周率 π の積 πD が円周で，これに軸方向の長さ l を乗ずると回転子外側の面積（ギャップ面積）πDl となる．磁束密度の平均値が B_a であるから，全磁束は $B_a \pi Dl$ であり，磁極数 p で除すと 1 極あたりの磁束 $\varPhi$ となる．

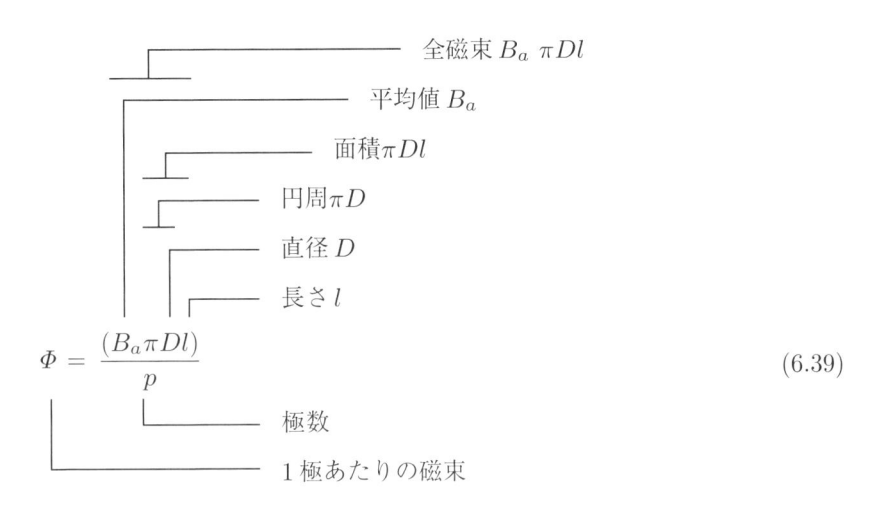

$$\varPhi = \frac{(B_a \pi Dl)}{p} \tag{6.39}$$

（右辺の分子は上から：全磁束 $B_a \pi Dl$，平均値 B_a，面積 πDl，円周 πD，直径 D，長さ l；分母：極数；左辺：1 極あたりの磁束）

式 (6.38)，式 (6.39) より，全回転力は

$$\tau_{\text{all}} = k\varPhi\{I \times \cos(\Delta x)\} \tag{6.40}$$

（$I \times \cos(\Delta x)$：2 次電流の有効分，$\varPhi$：1 極あたりの磁束，k：比例定数）

と書き直すことができる．磁束が多く，有効電流が大きいほど，誘導電動機の回転力（トルク）が強くなる．

6.4　誘導電動機の等価回路

　個々の誘導電動機の特性を知るには，実機を実測するのが確実である．しかし，大形の電動機では現実に機械的負荷を用意するのは容易ではない．一方，電動機の動作は電気磁気現象であるから，理論的にはマクスウェルの方程式を解けば特性を知ることができるはずである．しかし，各電動機の境界条件と初期条件に基づいて解析的な解を得ることは現実的に容易ではない．コンピュータを用いた有限要素法

などの数値的解法によって解を得ることは可能であり，開発や研究で実用的に用いられるようになっている．しかし，個々の電動機の特性を詳細に明らかにすることはできても，電動機の一般的な特性を直感的に理解するには不向きである．

そこで，本節では変圧器の場合と同様に，誘導電動機を等価的な電気回路に置き換えて，その特性の理解を試みる．

6.4.1　1次側を表す電気回路

1次側の電機子回路は，図6.14のように考えることができる．周波数 f_1，電圧 V_1 の電源から電流 I_1 が流入している．超電導状態ではないから，巻線導体には抵抗 r_1 があり，電流を流すと発熱する銅損を表す．巻線を流れる電流による磁束の発生が1次側電機子の役割である．磁束の周波数は電源周波数と同じ f_1 であり，リアクタンスに電流が流れているのでオームの法則により逆起電力 E_1 が生じている．発生した磁束のすべてが2次側を通過することが望ましいが，現実には一部の磁束は2次側を通過しない．これを一般に漏れ磁束と呼び，漏れリアクタンス x_1 に対応する．

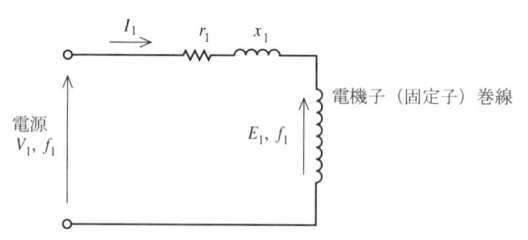

図6.14　誘導電動機の1次等価回路

6.4.2　2次側が回転している変圧器

1次側電機子（固定子）が発生する回転磁界の回転速度（同期速度）は，電機子の構造によって決まる極数 p を用いて，$N_s = (120 \times f_1)/p$ である．回転子は，速度 N で回転している．特殊な場合を除いて $N \neq N_s$ である．両者の関係は，すべり s を用いて $N = N_s \times (1-s)$ と表せる．回転磁界の回転速度と，回転子の回転速度の相対速度を考える．同期速度が N_s であっても，これを追いかけて回転子が N で回転しているので，回転子から観測すれば速度は $(N_s - N)$ である．したがって，2次側に誘導される渦電流の周波数 f_2 は，一般に $f_2 \neq f_1$ である．表6.2に電動機の状態と周波数の関係をまとめる．

表6.2　運転状態と2次側電流の周波数

状態	回転数 N	すべり s	周波数 f_2
静止	$N = 0$	$s = 1$	$f_2 = f_1$
通常の運転時	$0 < N < N_s$	$1 > s > 0$	$f_2 = s \times f_1$
理想的な無負荷	$N = N_s$	$s = 0$	$f_2 = 0$

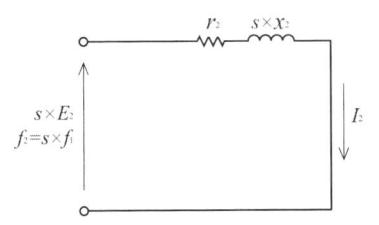

図 6.15　誘導電動機の2次等価回路

2次側の等価回路を図6.15に示す．誘導される電圧は式 (6.28) で示したように $s \times E_2$，周波数は表6.2のように $f_2 = s \times f_1$ となる．抵抗 r_2 は周波数の影響を受けない．誘導性リアクタンスは周波数が低下するため式 (6.29) のように $s \times x_2$ となる（$x = 2\pi f \times L$ である）．

6.4.3　磁気回路の等価回路化

磁気回路には，変圧器と同様に
① 鉄損（渦電流損とヒステリシス損）が発生し，このエネルギーを供給する鉄損電流 I_i
② 磁束を発生させる磁化電流 I_ϕ

が必要である．有効電流 I_i と無効電流 I_ϕ を合わせて，励磁電流

$$I_0 = I_i - jI_\phi \tag{6.41}$$

となる．これらに対応する回路が図6.16である．I_i を流すコンダクタンスが g_0，I_ϕ を流すサセプタンスが b_0 である．それぞれアドミタンス Y_0 の実数部と虚数部であり，

$$Y_0 = g_0 - jb_0 \tag{6.42}$$

の関係がある．

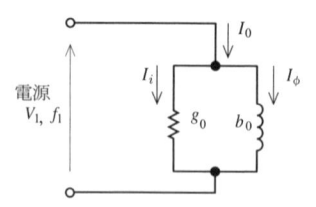

図 6.16 誘導電動機磁気回路の電気的等価回路

さて，1次側と2次側に広がる磁気回路（磁束が通過する経路）について，2次側の周波数 f_2 を考慮していない理由は，次のとおりである．図 6.17 は，固定子巻線で発生した磁束 ϕ が回転子を貫く概念を示している．これまで述べてきたように，この磁束は速度 N_s で回転している．磁束は固定子鉄心から，反対側の固定子鉄心まで，ギャップの空気と回転子の鉄心を突き抜けている．ここで，回転子の回転速度は N であり，磁束の回転速度とは異なる（$N < N_s$）．以上は，電動機の外部から観測した議論である．一方，観測者の視点を回転子に移してみると図 6.18 のように考えることができる．回転子自体は速度 N で移動しているが，回転子内に誘導された渦電流とこの渦電流による磁束は，回転子に対して $s \times N_s$ の速度で移動している．そこで，

$$
\begin{array}{r}
N \quad \cdots 回転子そのものの速度 \\
+)\ s \times N_s \quad \cdots 回転子に対する速度 \\
\hline
N_s \quad\quad\quad\quad\quad\quad
\end{array}
$$

となり，回転子内の磁束も電動機外部から観測して速度 N_s で回転していることになる．すなわち，固定子巻線によって発生した磁束と同じ速度で回転しているため，図 6.16 の等価回路では，同期速度（固定子巻線によって発生する磁束の回転速度）と回転子の回転速度との差を考慮する必要がないのである．

6.4.4 T形等価回路の構成

図 6.14，図 6.15，図 6.16 をまとめると図 6.19 となる．1次回路と磁気回路に印加される電圧は，いずれも E_1 であるから，並列に接続できる．2次回路は電圧が異なるので磁気的結合を仲立ちにして接続する．

誘導電動機の特性を検討するには，この等価回路の電流や電力などを計算すればよいが，さらに計算を簡単化するため磁気的結合を介さずに接続したい．1次側の電圧と周波数は E_1 と f_1 であり，2次側の $s \times E_2$, $s \times f_1$ とは異なるため，このまま接続することはできない．そこで，2次側を変換する．2次側の回路は図 6.15 で

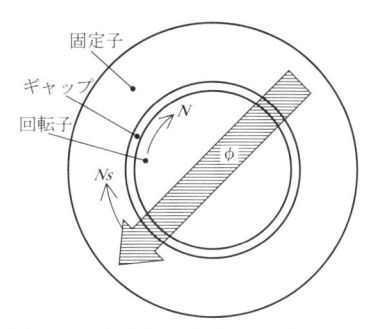

図 6.17　固定子と回転子を貫く磁束

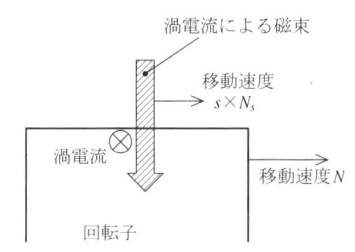

図 6.18　回転子上の渦電流によって発生する磁束の相対移動速度

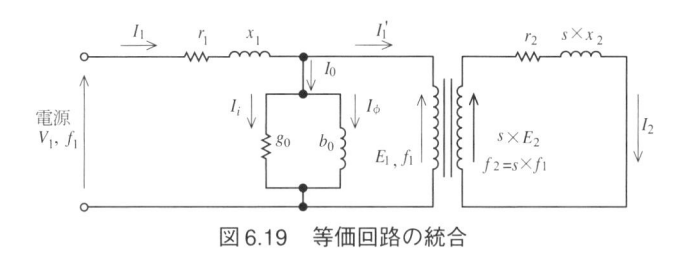

図 6.19　等価回路の統合

あり，電流 I_2 は式 (6.43) で表すことができる．

$$I_2 = \frac{s \times E_2}{\sqrt{(r_2)^2 + (s \times x_2)^2}} \tag{6.43}$$

式 (6.43) を変形すると，式 (6.44) を得る．右辺の分母はインピーダンスに相当し，分子は電圧に相当するので，対応する回路として図 6.20 を想定できる．

$$I_2 = \frac{E_2}{\sqrt{\left(\frac{r_2}{s}\right)^2 + (x_2)^2}} \tag{6.44}$$

エネルギーを変化させずに，2次側電圧を上げて1次側に合わせるためには電流を減少させる．このため，抵抗とリアクタンスを増加させる．式 (6.45) の左辺を

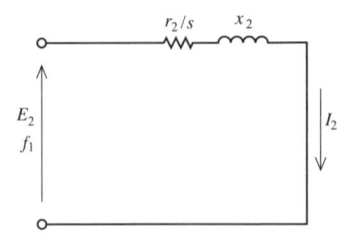

図 6.20　等価回路 2 次側電圧の調整

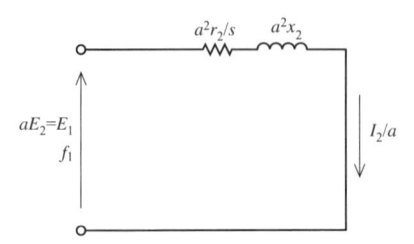

図 6.21　等価回路 2 次側電流の調整

電流，右辺分母をインピーダンス，分子を電圧と見れば図 6.21 の回路に相当する．これで 2 次側の電圧と電流が 1 次側と同じになったので，磁気的結合を介さずに両者を接続することができる．a は，式 (6.26) の巻数比である．図 6.19 の 2 次側を図 6.21 で置き換えれば，図 6.22 の T 形等価回路となる．2 次側の記号を式 (6.46) のように略記する．

$$I_2 = \frac{a^2 \times E_2}{\sqrt{\left(\frac{a^2 \times r_2}{s}\right)^2 + (a^2 \times x_2)^2}}$$

$$\frac{I_2}{a} = \frac{a \times E_2}{\sqrt{\left(\frac{a^2 \times r_2}{s}\right)^2 + (a^2 \times x_2)^2}} \tag{6.45}$$

$$r_2' = a^2 r_2, \quad x_2' = a^2 x_2, \quad I_1' = \frac{I_2}{a} \tag{6.46}$$

6.4.5　等価回路の簡単化

図 6.22 として得られた等価回路について計算を進めれば誘導電動機の特性を知ることができるのであるが，さらなる簡単化を進める．図 6.22 の T 形を図 6.23 の L 形に変換する．電源と直列に配置されていた r_1 と x_1 を磁気回路（g_0 の b_0 並列）

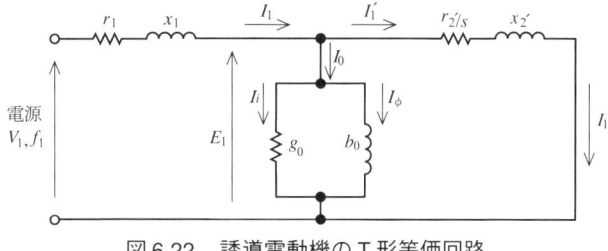

図6.22 誘導電動機のT形等価回路

よりも負荷側に移動する．図6.22と図6.23は明らかに異なる回路である．
図6.22で，

$$I_1 = I_0 + I_1'$$

であるが，誘導電動機では一般に $I_0 \ll I_1'$ であるから，$I_1 \fallingdotseq I_1'$ とみなすことができる．したがって，図6.22と図6.23における r_1 と x_1 による電圧降下は

$$I_1(r_1 + \mathrm{j}x_1) \fallingdotseq I_1'(r_1 + \mathrm{j}x_1)$$

となり，図6.23で考えても差し支えない．直列のインピーダンスを合成すると図6.24のL形等価回路となる．この回路において電源電圧 V_1 と周波数 f_1 を一定にし，すべり s を $0 \leqq s \leqq 1$ の範囲で変化させて回路の電流，電力などを計算していく．

電流 $\quad I_1 \fallingdotseq I_1' = \dfrac{V_1}{\left|\left(r_1 + \dfrac{r_2'}{s}\right) + \mathrm{j}(x_1 + x_2')\right|}$

力率 $\quad \cos\theta_1 = \dfrac{\left(r_1 + \dfrac{r_2'}{s}\right)}{\left|\left(r_1 + \dfrac{r_2'}{s}\right) + \mathrm{j}(x_1 + x_2')\right|}$

入力電力 $\quad P_{\mathrm{in}} = V_1 I_1 \cos\theta_1$

回転機の特性として重要な回転数 N は，s を変化させて計算を進めているので，式 (6.22) より式 (6.47) となる．N_s は，式 (6.21) で与えられている．

$$N = N_s(1-s) \tag{6.47}$$

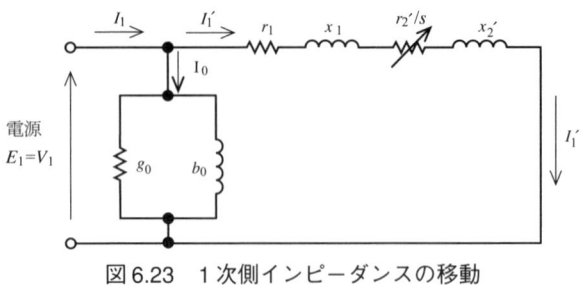

図 6.23　1次側インピーダンスの移動

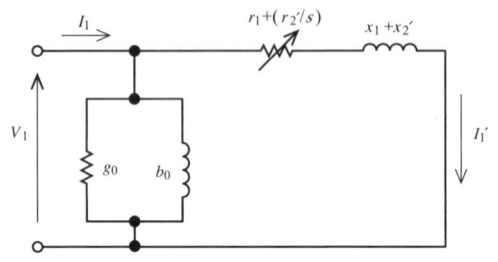

図 6.24　誘導電動機の L 形等価回路

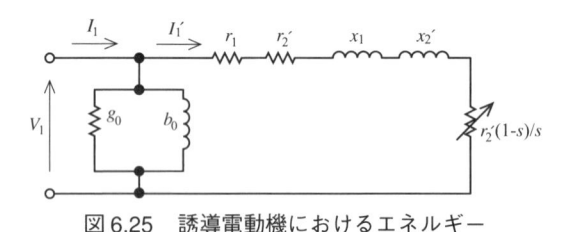

図 6.25　誘導電動機におけるエネルギー

6.4.6　エネルギー，損失，回転力

誘導電動機におけるエネルギーについて考察する．図 6.24 の g_0 は鉄損を表している．r_2'/s を式 (6.48) のように分解すると，図 6.25 を考えることができる．

$$\frac{r_2'}{s} = \frac{s \times r_2' + r_2' - s \times r_2'}{s} = r_2' + \frac{1-s}{s} \times r_2' \tag{6.48}$$

$$I_1 = I_1' = \frac{V_1}{\sqrt{\left(r_1 + r_2' + \dfrac{1-s}{s}r_2'\right)^2 + (x_1 + x_2')^2}}$$

① r_1：1次側の銅損 P_{c1} を表す．

$$P_{c1} = I_1'^2 \times r_1$$

6.4 誘導電動機の等価回路

② $\dfrac{r'_2}{s}$：1次側から2次側へ電磁誘導によって伝わるエネルギーを表す．2次入力 P_2 ともいい，

$$P_2 = I_1^{'2} \times \left(\dfrac{r'_2}{s}\right)$$

である．この大部分が電動機の出力 P_{out} になり，残りが2次側の銅損 P_{c2} となる．

$$P_2 = P_{\text{out}} + P_{c2}$$

③ $\dfrac{1-s}{s}r'_2$：電動機の出力 P_{out} を表す．この抵抗に流れる電流の2乗と抵抗値の積が消費される有効電力であるが，このエネルギーが回転（運動）エネルギーに変換されている．電気エネルギーを運動エネルギーに変換することが，まさに電動機の役割である．等価回路では運動エネルギーを等価的に有効電力として表している．

$$P_{\text{out}} = I_1^{'2}\left(\dfrac{1-s}{s}r'_2\right) = (1-s)P_2$$

④ r'_2：2次側の銅損 P_{c2} を表す．2次入力の一部が損失となる．

$$P_{c2} = I_1^{'2} \times r'_2 = s \times P_2$$

これら諸量の間には，式 (6.49) の関係がある．図 6.25 右端の可変抵抗で消費される電力が，式 (6.49) のエネルギーに相当している．

$$P_{\text{out}} = P_2 - P_{c2} = I_1^{'2}\left(\dfrac{r'_2}{s} - r_2\right) = I_1^{'2}\left(\dfrac{1-s}{s}r'_2\right) \tag{6.49}$$

$$P_2 : P_{\text{out}} : P_{c2} = 1 : 1-s : s$$

回転力（トルク）τ の基本単位は [N·m] である．これは，図 6.26 のように回転の中心軸から 1[m] の距離で 1[N]=9.8[kg] の力をかけた状態に相当する．仕事率 P[W]，トルク τ[N·m] と回転角速度 ω[rad/s] には，物理的に

$$P = \tau \times \omega \tag{6.50}$$

の関係があるので，誘導電動機のトルク τ は，同期角速度（回転磁界の角速度）を ω_s として

$$\tau = \dfrac{P_{\text{out}}}{\omega} = \dfrac{(1-s)P_2}{(1-s)\omega_s} = \dfrac{P_2}{\omega_s}$$

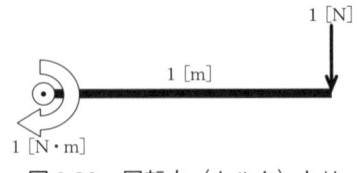

図 6.26 回転力（トルク）とは

のように求めることができる．

図 6.27 は，電源から電動機へ供給された電力（1 次入力）が負荷トルク（電動機の回転軸につながれた機械装置を回転させる力）になるまでに失われるエネルギーを示している．1 次巻線の抵抗で失われる銅損と固定子と回転子の鉄で失われる鉄損（渦電流損とヒステリシス損）の残りが，電磁誘導によって 2 次側へ伝達されるエネルギーである．2 次側銅損の残りが回転エネルギーになるが，軸受けの摩擦などで一部が失われ，残りが負荷トルクとして電動機の外部に対して回転力を与える．

電動機全体の効率 η は，式 (6.51) である．また，機械損を考慮しない 1 次効率 η_1 や，2 次側の入出力の比である 2 次効率 η_2 を考えることもできる．

$$\eta = \frac{P_{\text{out}} - P_{\text{m}}}{P_{\text{in}}} \times 100 [\%] \tag{6.51}$$

$$\eta_1 = \frac{P_{\text{out}}}{P_{\text{in}}} \times 100 [\%]$$

$$\eta_2 = \frac{P_{\text{out}}}{P_2} \times 100 = \frac{N}{N_s} \times 100 = (1-s) \times 100 [\%]$$

$$\eta < \eta_1 < \eta_2$$

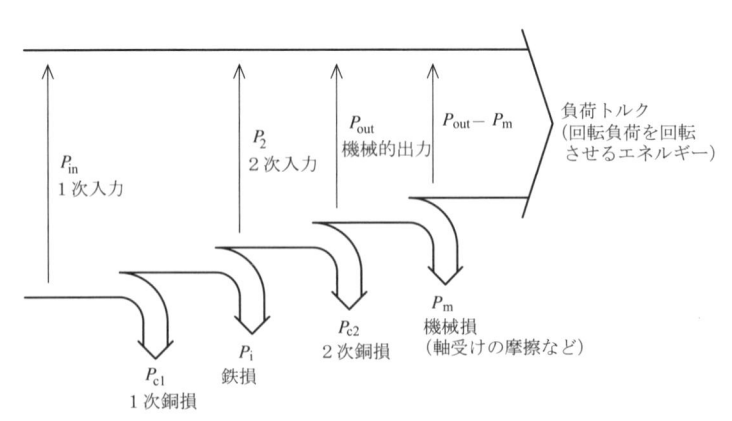

図 6.27 誘導電動機のエネルギーの流れ，入力に対する損失と出力

6.5 誘導電動機の基本特性

得られた等価回路を用いて誘導電動機の検討を進めることができる．電動機の特性を使用に便利なようにまとめる．

6.5.1 回転速度に対する特性

電源電圧と周波数が一定で，回転速度 N が変化する場合の特性を図 6.28 に示す．横軸左側が停止状態であり，起動のために電源に接続した瞬間である．右側は理想的な無負荷であり，同期速度で回転している状態である．すべり s でみると，左側が 100% で，右側が 0% と大小が逆である．

トルクァは起動時に小さく，大きな回転負荷が接続されていると始動できずに回転が止まったまま大きな電流 I_1 が流れ続けて危険である．トルクァは，すべり s が小さい範囲で右下がりになっており，起動が完了した通常の運転状態はこの領域である．この範囲であれば，

負荷が揺らいで増加 → 回転数 N が低下 → トルクァが増加 → N が回復

と安定している．トルクァが右上がりの範囲では，

負荷が揺らいで増加 → 回転数 N が低下 → トルクァが減少 → N がさらに低下

と回転できなくなり，電流が増加して危険である．また，すべり $s = 0$ では，トルクァ $= 0$ となるため回転できない．

誘導電動機は，その名のとおり電源から見て誘導性インピーダンスであり，力率 $\cos\theta$ は低い．特に回転数 N が低いと同時にトルクァも小さく，したがって出力 P_{out} が小さく入力電力も小さい．しかし，電流（無効電流）が大きいため，力率は低い．

すべり－トルク特性は，理想的には図 6.28 のようななめらかな曲線であるが，実機ではトルク脈動（リップル）がありうる．負荷トルクがトルクカーブの鞍点（サドルポイント）に一致してしまうと，始動後に回転数が上昇せず，電流が減少しないため電動機巻線を焼損してしまう危険がある．そこで，図 6.3 のように回転子の 2 次導体を回転軸と平行にはせず，図 6.1，図 6.2 のように斜め（スキュー）にする．

図 6.28　速度特性

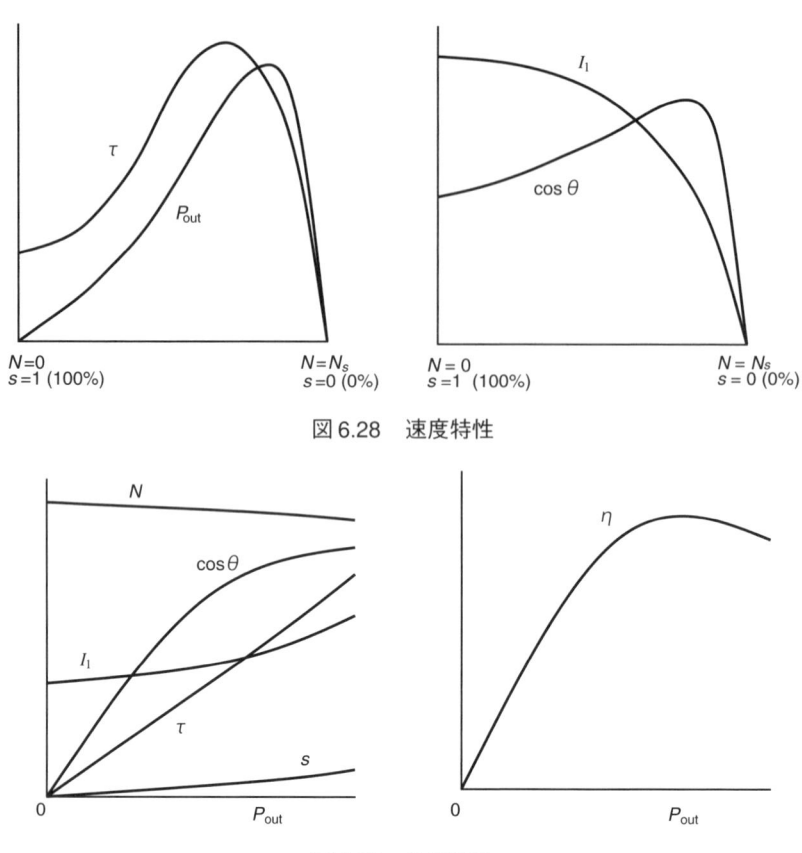

図 6.29　負荷特性

6.5.2　負荷変化に対する特性

　誘導電動機を商用電源によって運転するような,電圧と周波数が一定の場合における,出力に対する特性を図 6.29 に示す.出力 P_out が変化しても,すべり s は最大でも数％しか変動せず,回転数 N はほぼ一定である.したがって,トルク τ は出力 P_out にほぼ比例する.出力 P_out が小さくても無効電流が大きいので,入力電流 I_1 が大きく力率 $\cos\theta$ が低い.常に定格で運転される電動機であれば,効率 η が定格で最高となるように設計される.一方,最大定格で運転される時間が短く,低出力での運転時間が大半を占めるような用途では,低出力でも効率 η が低下しない設計が望まれる.

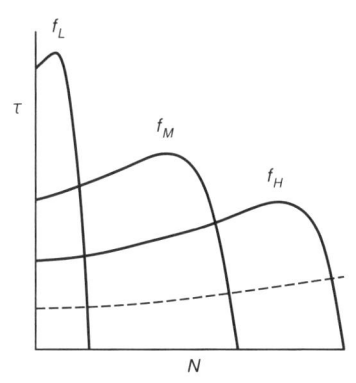

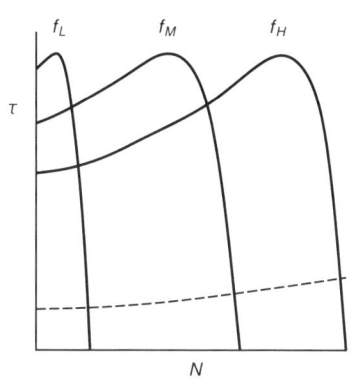

図6.30 速度－トルク特性，電圧一定　　図6.31 速度－トルク特性，V/f 一定

6.5.3 電源周波数に対する特性

トルク τ について，電源電圧 V_1 を一定にし，周波数 f_1 を変化させることを考える．回転数は，式 (6.21)，式 (6.22) から

$$N \fallingdotseq N_s = \frac{120 f_1}{p} \tag{6.52}$$

となり，周波数によって回転数を制御することができる．図 6.30 では，周波数が $f_L < f_M < f_H$ と上昇すると，回転数 N が高くなっていることがわかる．同図中の破線は，回転力を受ける負荷の速度－トルク特性を考えており，一般に高速で回転させるためには，高いトルクが必要と考えられる．しかし，周波数の上昇にともなって最大トルクが低下しており，6.5.1項で述べたように，運転が困難になる．これは，周波数が上昇すると電流が低下し，トルクの元になる磁束が式 (6.31) のように減少するためである．

$$\Phi_0 \propto \frac{V_1}{f_1} \tag{6.31 再掲}$$

そこで，周波数と同時に電圧も変化させて V/f を一定にすると，図 6.31 の特性が得られる．高速でも最大トルクが低下せず，安定した運転が可能となる．このような可変電圧可変周波数の電源はVVVFインバータ (Variable Voltage Variable Frequency Inverter) で実現できる．

6.6 特性の算定

特定の実機について特性を知るためには，実際に回転負荷を用いて実験を行って実測値を得ればよい．しかし，測定可能な範囲が限られることや，特に大形機では対応する回転負荷を用意し難い，あるいは小出力の電動機は実測が簡単ではない．これらに対して，図 6.24 の各定数 $r_1, r_2, (x_1 + x_2'), g_0, b_0$ を特定し，等価回路の計算を行って特性を算定することが可能である．

6.6.1 等価回路定数の算出

(1) 巻線抵抗の測定

1 次巻線抵抗 r_1 は，図 6.32 (a) のように測定し，式 (6.53) のようにオームの法則から計算する．直列になっているので，式 (6.54) によって 1 相分が求まる．なお，インピーダンスやリアクタンスではなく，抵抗を測定するので，直流電源を用いる．

$$R = \frac{V \text{ — 電圧計の指示値}}{I \text{ — 電流計の指示値}} \quad \text{— 測定した合成抵抗} \tag{6.53}$$

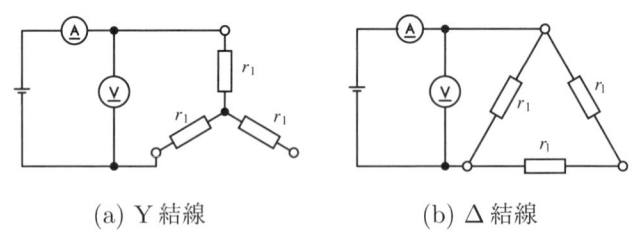

$$r_1 = \frac{R}{2} \quad \text{— 1 相分の巻線抵抗} \tag{6.54}$$

(a) Y 結線 　　　　(b) △ 結線

図 6.32　巻線抵抗の測定

巻線の温度による抵抗値の変動を考慮する場合には，電気機器では一般に運転状態が 75℃ であると想定するので，抵抗値 R_t を測定したときの巻線温度を t℃ とす

れば，等価回路の計算に用いる抵抗値 R_{75} を式 (6.55) で換算しておく．

$$R_{75} = R_0(1 + \alpha \times 75)$$
$$R_t = R_0(1 + \alpha \times t)$$

└─ 温度係数

銅では，組成にもよるが $\dfrac{1}{234.5}$ とする．

$$\frac{R_{75}}{R_t} = \frac{1 + \dfrac{1}{234.5} \times 75}{1 + \dfrac{1}{234.5} \times t}$$

$$R_{75} = R_t \times \frac{234.5 + 75}{234.5 + t} \tag{6.55}$$

次に，図 6.32(b) のように三相巻線が Δ 接続になっている場合を考える．測定した合成抵抗 R に対して，巻線1相分の抵抗 r_1 が直並列接続になっていることから式 (6.56) となる．

$$R = \frac{2r_1 \times r_1}{2r_1 + r_1} = \frac{2r_1^2}{3r_1} = \frac{2}{3}r_1$$

$$r_1 = \frac{3R}{2} \tag{6.56}$$

Y結線とΔ結線の銅損を比較する．図 6.33 (a) のようなY結線三相分の銅損 P_{cY} は，式 (6.57) となる．図 6.33 (b) のようなΔ結線三相分の銅損 $P_{c\Delta}$ は，線電流と相電流の関係を考慮して式 (6.58) となる．したがって，Δ結線の場合でも式 (6.53)，式 (6.54) で巻線抵抗を計算して差し支えない．

┌── 線電流 I_Y
$$P_{cY} = 3 \times r_1 \times I_Y^2 = 3 \times \left(\frac{R}{2}\right) I_Y^2 \tag{6.57}$$

┌── 測定した線電流 I_Δ
$$P_{c\Delta} = 3 \times r_1 \left(\frac{I_\Delta}{\sqrt{3}}\right)^2 = 3 \times \left(\frac{3R}{2}\right)\left(\frac{I_\Delta^2}{3}\right) = 3 \times \left(\frac{R}{2}\right) I_\Delta^2 \tag{6.58}$$
└── 相電流

(a) Y 結線　　　　　　　(b) Δ 結線

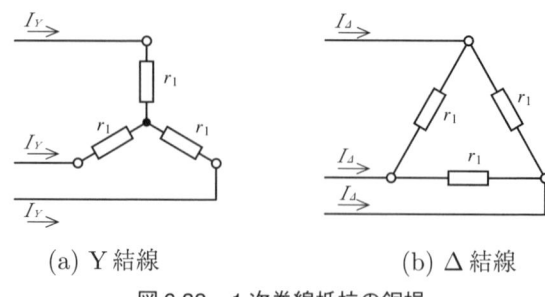

図 6.33　1 次巻線抵抗の銅損

(2) 無負荷試験

　誘導電動機を定格電圧 V_r, 定格周波数 f_1 の電源に接続し, 無負荷で運転した場合の電流 I_0 と有効電力 P_0 を測定する. 無負荷であれば, 回転数 N は同期速度 N_s にほぼ等しいため, すべり $s = 0$, $r_2'/s = \infty$ とみなすことができる. したがって, 図 6.24 の L 形等価回路を図 6.34 のように励磁回路だけと考えることができる. これは, 変圧器の無負荷試験に相当する. そこで, 式 (6.59), 式 (6.60) より, g_0 と b_0 が得られる.

$$\text{力率}\quad \cos\theta_0 = \frac{P_0}{\sqrt{3} \times V_r \times I_0}$$

- 分子: 測定した有効電力（鉄損）
- 分母の電流: 測定した電流（励磁電流）
- 分母の電圧: 印加した電圧（定格電圧）

$$\text{鉄損電流}\quad I_i = I_0 \times \cos\theta_0$$

$$\text{磁化電流}\quad I_\phi = \sqrt{I_0^2 - I_i^2}$$

$$\text{励磁アドミタンス}\quad Y_0 = \sqrt{3} \times \frac{I_0}{V_r}$$

$$\text{励磁コンダクタンス}\quad g_0 = \sqrt{3} \times \frac{I_i}{V_r} \tag{6.59}$$

$$\text{励磁サセプタンス}\quad b_0 = \sqrt{3} \times \frac{I_\phi}{V_r} \tag{6.60}$$

(3) 拘束試験

　電動機の回転軸が回らないように機械的に固定（拘束）して, 低電圧 V_s, 定格周

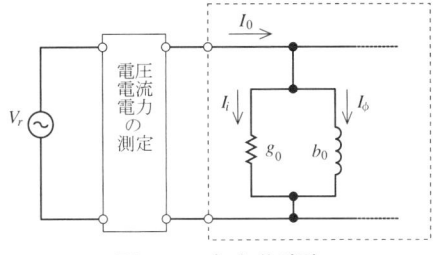

図 6.34 無負荷試験

波数 f_1 の電源に接続する．回転数 $N = 0$ であるため，すべり $s = 1$ となり，図 6.24 の抵抗 r'_2/s が小さくなっている．定格電圧を印加すると過大な電流が流れて巻線を焼損する危険があるので，低電圧 V_s を印加する．これは変圧器の短絡試験に相当する．この状態では，励磁電流 I_0 は短絡電流 I_s に比較して小さく，低電圧でもあるため，$I_0 = 0$ とみなすことができ，回路を図 6.35 のように考えることができる．したがって，式 (6.61) からインピーダンスの抵抗分が得られ，式 (6.54) で r_1 が得られているので，r'_2 を分離できる．リアクタンス分は，式 (6.62) で与えられる．x_1 と x'_2 が分離できていないが，L 形等価回路の計算では両者を分離しておく必要はない．

$$Z = \underbrace{\frac{V_s}{\sqrt{3} \times I_s}}_{\text{測定した電流}}^{\text{印加した電圧}} = \sqrt{(r_1 + r'_2)^2 + (x_1 + x'_2)^2}$$

$$P_s = 3 \times I_s^2 (r_1 + r'_2) \quad \text{測定した有効電力}$$

$$(r_1 + r'_2) = \frac{P_s}{3 \times I_s^2} \tag{6.61}$$

$$(x_1 + x'_2) = \sqrt{Z^2 - (r_1 + r'_2)^2} \tag{6.62}$$

6.6.2 等価回路による特性の算定

以上により，L 形等価回路（図 6.25）の g_0，b_0，r_1，r_2，$(x_1 + x'_2)$ がすべて得られた．すべり s を変化させて回路の計算を行えば，電流，力率，電力，効率，回

図 6.35　拘束試験

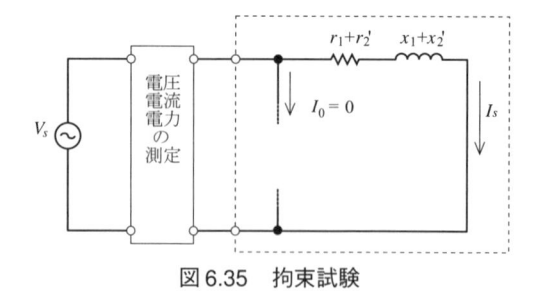

転数，回転力（トルク）などの特性を算定できることになる．回路中の可変抵抗 $\dfrac{1-s}{s} \times r_2'$ で消費される有効電力が，式 (6.50) の機械的回転出力に相当している．

6.7　誘導電動機の運転

6.7.1　始動法

誘導電動機は構造が簡単であるから安価かつ堅牢であり，運転状態では回転数がほぼ一定であるなどの特長をもつ．しかし，始動時はすべり $s=1$ であるため，トルクが小さく電流が大きいという欠点がある．前者については，負荷があると始動困難となるので，無負荷で始動し，回転数が上昇してから負荷を接続する，といった運用などで回避する．過大な電流を防ぐためには，始動法についての工夫が必要である．

(1) 全電圧始動，直入れ

電源の容量に余裕があり，電動機が小形の場合には，停止している電動機に定格電圧を印加して始動できる．

(2) Y–Δ 始動

図 6.36 のように結線する．開閉器 S_Y を閉じて 1 次巻線を Y 接続にし，開閉器 S_1 を投入して起動する．回転数が上昇し電流が減少したら，開閉器 S_Y を開き開閉器 S_Δ を閉じて Δ 接続して運転する．本法は，開閉器，あるいは継電器（リレー）と制御器のみで構成できる．表 6.3 で始動時と運転時の状態を比較する．電動機の定格電圧を線間電圧として印加しても，始動時の Y 接続では巻線の 1 相分に印加される相電圧は $1/\sqrt{3}$ である．したがって，相電流も $1/\sqrt{3}$ になるので，線電流すなわち電源から供給される始動電流が $1/3$ に低減される．ただし，電流の減少にともなってトルクも $1/3$ に低下してしまう．

図 6.36 Y–Δ 始動法

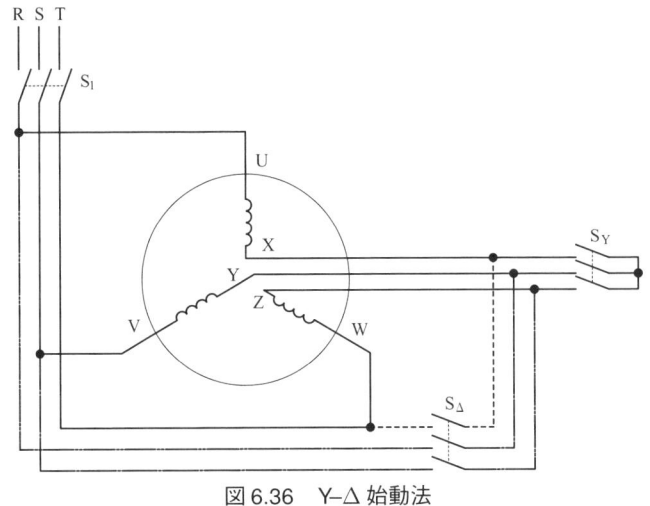

表 6.3 Y–Δ 始動法，始動時と運転時の比較

	始動時	運転時
結線	Y	Δ
相電圧	$\frac{1}{\sqrt{3}}V_r$	V_r，定格電圧
相電流	$\frac{1}{\sqrt{3}}I_1$	I_1
線電流	$\frac{1}{3}I_2$	I_2
トルク	$\frac{1}{3}\tau$	τ

(3) 始動補償器

単巻変圧器で始動時に低電圧を印加し，始動電流を低減させる．ただし，トルクは電圧の 2 乗に比例するので，始動トルクは小さい．

(4) インバータ

図 6.31 の速度－トルク特性を利用する．VVVF インバータを用いて，V/f を一定にし，低周波数から運転状態まで周波数を徐々に増加させる．図 6.24 の等価回路で見ると始動時は，回転数が低いためすべり s が大きく，周波数が低いためリアクタンス x が小さく電流が流れやすい．しかし，電圧を低下させているため，始動電流を抑制できる．

この方式は，電流とトルクをほぼ一定にして起動でき，インバータを後述の可変速運転 (§6.7.2 (4)) と共用できるので，使いやすい．

6.7.2 可変速運転

誘導電動機の回転速度 N は,

$$N \fallingdotseq N_s = \frac{120 f_1}{p} \qquad (6.52)\text{再掲}$$

であるから, N を変えるためには, 極数 p, 周波数 f, すべり s を変化させればよいことになる. ただし, すべり s を直接制御することはできず, 負荷トルクと電動機の発生トルクが等しくなる回転数に落ち着くことになる. また, トルクは電圧 V_1 の 2 乗に比例するので, V_1 も回転数 N に影響を与える.

(1) 極数切替え式

電機子巻線に極数の異なる複数の巻線を用意し, あるいは巻線の接続を変えることによって極数が変わるようにしておく. 式 (6.52) のように, 極数 p によって回転数が変わることになる. ただし, 極数は離散的な値であるから, 回転数を連続的に変えることはできない.

(2) 電圧制御方式

電圧を低下させると電流も減少し, 図 6.28 のトルク τ も低下する. そこで, 負荷トルクと釣り合う回転数で回転する. ただし, トルクが低下することから, 広範囲に回転数を調節することは難しい.

電圧の可変は, 単巻変圧器でも可能であり, あるいはサイリスタを用いる場合には, 例えば図 6.37 の回路を使う. 図 6.38 (a) のような正弦波電源電圧に対して, ゼロクロスから位相角 α 遅れたタイミングでゲートパルスを与えてサイリスタを点弧する. 電動機の電機子巻線に印加される電圧は図 6.38 (b) のようになる. 電圧 (実効値) は, 式 (6.63) であるから, α が $0 \to T/2$ と増加すれば, 電圧波形の面積が減少し, 電圧 V が低下する.

$$V = V_m \sqrt{\frac{2}{T} \int_{\alpha}^{T/2} (\sin \omega t)^2 dt} \qquad (6.63)$$

(3) 周波数制御方式

図 6.31 の速度－トルク特性を活用する. $N \fallingdotseq N_s = (120 f)/p$ であるから, 周波数 f の変化によって回転数 N を制御する. 電圧と周波数の比 V/f を一定 (f の上昇にともなって, V も上昇させる) にすると, 最大トルクをほぼ一定に維持することができる. 可変電圧可変周波数の交流電源となる VVVF インバータはおおよそ次のような動作をする.

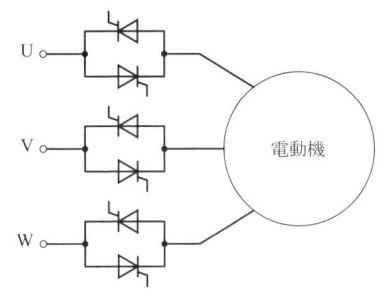

図 6.37 サイリスタによる位相制御回路

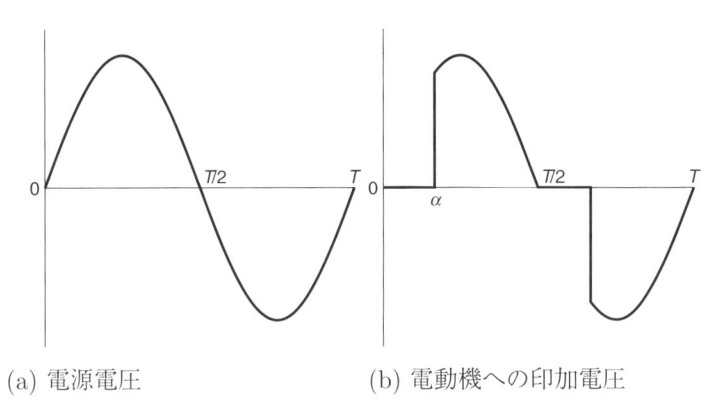

(a) 電源電圧　　　　(b) 電動機への印加電圧

図 6.38 サイリスタによる位相制御

① 商用電源 ($f = 50, 60[\text{Hz}]$, $V = 100, 200, \cdots [\text{V}]$) から，
② 整流して，直流を作る．
③ 直流をスイッチする方向を変えて，交流を作る．
④ スイッチする周期が変わると，周波数が変わる．
⑤ ON になる時間の長短で電圧の平均値が変わる．

インバータ自体は安価に入手でき，§6.7.1 (4) の始動時にも活用できるため，本方式は広く使われている．

(4) 三相インバータの例

図 6.39 はインバータの簡単な回路の例である．1 相あたり 2 個のトランジスタを配置し，3 相で合計 6 個のトランジスタを用いる．各トランジスタ $T_1 \sim T_6$ の ON, OFF により，a 相巻線，b 相巻線，c 相巻線の各々にどちら向きの電流を流すかが定まる．図 6.40 (a) に示すように 1/6 周期ずつずらしたタイミングで ON にすると，各相の相電圧は同図 (b) のように 120° の位相差となる．電機子巻線の線間電圧は，同図 (c) のような 120° の位相差を有する方形波となってしまうが，巻線は誘導性リ

アクタンスであるため高調波成分が抑制される．したがって，トルクを生み出す電流の波形は同図 (d) に近づく．

トランジスタが OFF になった直後でも，誘導性リアクタンスでは電流がただちに 0 になることはない．このため，OFF になるとトランジスタには高い電圧が発生し破壊されてしまう．これを防止するため，図 6.39 のように各トランジスタに並列に環流ダイオード（フライホイールダイオード）を付加して逆電圧を逃がす．あるいは，トランジスタが OFF になって電源から電流が供給されなくなっても，巻線自体に蓄えられた磁気エネルギーを用いて自らに電流を流し，トルクを発生し続ける仕組みであるともいえる．

現在では，さらに進んだ PWM (Pulse Width Modulation) 方式が，VVVF インバータとしてよく使われている．

6.7.3 電気制動と誘導発電機

回転中の誘導電動機を減速，停止させるには，摩擦力を用いる機械的ブレーキだけではなく，電気的ブレーキによって制動力を補い，また，回転エネルギーを電力として回収することも可能である．

(1) プラッギング

三相誘導電動機であれば，3 本の電線で電源に接続されているが，これらのうち任意の 2 本を入れ替えると，磁界の回転方向が逆になる．すなわち回転子の回転方向とは逆方向のトルクが発生し，制動力となる．

(2) 発電制動

電機子巻線に直流電流を通ずると，渦電流ブレーキとして働く．すなわち，回転エネルギーが 2 次側の渦電流を経て熱エネルギーとなって失われる．

(3) 回生制動と誘導発電

坂道を下る電車のように外力によって回転数が上昇する，あるいはインバータ駆動において供給周波数を低下させ，すべり $s < 0$，すなわち

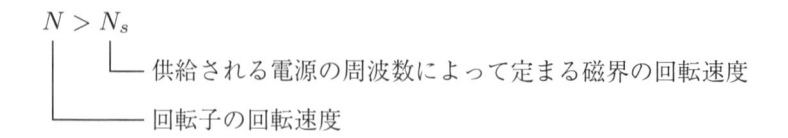

$N > N_s$
　├── 供給される電源の周波数によって定まる磁界の回転速度
　└── 回転子の回転速度

になると，回転エネルギーを消費して発電し，電源側へエネルギーを供給する．この電力を同じ系統に接続された別の負荷が消費すればエネルギーの有効利用にな

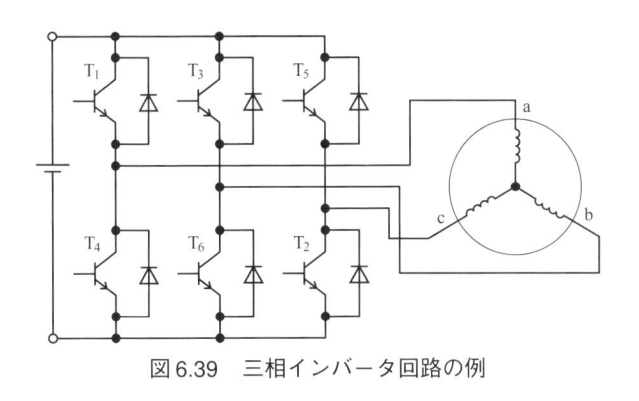

図6.39　三相インバータ回路の例

(a) 各トランジスタの ON タイミング

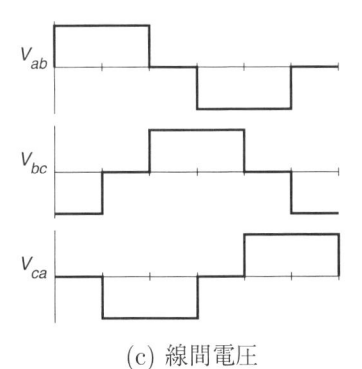

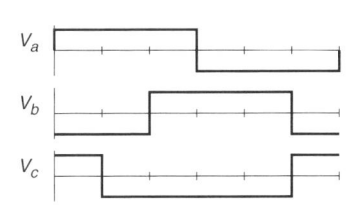

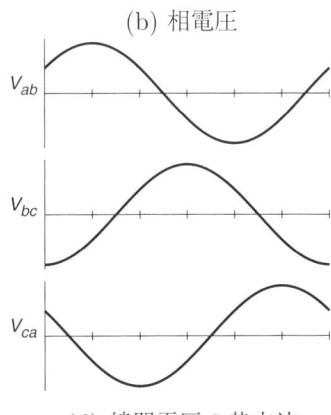

(b) 相電圧

(c) 線間電圧

(d) 線間電圧の基本波

図6.40　トランジスタの ON / OFF タイミングと出力電圧

る．都合のよい負荷がなければ，キャパシタ（大容量のコンデンサ）や2次電池に蓄えて再始動時に利用することもできる．ただし，電力を保存する素子の費用を考慮し，抵抗器で消費させるという設計もありうる．

この発電作用を積極的に利用するのが誘導発電機である．自然エネルギー利用など不安定な回転力で発電する場合でも，大容量の電力系統に接続すれば系統の周波数に合った電力を供給でき，複雑な系統連携装置が不要となる．ただし，系統の安定性が低下するので，電力の安定供給という面からは注意が必要である．

6.7.4 制御

誘導電動機のすべりは0〜数％であり，概ね定速度である．しかし，完全に一定速度で運転しなければならない場合には，負荷トルクによって回転数が変動することを防がなければならない．そこで，図6.41のように回転数を可変できるインバータ駆動に回転数センサと制御器を加えてフィードバック制御を行うことにより回転数を一定に維持することができる．トルクセンサを用いれば定トルク運転も可能である．また，回転角を検知することにより，定位置に静止させることもできる（位置決め）．

このような制御では高速応答が望まれる．そこで，一般的な電動機に比較して慣性モーメントを低減するために回転子を細くし，トルクを増加させるために軸方向に長くしてギャップ面積を確保するような設計が行われる．また，回転子の軽量化のために，空心（磁路となる鉄心を使わない）とすることも考えられる．

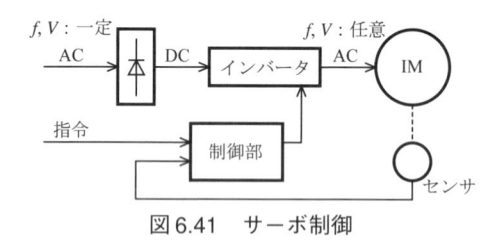

図6.41 サーボ制御

6.8 特性の改善

誘導電動機は，ほぼ定速度で回転し，構造が簡単であるため軽量，堅牢かつ安価という特長があるが，始動特性が悪い．すなわち，始動電流が大きく，始動トルクが低い．始動特性を改善するためには，図6.25の等価回路より，2次抵抗r_2を大き

くすればよい．ただし，r_2 が大きいままでは運転中の特性が悪化する．

(1) 深溝かご形電動機

図 6.42 のように 2 次導体を回転子の半径方向へ深くした構造である．始動時にはすべり s が大きく，2 次側の周波数 $f_2 = s \times f_1$ が高いため，表皮効果により電流が表面に集中する．電流の流れる断面積が狭いため，抵抗が増加したことになる．運転中は，s が低下するため f_2 が低下し電流が 2 次導体断面全体に流れるので，抵抗が減少することになる．

(2) 二重かご形電動機

図 6.43 のように回転子のかご形導体を外側と内側の二重に設ける．外側導体に比較して，内側導体を低抵抗かつ高リアクタンスに製作すれば，始動時の 2 次周波数 f_2 が高い状態では，高抵抗の外側導体に電流が流れて特性が改善される．運転時には，f_2 が低下するのでリアクタンスの影響が低下し，抵抗の小さい内側導体に電流が流れるので，特性も低下しない．

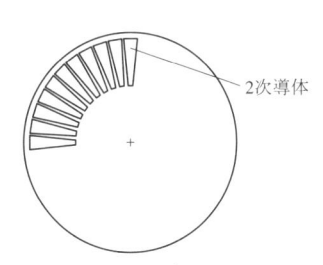

図 6.42　深みぞかご形電動機の回転子 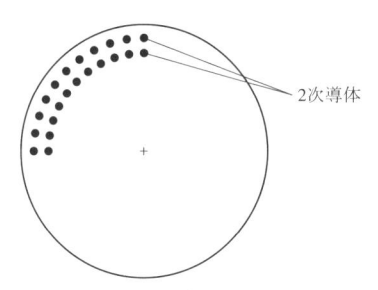　　図 6.43　二重かご形電動機の回転子

6.9　単相誘導電動機

これまでは，三相交流によって発生する回転磁界を利用する三相誘導電動機を考えてきた．しかし，一般家庭や小規模事業所で使用するのは単相交流である．そこで，単相交流によって回転する誘導電動機を考える．

6.9.1　単相交流による振動磁界の発生

まず，図 6.44 のような反時計回りと時計回りの二つの磁界 $h_a(t)$, $h_b(t)$ を考える．それぞれの x 方向成分と y 方向成分は，次式のように分解できる．

$$h_{ax}(t) = H_m \times \cos(+\omega t) \tag{6.64}$$

$$h_{ay}(t) = H_m \times \sin(+\omega t) \tag{6.65}$$

$$h_{bx}(t) = H_m \times \cos(-\omega t) \tag{6.66}$$

$$h_{by}(t) = H_m \times \sin(-\omega t) \tag{6.67}$$

└─ 最大値

x 方向成分,式 (6.64) と式 (6.66) を合成すると,

$$\begin{aligned} h_x(t) &= h_{ax}(t) + h_{bx}(t) \\ &= H_m\{\cos(\omega t) + \cos(-\omega t)\} \\ &= H_m\{\cos(\omega t) + \cos(\omega t)\} \\ &= 2H_m \cos(\omega t) \end{aligned} \tag{6.68}$$

となる.y 方向成分,式 (6.65) と式 (6.67) を合成すると,

$$\begin{aligned} h_y(t) &= h_{ay}(t) + h_{by}(t) \\ &= H_m\{\sin(\omega t) + \sin(-\omega t)\} \\ &= H_m\{\sin(\omega t) - \sin(\omega t)\} \\ &= 0 \end{aligned} \tag{6.69}$$

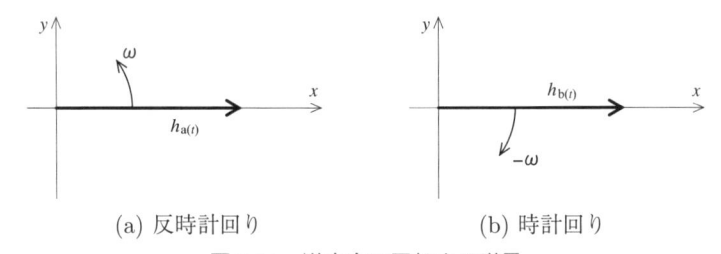

(a) 反時計回り　　　　(b) 時計回り

図 6.44　逆方向に回転する磁界

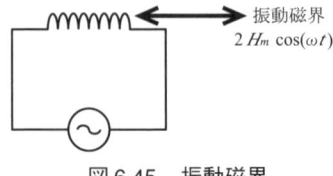

図 6.45　振動磁界

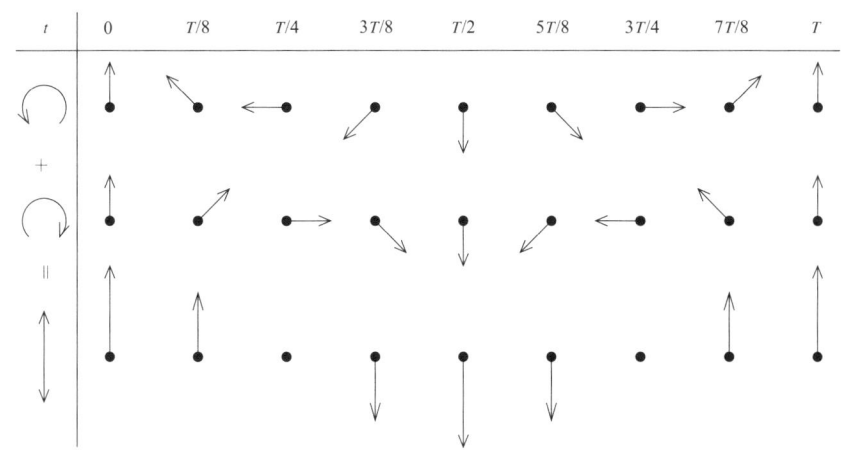

図 6.46　単相交流による回転磁界

となり，y 方向成分がなく，x 方向のみに振動する磁界となる．

すなわち，単相交流によって発生する図 6.45 のような振動磁界には，図 6.44 のような反対方向に回転する二つの磁界が含まれていることになる．

以上を図解すると図 6.46 のようになる．横方向は時間で $0 \sim T$（1 周期），上段は反時計回りの回転磁界，中段は時計回りの回転磁界である．両方の磁界の大きさと方向を合成すると下段のようになり，振動磁界であることがわかる．

6.9.2　単相誘導電動機のトルク特性

図 6.44 に示した二つの磁界によるトルクは逆方向であるから，図 6.47 のように正負で表す．両トルクを合成したトルクが単相誘導電動機のトルクである．$1 < s < 0$ になると時計回りの，$2 < s < 1$ であれば反時計回りのトルクを発生して回転することができる．

6.9.3　単相誘導電動機の始動方法

単相誘導電動機は，電源を投入して始動させようとしても静止しているため，すべり $s = 1$ でありトルクがなく始動できない．しかし，何らかの方法で回転を与えれば，その方向にトルクを発生して運転できる．単相誘導電動機は三相誘導電動機と異なり，以下のような始動方法を必要とする．

(1) 隈取りコイル

隈取りコイルとは，図 6.48 (a) のように鉄心の一部に設けられた短絡された環状

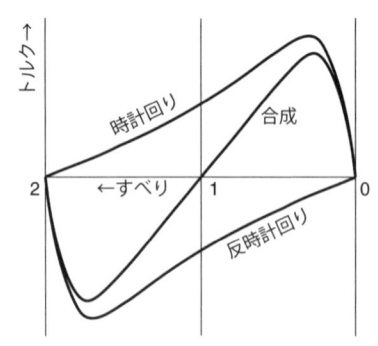

図 6.47　単相誘導電動機のトルク特性

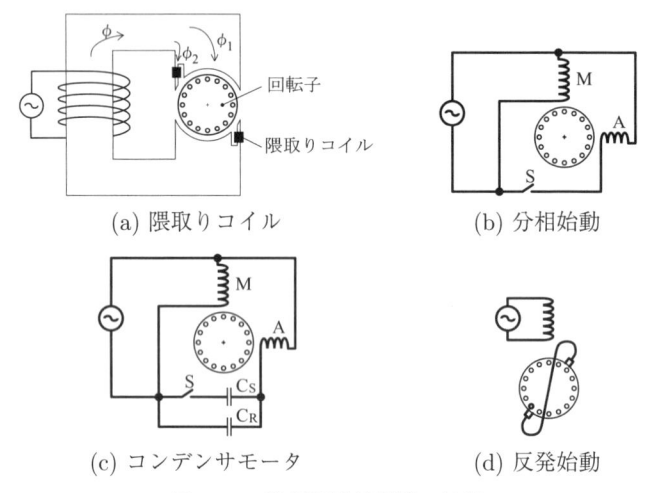

(a) 隈取りコイル　　　(b) 分相始動

(c) コンデンサモータ　　(d) 反発始動

図 6.48　単相誘導電動機の始動

の導体，すなわち巻数1回のコイルである．主磁束 ϕ のうち ϕ_2 は，隈取りコイルに誘導された電流のため，ϕ_1 に対して位相が遅れる．このため回転磁界が発生して始動することができる．本方式では，大きな始動トルクは得られないが，簡単な構造で実現できる．

(2) 分相始動

図 6.48 (b) のように主巻線 M の他に補助巻線 A を設け，回転磁界を発生させる．A に電流を流す必要があるのは始動時のみであり，回転速度が上昇すれば補助巻線の回路を開く．

(3) コンデンサモータ

補助巻線の回路にコンデンサを挿入することにより，位相の進んだ電流を得る．

図 6.48 (c) のように始動用コンデンサ C_S と運転用コンデンサ C_R がありうるが，双方を設置する場合と，どちらか一方のみを設置する場合がある．C_S は，回転速度が上昇すれば切り離される．コンデンサの劣化が欠点であるが分相始動に比較して大きな位相差を得やすく，運転中の力率も改善できる．

(4) 反発始動

図 6.48 (d) のように回転子の整流子上に短絡された1対のブラシを置き，単相反発整流子電動機として起動させる．固定子は主巻線だけである．反発電動機は直巻特性で始動トルクが大きい．起動後は，遠心スイッチで整流子片が短絡され，巻線形回転子となる．

6.10 リニア誘導モータ（リニア誘導電動機）

6.10.1 リニア誘導モータの構造と動作原理

リニア誘導モータ (LIM : Linear Induction Motor) は，図 6.49 (a) のような円筒形の回転モータを切り開いて平面状に展開した同図 (b) のような構造で，動作原理は回転形と同様である．すなわち，

① 電機子鉄心に三相巻線を施し，電流を通ずると移動磁界が発生する．
② 2次側導体板に鎖交する磁束が時間的に変化するので，渦電流が誘導され，
③ この渦電流と移動磁界との間で，フレミングの左手の法則に従う推力が発生する．

リニア誘導モータの2次導体は，回転形のようなかご形ではなく，平面状のアルミニウム板（導体板）の背面に磁路を構成するための鉄板（バックアイアン）を配

(a) 回転形誘導モータ　　　　(b) リニア誘導モータ

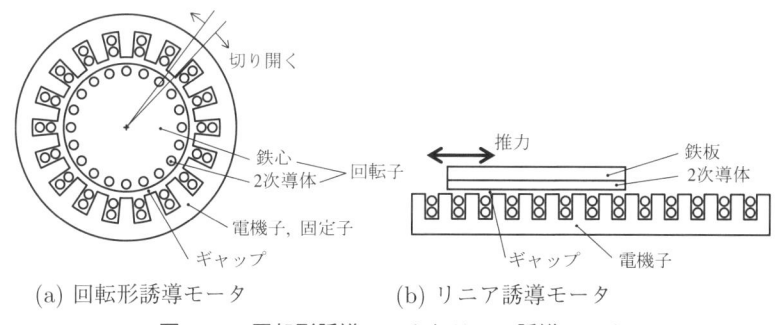

図 6.49　回転形誘導モータとリニア誘導モータ

6.10.2 リニアモータの特長

　直線運動が必要な応用で，回転形モータを動力源とする場合には，回転運動を直線運動に変換する必要がある．リニアモータでは，運動変換機構を介さずに直線運動を直接得ることができる．このダイレクトドライブにより，動作速度，可動範囲，応答速度，制御性，剛性，精度，効率などを向上させることができる．

　回転形の誘導モータでは，1次側電機子が固定子であり，電源に接続されているため，電機子側を回転させることは現実的ではない．一方，リニアモータでは有限長の線上を移動するため移動する側へも給電が可能である．そこで，用途に応じて，表6.4のように電機子を固定側，移動側のどちらにも配置できるという設計上の自由がある．

　これらの特長を生かしてリニアモータは，交通，搬送，ステージ，プロッタ，コンプレッサ，エレベータ，ポンプ，家庭電化製品では，歯ブラシ，シェーバー，マッサージャーなど，生産機械では，ワイヤボンディング，ピックアンドプレース（プリント基板への部品の挿入など），液晶ディスプレイや半導体製造装置，NC工作機械，などに広く利用されている．

表6.4　誘導電動機の構成

	固定子	回転子／移動子
回転形	電機子	2次導体
リニア形	電機子	2次導体
	2次導体	電機子

6.10.3 リニアモータの応用例

　以上のような特長を生かしてリニアモータの応用事例は拡大している．本項では動作原理を誘導形に限定せず，リニアモータ一般の応用事例を紹介する．

　さらに近年では，複数のモータを組み合わせた多自由度の動作から始まって，1台のモータだけで多自由度の動きや球面の動きを実現する試みが盛んになり，ロボットなどを始めとして多くの分野への適用が期待されている．

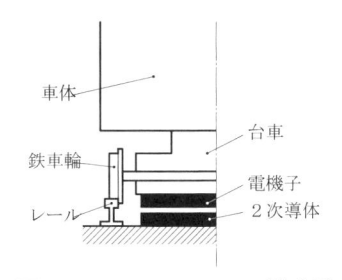

図6.50　リニアメトロの構成例

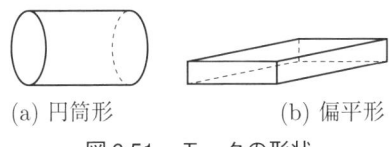

図6.51　モータの形状
(a) 円筒形　　(b) 偏平形

(1) 地下鉄

大阪市営地下鉄（長堀鶴見緑地線，今里筋線），東京都営地下鉄（大江戸線），神戸市営地下鉄（海岸線）ではすでに営業運転をしている．地下鉄で用いられているリニア誘導モータの構成例を図6.50に示す．地上側レールの間に導体板を敷いて2次導体（リアクションプレート）としている．電機子は車上にあり2次導体との間に推進力を発生する．支持（車両が重力で落ちないように支えること）と案内（車両が脱線しないこと）は鉄車輪で行っている．図6.51に示すように，円筒形の回転モータに比較して，偏平形のリニアモータは車高を低くすることができる．リニアモータを用いた地下鉄では，さらに車体自体も小形化し，トンネル断面積を減少させて建設費，維持費を低減している．

(2) 高速鉄道

高速鉄道において車輪は，摩擦が小さくなるため空転して駆動力を伝えることができず，高速にも絶えられない．そこで，鉄車輪を使わず磁気浮上させる．浮上して非接触になるので，推進力を伝えるためにリニアモータを使う．さらに，高速ではパンタグラフを通じて車上のモータ（電機子）へ給電することができないので，地上の軌道に沿って電機子を敷き詰めることになる．このようにして実現したのが中央新幹線の山梨実験線である．車上には超電導磁石を配置しリニア同期モータとなっている．JR東海では，2027年に東京－名古屋間を開業し，2045年に大阪まで延伸する計画である．

その他に実用化された磁気浮上式鉄道としては，HSST愛知高速鉄道（東部丘陵

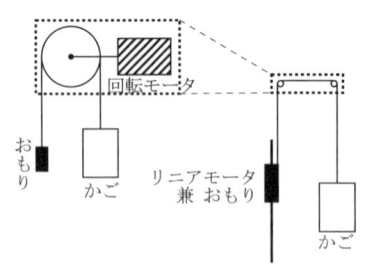

(a) 従来のエレベータ　　　(b) リニアモータを用いたエレベータの例

図6.52　エレベータの構造

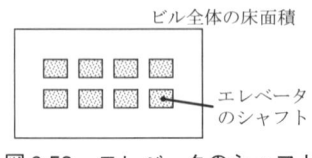

図6.53　エレベータのシャフト

線）やトランスラピッド（中華人民共和国，浦東国際空港－上海市郊外）の例がある．

(3) エレベータ

　リニアモータは非接触で推進力を伝えることができ，摩擦は不要である．そこで車輪では空転してしまうような急勾配でも運行することができる．進行方向を鉛直にするとエレベータになる．一例を図6.52に示す．同図(a)は，回転形モータを巻き上げ機に使用する一般的なエレベータであり，最上部に機械室を設置している．同図(b)は，駆動用のリニアモータが釣り合いおもりを兼ねているので，機械室が小さくなっている．

　高層ビルでは，乗客を滞留させないよう多数のエレベータを設置するが，図6.53のように多数のシャフトが広い床面積を占有してしまう．この対策として1本のシャフトで複数のかごを運行したいが，ワイヤロープが干渉するため不可能である．また，ワイヤロープは図6.54のようにかごの重量のみではなくロープ自体の重量も支えているため超高層ビルでは，より耐久力のあるロープが必要になり，設計の自由度が低下する．そこで，ロープレスエレベータが考えられており，直線状のガイドレールとかごとの間で推力，制動力を発生するリニアモータを適用できる．

(4) ポンプ

　誘導電動機の2次側は導体であるが，金属の固体である必要はない．そこで溶融金属や海水を可動させるリニア電磁ポンプが考えられる．機械式ポンプとは異な

6.10 リニア誘導モータ（リニア誘導電動機）

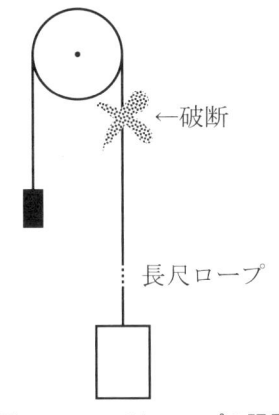

図 6.54　ワイヤロープの限界

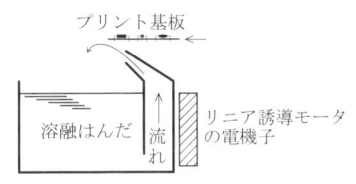

図 6.55　ウェーブはんだ付け装置の概念

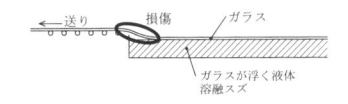

(a) 従来法

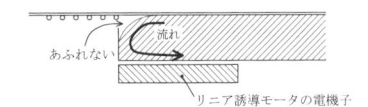

(b) リニアモータを用いた高品質な製造法

図 6.56　板ガラスの製造

り，可動部品がなく高温液体に触れないため，高信頼である．用途例としては，海水を噴射しその反動で推力を得るジェット推進船，製鉄では溶融した鉄を攪拌する，といった応用がある．

溶融金属への応用例では，図 6.55 に示すような自動はんだ付け装置がある．はんだ槽の外部に電機子を配置し，非接触で槽内の液体はんだに流れを作り，プリント基板へはんだを吹き付けている．

板ガラスの製造では，図 6.56 (a) のように液体の溶融スズにガラスを浮かべて

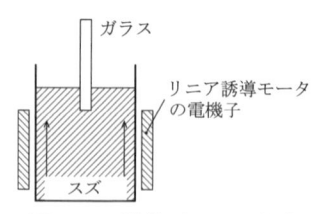

図6.57 強化ガラスの製造

平面にしている．しかし，引き上げるときに亀裂などの損傷が発生する可能性がある．そこで，同図(b)のように溶融スズ液面から板ガラスを引き上げずに水平に取り出す．このとき，リニア誘導モータによって溶融スズに流れを作り，槽からあふれないようにする．

強化ガラスは，高温のガラスを急冷して製造する．スズは，冷却能は高いがガラスに弾かれてしまうので，図6.57のようにガラスを沈める．ガラスは絶縁体なのでリニアモータによる推力を受けないが，スズは導体なので上方向の力を受け相対的に軽くなり，ガラスを沈下させることができる．

******* 演習問題 *******

問題 6.1 4極の三相誘導電動機を，すべり $s = 4[\%]$ で運転する．回転数 N が 1584[rpm] となる電源周波数 f[Hz] を求めよ．

問題 6.2 定格出力 180[kW]，8極，60[Hz] の三相誘導電動機が，$N = 855$[rpm] で全負荷運転している．機械損は 10[kW] である．このときの2次入力 P_2[kW] と2次銅損 P_{c2}[kW] を求めよ．

問題 6.3 440[V]，60[kW]，55[Hz] の定格を有するかご形三相誘導電動機がある．定格負荷時における回転数 N が 1617[rpm]，力率が 0.78729 であるとき，次の問に答えよ．ただし，損失は無視する．
  ① 妥当な極数 p と定格負荷時のすべり s [%] はいくらか．
  ② 定格負荷時の入力電流 I_1[A] はいくらか．

問題 6.4 正しい記述には ◯，誤った記述には × と理由を記せ．

(1) 誘導電動機は，「固定子に流れる電流によって発生する回転磁界」と「回転子に流れる電流」との相互作用（フレミングの左手の法則）によって発生するト

6.10 リニア誘導モータ（リニア誘導電動機）

ルクによって回転する．

(2) かご形三相誘導電動機において，固定子巻線は電源に直接接続できるが，電源から回転子に電流を流そうとする電線はねじ切れてしまう．そこで，スリップリングを用いる．

(3) 誘導電動機の回転子に流れる渦電流は，熱損失を発生させ，効率を低下させる．また，発生したトルクとは逆方向のトルクを生じブレーキをかけることになる．したがって，誘導電動機においては，回転子の渦電流を極力減少させる設計をしなければならない．

問題 6.5 図に示す三相誘導電動機のすべり－トルク特性において，通常の運転時に使用される範囲を図中に示せ．理由も述べよ．

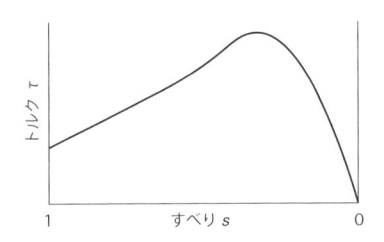

問題 6.6 解答群から適切な解答を選べ．

(1) かご形三相誘導電動機のY-Δ始動は，最初は [a] を [b] 接続して始動し，およそ全速度に達したとき，[c] 接続にする方法である．全電圧始動に比較して，始動トルクは [d] に，始動電流は [e] になる．
ア：固定子巻線　イ：電機子鉄心　ウ：界磁磁石　エ：界磁鉄心　オ：回転子巻線　カ：回転子導体　キ：界磁巻線　ク：界磁導体　ケ：$1/3$　コ：$1/3^2$　サ：$1/\sqrt{3}$　シ：$\sqrt{3}$　ス：3　セ：3^2　ソ：$1/2$　タ：$1/2^2$　チ：$1/\sqrt{2}$　ツ：$\sqrt{2}$　テ：2　ト：2^2　ナ：1　ニ：Y　ヌ：Δ　ネ：直列　ノ：並列

(2) L形（簡易形）等価回路で考えると，入力電圧によって鉄損が変化するのは，[f] である．
ア：誘導電動機と変圧器の両方　イ：変圧器のみ　ウ：誘導電動機のみ

(3) 特性算定のための試験において，定格電圧よりも低い電圧が印加されるのは，一般に [g] である．
ア：誘導電動機の無負荷試験と変圧器の短絡試験
イ：誘導電動機の拘束試験と変圧器の短絡試験

ウ：誘導電動機の無負荷試験と変圧器の無負荷試験
エ：誘導電動機の拘束試験と変圧器の無負荷試験

参考文献

[1] Stephen J. Chapman, (2005), *Electric Machinery Fundamentals, Fourth Edition*, Mc Graw Hill
[2] Ion B. and Lucian T. (2010), *Electric Machines*, CRC Press
[3] Chee-Mun O. (1998), *Dynamic Simulations of Electric Machine*, Prentice-Hall, Inc.
[4] Pener F. Ryff, (1994), *Electric Machinary, Second Edition*, Prentice-Hall, Inc.
[5] 難波江章・金東海ほか (1985), 『電気機器学』, 電気学会
[6] 金東海 (2010), 『現代電気機器理論』, 電気学会
[7] 尾本義一・田多隈進ほか (1999), 『電気機器工学』, 電気学会
[8] 松木英敏・一ノ倉理 (2010), 『電気エネルギー変換工学』, 朝倉書店
[9] 金東海 (2010), 『現代電気機器理論』, 電気学会
[10] 田多隈進, 石川芳博ほか (2008), 『電気機器学基礎論』, 電気学会
[11] 森安正司 (2000), 『実用電気機器学』, 森北出版
[12] 前田勉・金東海 (2001), 『電気機器工学』, コロナ社
[13] 藤田宏 (1991), 『電気機器』, 森北出版
[14] 森本雅之 (2012), 『よくわかる電気機器』, 森北出版
[15] サイバネット社：http://www.cybernet.co.jp/
[16] 海老原大樹 (1999), 電気機器, 共立出版
[17] 電気学会通信教育会 (1979), 変圧器・誘導機・交流整流子機 (電気機器各論II), 電気学会
[18] 電気学会通信教育会 (1981), 電気機械工学, 電気学会
[19] 電気学会 (1997), 電気機械工学 改訂版, 電気学会
[20] 新世代アクチュエータの多自由度化可能性調査専門委員会 (2012), 電気学会技術報告第 1265 号, 電気学会
[21] 電気工学用語辞典編集委員会編 (1978), 電気工学用語辞典, 技報堂

索 引

■記号/数字
Δ結線, 159–161, 163, 202–204
2次入力, 197, 222

L形, 143, 144, 194, 223
L形等価回路, 144, 195, 196, 204, 205
SI単位 (The International System of Units), 16
T形, 143, 144, 194
T形等価回路, 143, 144, 192, 194, 195
V結線, 162, 164
Y−Δ始動, 206, 223
Y−Δ始動法, 207
Y結線, 159–161, 163, 202–204

■あ
アウタロータ, 172
アドミタンス, 142, 150, 151, 191
油入, 158
アモルファス, 155
アンペアの右ねじ法則 (Ampare's right hand screw rule), 11

■い
位置決め, 212
インナロータ, 172

インピーダンス電圧, 152
インピーダンス電流, 152
インピーダンスワット, 152

■う
渦電流, 223
埋込み磁石形 (IPM: Interior Permanent Magnet), 122
運動エネルギー, 174, 197

■え
永久磁石 (permanent magnet), 20
永久磁石式 (permanent-magnet type), 39
円筒形 (cylindrical rotor type), 73

■か
界磁磁極 (field magnetic pole), 32
界磁制御法 (field control method), 64
界磁抵抗線 (field resistance line), 42
回生制動 (regenerative braking), 67, 210
外鉄形, 153
回転界磁形 (revolvint-field type), 72
回転子 (rotor), 21, 72
回転磁界 (rotating magnetic field), 106, 158, 171, 172, 175–177 , 180–182, 184, 186, 190, 197, 213, 215, 216, 222

回転速度, 181
回転電気機械 (rotational electric machine), 21
回転電機子形 (revolving armature type), 72
外部特性曲線 (external characteristic curve), 41, 95
開放試験, 151, 183
加極性, 165
かご形, 173, 174, 181, 213, 217, 222, 223
風冷式, 158
渦電流損 (eddy current loss), 16, 139, 154, 191, 198
可変速運転, 207, 208
乾式, 156–158
環流ダイオード (free-wheeling diode), 67

■き
機械損, 198, 222
幾何学的中性軸 (geometrical neutral), 30
起磁力 (magnetomotive force), 11
逆起電力 (counter emf), 23
逆転制動 (plugging), 67
ギャップ, 172, 189, 192, 212
極数切替え式, 208
極性, 164, 165

■く
空隙, 172
隈取り, 215, 216

■け
計器用変圧器, 167
けい素鋼板 (silicon steel plate), 16
減極性, 164, 165
減磁作用 (demagnetization), 83
堅牢, 171, 206
堅牢性, 131

■こ
交互, 154, 155, 186
交さ起磁力 (cross magnetomotive force), 29
交差磁化作用 (cross magnetization), 83
合成起磁力 (magnetomotive force), 105
合成磁界 (resultant magnetic field), 12
拘束試験, 204, 206, 223, 224
効率, 145–148, 152, 169, 171, 198, 200, 205, 218, 223
交流電動機, 171
固定子 (stator), 21
コンサベータ, 157
コンダクタンス, 191
コンデンサモータ, 216

■さ
サセプタンス, 191
差動複巻 (differential compound excitation method), 41
三相結線, 158, 160, 166
三相短絡特性曲線 (3-phase short circuit characteristic curve), 91
三相同期発電機 (three-phase synchronous generator), 74
残留電圧 (residual voltage), 42

■し
磁化特性 (magnetization characteristic), 14
直入れ, 206
磁化電流, 142, 144, 191, 204
磁気エネルギー, 141
磁気回路, 134, 135, 141–143, 152, 153, 191, 192, 194
磁気回路のオームの法則, 132
磁気抵抗, 132, 133, 137, 139, 173
磁気特性, 140, 154, 155
磁気飽和, 154
磁気飽和現象 (magnetic saturation), 14
磁極 (magenetic pole), 11

索 引

磁極ピッチ (pole pitch), 29
磁心 (magnetic core), 13
ヒステリシス現象 (hysteresis), 14
ヒステリシス損失 (hysteresis loss), 15
始動 (starting), 59
始動抵抗器 (starting rheostat), 60
始動電流 (starting crrent), 60
始動法, 206
始動補償器, 207
自冷式, 157
集中巻 (concentrated winding), 74
周波数制御方式, 208
主磁束 (main magnetic flux), 28
ジュール熱, 139, 148
磁路, 132–134, 139, 153, 155, 172, 184, 212, 217
信頼性, 131, 153

■す

スイッチトリラクタンス (SRM: Switched Reluctance Motor), 128
水冷式, 158
スキュー, 199
すべり, 181–185, 190, 191, 195, 199, 200, 205–208, 210, 212, 213, 215, 216, 222, 223
すべり−トルク特性, 199, 223
スロット (slot), 20

■せ

制動 (braking), 67
整流子 (commutator), 20
積層鉄心, 140
絶縁材料, 155
絶縁油, 156, 157, 166
絶縁油中, 156
ゼロ力率負荷飽和曲線 (zero-power-factor load saturation curve), 94
線間電圧, 159, 160, 163, 165, 169, 206, 209, 211
全日効率, 148, 150, 169
占積率, 154, 155
全電圧始動, 206, 223
線電流, 159, 160, 163, 169, 203, 206, 207

■そ

増磁作用 (magnetization), 83
相電圧, 159, 160, 163, 206, 207, 209, 211
相電流, 159, 160, 163, 169, 203, 206, 207
速度起電力 (speed electromotive force), 4
速度制御 (speed control), 63
速度特性, 200
速度特性曲線 (speed characteristic curve), 52
速度トルク特性曲線 speed-torque charactristic curve), 52

■た

他励式 (separate excitation method), 39
単巻, 166, 167, 207, 208
短絡試験, 152, 168, 183, 205, 223
短絡比 (short-circuit ratio), 91

■ち

中性軸 (neutral axis), 29
中性点, 163
中性点接地, 163
頂上電圧 (ceiling voltage), 42
直巻式 (series excitation method), 39
直巻特性 (series characteristics), 56
直流機 (DC machine), 19
直流他励電動機 (DC separately-excited motor), 53
直流直巻電動機 (DC series motor), 55
直流チョッパ電圧制御方式 (DC chopper voltage control system), 66

直流電動機 (DC motor), 19, 171
直流発電機 (DC generator), 19
直流分巻電動機 (DC shunt motor), 53
直列抵抗制御法 (armature-resistance control method), 64

■て
定速度電動機 (constant speed motor), 54
鉄心 (iron core), 13, 132, 134–137, 139, 140, 153–155, 166, 172, 173, 180, 181, 192, 212, 215, 217, 223
鉄心の磁気抵抗, 136
鉄損 (iron loss), 16, 141, 142, 144–149, 151, 169, 191, 196, 198, 204, 223
鉄損電流, 142, 191, 204
鉄板, 173
電圧制御法 (armature voltage control method), 64
電圧制御方式, 208
電圧比, 136, 139
電圧変動率 (power), 47, 145, 152, 166
電気エネルギー, 141, 158, 174, 197
電気機器 (electical machine), 1
電機子 (armature), 21
電機子鉄心 (armature core), 21
電機子反作用 (armature reaction), 28
電機子巻線 (armature winding), 21
電気制動, 210
電気的中性軸 (electrical neutral), 30
電磁エネルギー (electromagnetic energy), 3
電磁鋼板, 155
電磁ポンプ, 220
電磁誘導 (electromagnetic induction), 8, 134, 171, 175, 197, 198
電磁誘導法則 (law of electromagnetic induction), 4

電磁力 (electromagnetic force), 7, 22
電流比, 139

■と
同期角速度, 197
同期検定器 (synchronoscope), 98
同期速度 (synchronous speed), 73, 181–183, 190, 192, 199, 204
同期電動機 (synchronous motor), 103, 171, 172, 181
同期発電機 (synchronous generator), 71
同心, 154, 155
銅損, 139, 144–150, 165, 166, 169, 172, 190, 196–198, 203, 204, 222
特性曲線 (characteristic curve), 41
突極形 (salient pole type), 73
トルク定数 (torque factor), 34
トルク特性曲線 ((torque characteristic curve), 52
トルク脈動, 199

■な
内鉄形, 153
斜め, 199

■に
入水冷式, 158

■は
発電制動 (dynamic braking), 67, 210
パワーエレクトロニクス (power electronics), 2
反発始動, 216, 217

■ひ
ヒステリシス, 140, 141, 154
ヒステリシス損, 140, 141, 191, 198
非突極機形 (commutator), 73
冷式, 158
表面磁石形 (SPM: Surface Permanent Magnet), 122
平角銅線, 154, 155

■ふ
ファラデーの電磁誘導の法則, 134, 139, 174
ファラデーの法則 (Faraday's law), 8
負荷角 power angle), 109
負荷損 (load loss), 25, 146
負荷特性, 200
負荷トルク, 198, 199, 208, 212
負荷飽和曲線 (load saturation curve), 94
複巻, 167
複巻電動機 (compound motor), 58
ブッシング, 156, 166
ブラシ (brush), 20
ブラシレスモータ, 171
ブラッギング, 210
フラッシオーバ (flashover), 54
フレミングの左手法則 (left-hand rule of Fleming), 7, 22, 181, 217, 222
フレミングの法則, 174, 175
フレミングの右手法則 (right-hand rule of Fleming), 3, 20, 181
分相始動, 216, 217
分巻式 (shunt excitation method), 39
分巻特性 (shunt characteristics), 54

■へ
平均磁束密度 (average flux density), 32
並行運転 (parallel operation), 48, 97, 163–166
変圧比, 136, 144, 152
変成器, 131, 167, 168
変速度電動機 (variable speed motor), 56
変流器, 167, 168

■ほ
方向性電磁鋼板, 155
飽和, 140, 141
補償巻線 (compensating winding), 30

■ま
巻数比, 136, 138, 139, 165, 166, 183, 194
巻鉄心, 153
摩擦制動 (frictional braking), 67
マックスウェルの応力 (Maxwell stress), 12
丸銅線, 154, 155

■む
無負荷試験, 151, 168, 204, 205, 223, 224
無負荷損 (no-load loss), 25
無負荷特性曲線 (no-load chareacteristic curve), 41
無負荷飽和曲線 (no-load saturation curve), 41, 90
無方向性電磁鋼板, 155

■も
漏れ磁束, 139, 190
漏れリアクタンス, 139, 165, 168, 190

■ゆ
誘導起電力 (induced electromotive force), 3, 8

■ら
乱調 (hunting), 54

■り
リップル, 187, 199
リニアモータ, 181, 218–222
リニア誘導モータ, 217, 219, 222
臨界抵抗 (critical resistance), 43
臨界点 (critical point), 44

■れ
励磁アドミタンス, 142, 144, 151, 168, 204
励磁回路, 142, 143, 204
励磁コンダクタンス, 142, 151, 168, 204
励磁サセプタンス, 142, 151, 168, 204
励磁電流, 135, 138, 142, 143, 152, 169,

191, 204, 205
レンツの法則, 174

■わ

和動複巻 (cumulative compound excita-tion method), 40

和動複巻電動機 (cumlative compound motor), 58

Memorandum

Memorandum

著者略歴

天野 耀鴻(あまの ようこう)

1997年 広島大学大学院工学研究科修了
現　在　日本大学大学院工学研究科電気電子工学専攻・教授
　　　　工学博士
専　門　電気機器, 制御工学
著　書　「MATLAB/Simulinkによるやさしいシステム制御工学」,
　　　　森北出版 (2008)

乾 成里(いぬい しげり)

1994年 日本大学大学院理工学研究科修了
現　在　日本大学工学部電気電子工学科・准教授
　　　　博士(工学)
専　門　電気機器

わかりやすい電気機器
Plain Electric Machine

2013 年 11 月 25 日　初版 1 刷発行
2023 年 9 月 10 日　初版 5 刷発行

著　者　天野耀鴻・乾　成里 © 2013
発行者　南條光章
発行所　共立出版株式会社
　　　　東京都文京区小日向 4-6-19
　　　　電話　03-3947-2511　(代表)
　　　　〒 112-0006／振替口座 00110-2-57035
　　　　URL www.kyoritsu-pub.co.jp
印　刷　啓文堂
製　本　協栄製本

検印廃止
NDC 542
ISBN 978-4-320-08573-2

一般社団法人
自然科学書協会
会員

Printed in Japan

JCOPY ＜出版者著作権管理機構委託出版物＞
本書の無断複製は著作権法上での例外を除き禁じられています. 複製される場合は, そのつど事前に, 出版者著作権管理機構 (ＴＥＬ：03-5244-5088, ＦＡＸ：03-5244-5089, e-mail：info@jcopy.or.jp) の許諾を得てください.

■電気・電子工学関連書

www.kyoritsu-pub.co.jp　共立出版

電気数学 ベクトルと複素数	安部　實著
次世代ものづくりのための 電気・機械一体モデル (共立SS 3)	長松昌男著
テキスト 電気回路	庄　善之著
演習 電気回路	庄　善之著
電気回路	山本弘明他著
詳解 電気回路演習 上・下	大下眞二郎著
大学生のためのエッセンス電磁気学	沼居貴陽著
大学生のための電磁気学演習	沼居貴陽著
基礎と演習 理工系の電磁気学	高橋正雄著
入門 工系の電磁気学	西浦宏幸他著
詳解 電磁気学演習	後藤憲一他共編
わかりやすい電気機器	天野耀鴻他著
エッセンス 電気・電子回路	佐々木浩一他著
電子回路 基礎から応用まで	坂本康正著
学生のための基礎電子回路	亀井且有著
本質を学ぶためのアナログ電子回路入門	宮入圭一監修
マイクロ波回路とスミスチャート	谷口慶治他著
マイクロ波電子回路 設計の基礎	谷口慶治著
論理回路 基礎と演習	房岡　璋他共著
大学生のためのエッセンス量子力学	沼居貴陽著
材料物性の基礎	沼居貴陽著
半導体LSI技術 (未来へつなぐ S 7)	牧野博之他著
Verilog HDLによるシステム開発と設計	高橋隆一著
HDLによるVLSI設計 VerilogHDLとVHDLによるCPU設計 第2版	深山正幸著
非同期式回路の設計	米田友洋訳
液晶 基礎から最新の科学とディスプレイテクノロジーまで (化学の要点S 19)	竹添秀男他著
実践 センサ工学	谷口慶治他著
PWM電力変換システム パワーエレクトロニクスの基礎	谷口勝則著
情報通信工学	岩下　基著
新編 図解情報通信ネットワークの基礎	田村武志著
電磁波工学エッセンシャルズ 基礎からアンテナ・伝送線路まで	左貝潤一著
小形アンテナハンドブック	藤本京平他編著
基礎 情報伝送工学	古賀正文他著
モバイルネットワーク (未来へつなぐS 33)	水野忠則他監修
IPv6ネットワーク構築実習	前野譲二他著
有機系光記録材料の化学 色素化学と光ディスク (化学の要点S 8)	前田修一著
ディジタル通信 第2版	大下眞二郎著
画像情報処理 (情報工学テキストS 3)	渡部広一著
デジタル画像処理 (Rで学ぶDS 11)	勝木健雄他著
信号処理のための線形代数入門 特異値解析から機械学習への応用まで	関原謙介著
デジタル信号処理の基礎 例題とPythonによる図で説く	岡留　剛著
ディジタル信号処理 (S知能機械工学 6)	毛利哲也著
ベイズ信号処理 信号・ノイズ・推定をベイズ的に考える	関原謙介著
統計的信号処理 信号・ノイズ・推定を理解する	関原謙介著
医用工学 医療技術者のための電気・電子工学 第2版	若松秀俊他著